用计算的观点看世界

郦全民　著

广西师范大学出版社
·桂林·

作者简介

郦全民，1960 年生，浙江诸暨人，华东师范大学哲学系教授，博士生导师。1982 年毕业于浙江师范大学物理系，获理学学士学位；1987 年毕业于中山大学哲学系，获哲学硕士学位。之后长期在东华大学人文学院任教，2006 年下半年调入华东师范大学哲学系。主要从事科学哲学、心智哲学及文化认知方面的教学和研究。已在《中国社会科学》《哲学研究》和 *Journal of Applied Physics* 等刊物上发表学术论文 40 余篇；著有《虚拟认识论》（合）和《用计算的观点看世界》（2009 年版）等。

总　序

杨国荣

作为把握世界的观念形态，哲学的内在规定体现于智慧的追问或智慧之思。这不仅仅在于"哲学"(philosophy)在词源上与智慧相涉，而且在更实质的意义上缘于以下事实：正是通过智慧的追问或智慧之思，哲学与其他把握世界的形式区分开来。这一意义上的智慧——作为哲学实质内涵的智慧，首先相对于知识而言。如所周知，知识的特点主要是以分门别类的方式把握世界，其典型的形态即是科学。科学属分科之学，中文以"科学"(分科之学)作为"science"的译名，无疑也体现了科学(science)的特征。知识之"分科"，意味着以分门别类的方式把握世界：如果具体地考察科学的不同分支，就可以注意到，其共同的特点在于以不同的角度或特定的视域去考察世界的某一方面或领域。自然科学领域中的物理学、化学、生物学、地理学、地质学，等等，侧重于从特定的维度去理解、把握自然对象。社会科学领域中的社会学、政治学、经济学、法学，等等，则主要把握社会领域中的相关事物。无论是自然科学，抑或社会科学，其研究领域和研究对象都界限分明。以上现象表明，在知识的层面，对世界的把握主要以区分、划界的方式展开。

然而，在知识从不同的角度对世界分而观之以前，世界首先以统一、整体的形态存在：具体、现实的世界本身是整体的、统一的存在。与这一基本的事实相联系，如欲真实地把握这一世界本身，便不能仅仅限于知识的形态、以彼此相分的方式去考察，而是同时需要跨越知识的界限，从整体、统一的层面加以理解。智慧不同于知识的基本之点，就在于以跨越界限的方式去理解这一世界，其内在旨趣则在于走向具体、真实的存在。可以看到，这一意义上的"智慧"主要与分门别类的理解世界方式相对。

具体而言，智慧又展开为对世界的理解与对人自身的理解二重向度。关于世界的理解，可以从康德的思考中多少有所了解。康德在哲学上区分把握存在的不同形态，包括感性、知性、理性。他所说的理性有特定的含义，其研究的对象主要表现为理念。理念包括灵魂、世界、上帝，其中的"世界"，则被理解为现象的综合统一：在康德那里，现象的总体即构成了世界(world)。[①]不难注意到，以"世界"为形式的理念，首先是在统一、整体的意义上使用的。对世界的这种理解，与感性和知性的层面上对现象的把握不同，在这一意义上，康德所说的理性，与"智慧"这种理解世界的方式处于同一序列，可以将其视为形上智慧。确实，从哲学的层面上去理解世界，侧重于把握世界的整体、统一形态，后者同时又展开为一个过程，通常所谓统一性原理、发展原理，同时便具体表现为在智慧层面上对世界的把握。

历史地看，尽管"哲学"以及与哲学实质内涵相关的"智慧"等概念在中国相对晚出，但这并不是说，在中国传统的思想中不存在以智慧的方式去把握世界的理论活动与理论形态。这里需要区分特定的概念与实质的思想，特定概念(如"哲学"以及与哲学实质内涵相关的"智慧"等)的晚出并不意味着实质层面的思想和观念也同时付诸阙如。

当然，智慧之思在中国哲学中有其独特的形式，后者具体表现为对"性与天道"的追问。中国古代没有运用"哲学"和"智慧"等概念，但却很早便展开了对"性与天道"的追问。从实质的层面看，"性与天道"的追问不同于器物或器技层面的探索，其特点在于以不囿于特定界域的方式把握世界。

"性与天道"的追问是就总体而言，分开来看，"天道"更多地与世界的普遍原理相联系，"性"在狭义上和人性相关，在广义上则关乎人的整个存在，"性与天道"，合起来便涉及宇宙人生的一般原理。这一意义上的"性与天道"，在实质层面上构成了智慧之思的对象。智慧之思所指向的是宇宙人生的一般原理，关于"性与天道"的追问，同样以宇宙人生的一般原理为其实质内容。

---

① 参见 Kant, *Critique of Pure Reason*, Translated by N. K. Smith, Bedford/St. Martin's Boston, New York, 1965, p.323。

从先秦开始，中国的哲学家已开始对“道”和“技”加以区分，庄子即提出了“技”进于“道”的思想，其中的“技”涉及经验性的知识，“道”则超越于以上层面。与“道”“技”之分相关的是“道”“器”之别，所谓“形而上者谓之道，形而下者谓之器”，便表明了这一点，其中的“器”主要指具体的器物，属经验的、知识领域的对象，“道”则跨越特定的经验之域，对道的追问相应地也不同于知识性、器物性的探求，作为指向形上之域的思与辨，它在实质上与智慧对世界的理解属同一序列。至中国古典哲学终结时期，哲学家进一步区分器物之学或专门之学与“性道之学”，在龚自珍那里便可看到这一点。器物之学或专门之学以分门别类的方式把握对象，“性道之学”则关注宇宙人生的普遍原理。在器物之学与性道之学的分别之后，是知识与智慧的分野。以上事实表明，中国哲学不仅实际地通过“性与天道”的追问展开智慧之思，而且对这种不同于知识或器物之知的把握世界方式，逐渐形成了理论层面的自觉意识。

可以看到，以有别于知识、技术、器物之学的方式把握世界，构成了智慧之思的实质内容。西方的 philosophy，中国的“性道之学”，在以上方面具有内在的相通性，其共同的特点在于超越分门别类的知识、技术或器物之学，以智慧的方式把握世界。

中国哲学步入近代以后，以“性与天道”为内容的智慧之思，在社会的变迁与思想的激荡中绵延相继，并逐渐形成了不同的哲学进路。这种趋向在中国当代哲学的发展中依然得到了延续，华东师范大学哲学学科的形成和发展过程，便从一个侧面体现了这一点。华东师范大学的哲学学科建立于20 世纪 50 年代初，她的奠基者为冯契先生。冯契先生早年(20 世纪 30 年代)在清华大学哲学系学习，师从金岳霖先生。20 世纪 30 年代的清华大学哲学系以注重理论思考和逻辑分析见长，并由此在中国现代哲学独树一帜，金岳霖先生是这一哲学进路的重要代表。他的《逻辑》体现了当时中国哲学界对现代逻辑的把握，与之相联系的是其严密的逻辑分析方法；他的《论道》展示了对“性道之学”的现代思考，其中包含着对形上智慧的思与辨；他的《知识论》注重知识的分析性考察，但又不限于分析哲学的形式化进路，而是以认识论与本体论的融合为其特点。金岳霖先生在哲学领域的以上探索，可以视为以智慧为指向的“性道之学”在现代的展开，这种探索在冯契先生那里获得了承继和进一步的发展。与金岳霖先生一样,冯契先生毕生从事的,是智慧之思。在半个多世纪的思想跋涉中,冯契先生既历经了西方的智慧之路,又沉潜于中国的智慧长河,而对人类认识史的这种锲入与反省,又伴随着马克思主义的洗礼及时代问题的关注。从早年的《智慧》到晚年的《智慧说三篇》,冯契先生以始于智慧又终于智慧的长期沉思,既上承了金岳霖先生所代表的近代清华哲学进路,又以新的形态延续了中国传统哲学的智慧历程。

自20世纪50年代初到华东师范大学任教之后,冯契先生在创建华东师范大学哲学学科的同时,也把清华的哲学风格带到了这所学校,而关注哲学史研究与哲学理论研究的交融,重视逻辑分析,致力于马克思主义哲学、中国哲学与西方哲学的互动,则逐渐构成为华东师范大学哲学学科的独特学术传统。半个多世纪以来,华东师范大学的哲学学科经历了从初建到发展的过程,其间薪火相传,学人代出,学术传统绵绵相续,为海内外学界所瞩目。以智慧为指向,华东师范大学的哲学学科同时具有开放性:在上承自身传统的同时,她也在学术研究方面鼓励富有个性的创造性探究,并为来自不同学术传统的学人提供充分的发展空间。这里体现的是哲学传统中的一本而分殊:"一本",表现为追寻智慧过程中前后相承的内在学术脉络,"分殊",则展示了多样化的学术个性。事实上,智慧之思本身总是同时展开为对智慧的个性化探索。

作为哲学丛书,"智慧的探索丛书"收入了华东师范大学哲学学科几代学人的哲学论著,其中既有学科创始人的奠基性文本,也有年轻后人的探索之作,它在显现华东师范大学哲学学科发展历程的同时,也展示了几代学人的智慧之思。在冯契先生100周年诞辰到来之际,这一丛书的出版,无疑有其独特的意义:它不仅仅表现为对华东师范大学哲学传统的回顾和总结,而且更预示着这一传统未来发展的走向。从更广的视域看,华东师范大学哲学学科的衍化,同时又以当代中国哲学的演变为背景,在此意义上,"智慧的探索丛书"也从一个方面折射了当代中国哲学的发展过程。

2014年11月28日

目　录

Contents

第一章　导论

不知从何时起,我们人类的祖先仰望着繁星满天的无际苍穹,抑或环视着生机盎然的芸芸众生,禁不住发出了这样的疑问:这天上人间是迥然有别还是浑然一体?它们究竟由什么所构成?所有这一切是亘古常在还是瞬息万变?它们由谁所创造?于是,便有了求知和探索的欲望,其结果,就形成了关于世界的种种既朴素又极具想象力的观念,而这些观念起初主要蕴含在充满拟人化色彩的神话、传说或原始宗教之中。

随着古代自然哲学和自然科学的萌生,关于世界究竟由什么构成和如何演化的基本问题被放置到了经验的视野下进行考察,人们开始意识到一些具体的质料(如水、土)可能就是形成世界的基本组元。进而,在理性的驱使下,希腊人提出了万物由不可分割的微小实体——原子——所组成的伟大猜想。近代科学兴起以后,这种猜想自然地融入了经典科学的体系,并被赋予了真正科学的意义。不过,到了19世纪末,原本以为不可分割的原子被打破了,而随后出现的量子革命,事实上又进一步颠覆了世界由微小实体所构成的观念。尽管如此,这种关于世界基本构成的实体观似乎依然在当前的科学文化中居于主流地位。

然而,情况正在发生变化。近二十多年来,在科学和技术的不少前沿领域,一种把实在看作计算的新观念正在形成和发展:它不再认为构成世界的基本单位是实体性的粒子，取而代之的是计算或信息流。在此，我们把由这种新观念所代表的科学思潮叫作计算主义。

在很大程度上，哲学的生命力源于对时代变革作出积极的响应，因此，当代的哲学工作者有责任对这种新的科学思潮以及由此而引起人们的世界观和科学文化的改变作出批判性的反思。怀着这样一种使命感，在本书中，我们将领着读者浏览并欣赏科学前沿园地中正在盛开的“计算主义”之花，同时力求客观、系统、深入地对其中所涉的科学和哲学问题进行探究。

第一节　计算无处不在

这是2006年金秋十月的一天，一阵熟悉的铃声把我(作者)从睡梦中唤醒，电子钟告诉我已经是早晨七点了。生怕授课迟到，我连忙起床。经过必要和程序化的早间准备后，我便急匆匆地上路了。在等待公交车的那一刻，我顺便在身边的自动取款机上取了几张纸币，因为平日里发的工资都被“电子化”了。看到挤满了乘客的公交车驶来，我赶紧掏出公交卡，上了车，刷了卡。赶到教室门口，离上课的时间已经不多。教室里的多媒体设备照例已打开，我在计算机上插入闪存盘，点击鼠标，找到所需讲授的内容。一切准备就绪，上课的铃声也响了。

课后，我来到办公室，打开桌面上的计算机。我先习惯地查看电子邮件。一封来自大洋彼岸的朋友来信说，我所需要的《程序化的宇宙》[①]一书已经买到了，好消息！还有几封则是垃圾邮件，删！接着，我开始浏览新闻。今年自然科学方面的诺贝尔奖都公布了，但获奖的科学贡献还不太清楚，得先看一看，于是，我便找出相关的网页。马瑟(J. C. Mather)和斯莫特(G. F. Smoot)由于发现宇宙微波背景辐射的黑体特性和各向异性而共享了诺贝尔

---

① 该书由洛依德(S. Lloyd)所著：S. Lloyd, *Programming the Universe*, New York: Alfed A. Knof Publisher, 2006。

物理学奖,科恩伯格(R. D. Kornberg)因为详尽地描述了真核细胞转录的整个过程而荣获了化学奖,生理学和医学奖则给了菲尔(A. Z. Fire)和梅洛(C. C. Mello),以表彰他们发现RNA的干扰现象。噢,都是美国科学家。[①] 无意间,还有一条科学新闻也格外引起我的注意:丹麦科学家日前宣布,他们成功地在光和实物之间实现了量子态信息的隐形传输。

以上描述的正是此刻之前我所经历的片段。我隐约地感觉到,这中间发生的几乎每一件事都与我们打算在本书中详细阐述的主题息息相关。不是吗?电子钟静悄悄地计着电子的跳动数,并把结果(信息)明白无误地显示出来。自动取款机快速读得银行卡上的信息后,便询问我需要什么服务;当我输入所需服务的信息后,它准确地算出并告诉我所得的信息,当然,也没有忘记递给我几张纸币。类似地,公交卡即刻便完成了该做的信息操作。至于多媒体设备中所发生的过程,不外乎读取信息,处理信息,又输出信息,一切都是那样有条不紊地进行。

如果我们把计算理解为信息处理或操作,上述过程不就是一个个计算的过程吗?也许,你觉得这些过程必须以某种实物(硬件)作为载体,在这里我们暂且先承认这一点。[②] 但对我们来说,具有实质意义的无疑是其中的计算或信息处理的过程。当然,你也可能认为,这里所考虑的电子钟、自动取款机、公交卡和多媒体设备都是人工制品,它们之所以能够计算是出于人的劳作,是我们赋予了它们计算的功能,因为我们人能进行计算;而谈到自然过程,比如说一株小草的生长,恐怕就不能认为它也在计算或操作信息吧。不见得。事实上,人们正在越来越习惯于用计算或信息处理的语言述说自然界发生的过程。就拿上述获得诺贝尔奖的几项科学成就来说,我们知道,从细胞核内的DNA发出的合成蛋白质的指令是通过信使mRNA传递的,而菲尔和梅洛所发现的RNA干扰现象,正是一个有关控制基因(DNA片断)信息流程的关键的计算机理。类似地,科恩伯格所详尽描述的真核细胞转录

① 在本书中,对于那些我国读者已经非常熟悉的外国人名将不标上原名,而对其他人在第一次出现时将会标上。

② 在第二章中,我们将论证这种实物性的载体并不是计算的先决条件。

过程,实质上不也正是一个生物信息的备份和变换(即计算)过程吗? 还有,马瑟和斯莫特发现的宇宙微波背景辐射的各向异性,实际上就是表征差异的量子态信息,而它预示着宇宙能够凭借这种初始条件演化(计算)出千姿百态的复杂世界。这不正是给洛依德(S. Lloyd)在《程序化的宇宙》中所主张的"宇宙是一台计算机"的大胆假说提供了一种支持性的证据吗?

所有这些事例,把我们引向一种正在形成的共识:在当今世界上,计算几乎无处不在,实际上已经成了我们这个时代的基本特征。随着计算机和网络技术的广泛应用和普及,计算渗透进了人类社会的方方面面,改变着人们学习、工作和生活的方式,所产生的影响无疑是革命性的。可以说,我们人类赖以生存的世界是建立在各种各样的计算之上,计算已经融入我们的整个文化之中。我们中的许多人之所以通常并未意识到这一点,在于计算过程尽可能隐藏在现象的背后。在日常的工作和生活中,我们一般无须知道或弄懂我们所使用的人工制品中体现计算的规则或程序是什么,它们是如何运作的,也就是说,我们只需把这些制品当作"黑箱"来看待和使用就行了。例如,此刻,我正在用微软公司生产的字处理软件写作。我习惯地对文本进行"保存""复制"和"删除"等操作,尽管我知道"背后"对应着某种或某些程序的执行,但我确实不清楚也无须知道它或它们具体是什么,又是如何执行的。事实上,从大到航天器小到纳米器件的难以计数的人类创造物中,确实物化着各种各样的计算。当然,总有前人理解并实现了这些计算,而如今也必须有人构思新的算法并进而创造性地加以实现,否则,我们人类的文明就会停滞不前,甚至出现倒退。

对于哲学的认识论和本体论而言,重要的还在于,计算的观念和方法已经改变了我们认识世界的视角,并正在形成一种关于实在本质的新观点。单从上述获得诺贝尔奖的成就中,我们就可窥见,当代科学家在认识世界的过程中,已经越来越意识到自然界发生的过程实质上就是计算或信息处理的过程,因此也就倾向于用计算或信息的语言来描述、解释和预言自然现象。实际上,这种变化已经出现在宇宙学、量子引力论、量子理论的诠释、分子生物学、系统生物学、生物信息学、神经科学和认知科学等自然科学的前沿领域,出现在人工智能、人工生命和虚拟实在技术等计算机科学和技术中,出现在信息经济学、认知社会学等新兴的社会科学中,当然也出现在形式本体论、计算哲学和信息哲学等哲学的新分支中。一旦从这种新视角来看待人类所赖以生存的世界,我们就会惊奇地发现,计算在自然界和人类社会内部同样无处不在。

既然在人类社会里计算无处不在,既然当代科学向我们昭示自然过程也是计算的过程,那么,我们就有理由把这样看待世界的新方式上升到世界观的高度,并作出这样的本体论允诺:实在本质上是计算的,而宇宙则是一台巨大的计算机。这就是当代科学和哲学中的计算主义思潮的基本主张。为了更好地阐述和评析这一主张,我们得先追寻这种世界观的原初思想踪迹,并厘清当代计算主义的来龙去脉。

第二节　从“A”到“C”

也许有读者会建议,要追寻计算主义的原初踪迹,可以从我们中国古代圣哲们的思想开始,比如老子就主张“道生一,一生二,二生三,三生万物”,其中似乎隐含着一种基于数字的计算而生成宇宙万物的观点。不过,我们并不认为探究老子的这种主张是一个合适和合理的起点,因为计算主义是从西方文化中孕育出来的,它的原初思想直接源于古希腊文明,而与东方文明的关系至多是间接的。况且,老子所主张的命题中的“道”等概念的含义难以把握,因此,如果不放在当时的语境下来理解,很可能只是一种误读。

基于这样的考虑,我们就把视线首先转向久远的希腊。古希腊人所创造的文明是如此深刻、广泛和前瞻,以至于当我们如今因萌生出某种关于自然或人类的大智慧而沾沾自喜时,往往未曾料到古希腊的某位哲人早在数千年就已经天才地洞察到了。20 世纪 90 年代以来,数字化的浪潮席卷全球,人类迅速地跨入了以数字为标志的新时代,似乎预示着一切都可以数字化。猛然,有人意识到,这数字化思想的“老祖宗”不正是那位带有神秘色彩的毕达哥拉斯吗? 从一定的意义上说,确实如此。在毕达哥拉斯及其所创立的学派中,数和数字之间的关系第一次获得了本体论上的意义,因为他们相信“万物皆数”。毕达哥拉斯学派将数想象为微粒般的点,将点排列成形状,每个形状代表了一个真实的实体,而数的关系则是实体的本质,于是,数成了宇宙的质料和形式。虽然把数作为万物本原的信念多少会让人感到有点不可思议,但是却蕴涵着两个非常重要的思想:一个自然是根据数学的原理建立的,另一个就是数的关系居于自然秩序背后,统一并规定着自然秩序。在日后兴起的近现代科学中,这些思想得到了充分的体现,以至于我们不得不为毕达哥拉斯及其学派的天才直觉而惊叹。

不过,把万物的本原视作数和数的关系的观念似乎在本体论上没有多少意义,因为数是抽象的概念,而人们在经验中知觉到的组成世界的东西却是具体的事物。因此,在大多数人看来,把世界看作是具有广延的实体组成的唯物主义的信念显得更为自然和合理。正因为如此,在古希腊,最先提出世界本原问题的泰勒斯将水作为组成自然的最基本元素。沿着这条认识思路,留基伯和德谟克里特提出了原子论。他们相信所有的物体是由位置、大小和形状不同的原子组成,这些原子不生不灭,在虚空中运动并不断相互碰撞,形成了整个物质世界。

随着近代科学的兴起和发展,古希腊人的天才猜测得以建立在坚实的实验科学的基础之上;而与此相应,世界归根究底是由物质粒子所组成的唯物主义的实体观也成了人们探索宇宙和微观世界的基本信念。尽管在近代科学之父伽利略看来,大自然这本书是用数学的语言写成的,而且事实上从他开始,数学在自然科学中获得了越来越广泛的成功应用,但通常人们还是把自然之书由数学写成的说法仅仅看作是一个有用的比喻,而不是一种关于世界的本体论主张。这是因为,按照通常的理解,当把数学应用到具体的自然科学中时,人们是把它作为表征具体事物和事物之间关系的符号,也就是这样一种抽象的数学形式表示的是关于事物的某些信息而并非涉指该事物本身。因此,在16—19世纪近代科学的产生和发展时期,虽然数学在物理科学中得到普遍应用,但对于自然界究竟是由什么构成这一基本问题的回答,在自然科学家和主张唯物主义的哲学家中,主流的观点便倾向于认为是物质实体或粒子以及它们之间的相互联系或相互作用。基于这样一种物质的实体观,加之受控实验方法的普遍使用和运用数学对具体事物之间的相互联系或作用的形式表征和推演,近代科学在揭示自然界的基本组成和结构方面取得了极大的成功。站在伽利略和开普勒等巨人的肩膀上,牛顿向我们揭开了宏观物体运动的奥秘,并把天上世界和地上世界统一起来;道尔顿等人建立了科学意义的原子分子论,之后门捷列夫又找到了不同元素之间的内在联系;施莱顿和施旺所创立的细胞学说,则揭示出了所有动植物的共同的物质基础;而到了19世纪末,又发现原子可能是由更为基本的粒子组成。近代科学所揭示的这幅自然图景,无疑强化了世界是由物质实体组成的本体论信念。由于这种信念所表达的是一种万物由微小实体组成的世界观,所以我们不妨以"A"作为标志。①

然而,就在世界的物质构成的实体观似乎越来越得到印证的同时,另外两种关于实在的新观念也正随着科学和技术的新发现、新发明和对经典物理学基础的批判性反思而悄然萌生。其中一种与19世纪能量守恒与转化定律的发现和电磁场理论的创立密切相关。这些科学的新发现表明,至少存在着与粒子性的实体同样真实的另一类物质形式,那就是能或场,甚至前者可以看作是由后者所构成的。这种思想在20世纪上半叶得到了进一步的发展,尤其在微观世界中,实际上取代了传统的实体观。另一种观念则与当代计算主义有着更强的关联,可以说是计算主义的直接渊源,那就是计算或信息处理。从时间顺序上看,这后一种观念比能或场的观念产生得更早,不过它起初并不是作为一种关于实在的新的世界观而出现,而是为了说明我们人类的思维过程和人工制品实现数学和符号演算的需要。出于本书的目的,我们在这里着重回顾这种计算思想的产生和发展过程。

说到计算,人们原初只把它看作是人进行某种数值的输入和输出的变换,但事实上,计算的含义早已不囿于这样一种狭隘的理解。早在17、18世纪,一些哲学家为了对人的心智过程作出机械的解释或探求人的思维的机械实现,就已经开始在更广的意义上来使用计算这一概念了。例如,17世纪的英国哲学家霍布斯在其主要的著作《列维坦》中就大胆地主张:"我们的心

① 这里的"A"取自英语原子(Atom)一词的第一个字母。

智所做的一切都是计算。”[①]在这些哲学家中,对符号计算思想作出较系统的阐述并对现代计算机科学和技术产生重大影响的无疑当推莱布尼茨。

莱布尼茨是人类历史上非常罕见的百科全书式的人物之一。他不仅在西方哲学史上具有极其重要的地位,而且独立地创立了微积分,提出了现代计算机的理论基础之一——数理逻辑——的基本构想,还发明了可以完成乘法和除法运算的机械装置。莱布尼茨认为,人类需要一种普遍的人工符号系统,由像算术和代数中所使用的特殊符号以及他为微积分运算所引入的符号所组成,能够包含人类的全部知识领域。他设想的“机械推理者”是一个无需人的帮助就可以执行逻辑推理的机械系统,而有两个重要的思想支持着这种机械推理者的实现的可能性:“一个是推理包括符号表征的操作,另一个是逻辑可以看作形式的演绎系统,推理以演绎的形式根据规则加以展开”。[②] 第一种思想与莱布尼茨关于概念和语言的观点内在地相关,因为他认为所有复杂的表征都可以由一些简单的表征构成,而这些简单表征不能靠其他表征来分析,因而是基本的。第二个观点对于推理的机械化至关重要:通过把逻辑看作形式的演绎系统,推理的有效原则可以明确地表示成为演绎的规则,这样,一旦推理的原则以这些规则的形式表达出来,我们可以把它们直接应用到表征,而不用知道表征究竟代表的是什么,也不用人为地担心结论是否有效。因此,使用符号表征和演绎规则的机械装置可以仅仅通过“计算”来实现推理。作为一种应用,莱布尼茨甚至确信,他的形式推理方法可以解决任何哲学争论,因为一旦把某个引起争议的陈述形式化,那么它的有效性就可以机械地检验。他写道:“对两个哲学家之间的争论能够与两个会计之间的争论一样对待。因为只需这样做就足够了:各自把笔握在手中,坐在石板上,相互说:算(calculemus)——让我们计算吧。”[③]

显然,在这里,莱布尼茨把撇开符号所表征的语义内容的形式操作的作用过分地夸大了,而“机械推理者”的构想在当时也缺乏足够的理论准备和

---

① T. Hobbes, Leviathan, in *The Collected Works of Thomas Hobbes*, London: Routledge, 1994, p30.

② M. Scheutz (ed.), *Computationalism: New Directions*, Cambridge: MIT Press, 2002, p4.

③ 转引自 Ibid., p5。

实现的物理条件。但他的思想无疑是非常伟大和具有前瞻性的,仿佛已经预见到了20世纪的计算机时代的来临。当然,我们知道,从莱布尼茨到电子计算机的诞生,人类事实上走过了相当漫长和曲折的探索道路。在这期间,发生在19世纪的理论准备和实践探索具有重要的意义,特别值得一提的是布尔和巴贝奇(C. Babbage)的工作。

事实上,莱布尼茨的思想在当时和日后很长的时间内并没有引起哲学家和数学家的广泛响应。这种情况直到1847年英国数学家布尔创立逻辑代数才有了改变。布尔希望把人类思维的规律数学化、符号化。为此,他用字母表示类,就像字母以前曾被用来表示数一样。比如,如果字母 x 和 y 表示两种特定的类,那么 xy 则表示既在 x 又在 y 中的事物的类。他认为这种类的运算类似于数的乘法运算。结果,布尔就把二值逻辑变成了代数,把演绎推理过程变成了代数计算过程。①

在计算思想和计算机的发展过程中,有时是技术设计和制作先行。比布尔创立逻辑代数更早,他的同胞、现代计算机的先驱者巴贝奇就已经在1822年发明了专门用于航海和天文计算的差分机。而到了1834年,受加卡提花机利用穿孔卡控制编制纹样的原理的启发,巴贝奇设计出了世界上第一台普适分析机。从组成结构上看,巴贝奇的分析机采用了三个具有现代意义的装置:保存数据的齿轮式装置(寄存器)、从该装置取出数据进行运算的装置和选择所需处理的数据、控制操作顺序以及输出结果的装置。② 可以这么说,如果具备当今我们拥有的物理实现条件,他所设计的分析机就是一台可行的普适计算机。只可惜在当时的技术条件下,巴贝奇及其合作者还无法真正实现他们的天才设计,但其中的一些思想,尤其是程序的存储控制思想,对现代电子计算机的发展产生了重要的影响。

究竟世界上第一台电子计算机是谁发明的,至今依然争议不绝。不过,对于我们这里的阐述而言,重要的是并不是谁具体发明了它,而是它确实在

---

① 见《数学大师》一书中关于布尔的叙述:E · T · 贝尔:《数学大师》,徐源译,上海科技教育出版社,2004年,第531—536页。

② 见 R. Rucker, *The Lifebox*, *the Seashell and the Soul.* New York: Thunder's Mouth Press, 2005, pp37 - 38。

20世纪中叶由人类成功地创造出来了。事实上,像这样一种极其伟大而又复杂的发明不可能是个人单独所为,甚至也不可能只靠一、二代人就能成功。上述先辈们的思想和努力其实都对电子计算机的产生起到了或多或少的作用。

根据当代英国的人工智能学者斯罗曼(A. Sloman)的考察和分析,导致现代电子计算机诞生的有两条技术发展的主线,分别为控制物理机理的机器的发展和实行抽象操作(如数的操作)的机器的发展。第一条主线包括控制内部和外部物理过程的机器的发明和生产,经过几个世纪的努力,出现了如钟表、印刷机、蒸汽机和织布机等具有重大意义的装置。其中,控制织布的需要,尤其是需要一台机器能够在不同时间用不同的样式来织布,是产生普适机器思想和发明加卡提花机的主要驱动力。第二条主线开始于生产机械的计数装置,帕斯卡的加法机器和莱布尼茨的乘法机器是这条主线上早期取得的重要发明。这类机器所实现的是对抽象实体的操作,而这样的操作依赖于其系统地把抽象实体和运算映射到物理机器的实体和过程的可能性。[①] 在这两类机器中,能量对于实现操作是必要的,它可以由人或其他的动力装置来提供;而为了完成设定的任务,对该做什么的控制显得更为重要,因此需要由人或机器本身来提供这样的控制信息。历史地看,虽然这两条主线的目标并不相同,但是,为了实现基于信息的控制装置的多用途和信息处理的自主性,它们的融合将是自然和必然的。这一融合的趋势在巴贝奇的分析机就已经得到了体现,而电子计算机的问世和发展则更是把两者合为一体了。由此可见,电子计算机的发明是人类技术和计算思想发展的结晶。

而从理论上说,对于现代计算思想作出开创性贡献的无疑是英国天才的数学家和逻辑学家图灵。在20世纪30年代,图灵为了解决由伟大的数学家希尔伯特所提出的判定问题,对人在不依靠直觉和洞察下的计算过程进行了抽象和分析,并在此基础上提出了能行可计算的概念和普适图灵机模型。虽然根据斯罗曼的考证,最早的电子计算机的具体设计和制造基本上

---

① 见 M. Scheutz (ed.), *Computationalism: New Directions*, pp89－92。

是独立于计算的数学理论而发生的，但日后的研究表明，由图灵所提出的计算思想恰好可以作为普适的电子计算机的理论基础。

毫无疑问，在当今社会，计算之所以变得无处不在，主要原因就在于电子计算机的问世和广泛应用。不过，如果对当代计算机那令人惊叹的多功能、多用途稍作思考，也许你立刻就会意识到，计算机这一名称多少是一种误用，因为它似乎仅仅意指计数和数值运算，而实际上却能操作任何种类的符号或信息。但从另一个角度看，正是这种“误用”导致了计算含义的扩展和深化：计算被认同于对符号的操作或信息处理。从上面的历史回顾和分析中，我们也不难看出，计算机的发展事实上正是由人类控制和处理信息的实际需要所驱动的。而电子计算机能处理任何种类信息这一基本特性的重要意义在于：它不仅极大地扩展我们加工和传播信息的能力，把我们推向一个以生产和消费信息为主的新时代，而且正在革命性地改变我们关于世界和自身的基本看法，实现我们的世界观从“A”到“C”的转变。[1]

第三节　计算绘就的新图景

尽管计算主义的若干思想萌芽可以从霍布斯和莱布尼茨等哲学家的著作中找到，但它作为一种新的思潮开始获得具有世界观意义上的地位，从而实现由“A”到“C”的转变，绘出一幅关于世界的新图景，则发生在新近。

一般认为，当代计算主义思潮发端于 20 世纪 50 年代，它首先是作为人工智能和认知科学等新兴学科的观念基础而出现的，因此起初叫作认知计算主义或简称为计算主义。人类对于自身心智的探索由来已久，而以往只能基于内省或外在的行为观察作些思辨性的猜测；人类也一直期望把自身的智能外化，让机器也具备智能或能像人那样进行思维，但一直受制于技术而未能真正实现。电子计算机的问世为我们认识自身心智的本质和实现人

① 这里的“C”取自英语计算（Computation）一词的第一个字母。

工的智能带来了强有力的新观念、新方法和新工具。在这样的背景下，1950年，图灵发表了一篇划时代的论文，那就是《计算机器和智能》。在文中，图灵提出了判断机器能否思维的“图灵测试”标准，并对种种反对机器能够思维的观点进行了有力的反驳。1956年，一群数学家和计算机科学家在美国新罕布什尔州的达特茅斯学院举办了一个夏季学术讨论会，目的是确定智能的特性和行为原则上是否可以用机器来模拟。会上，经麦卡锡（J. McCarthy）提议，首次使用了“人工智能”（Artificial Intelligence）一词来概括这一新的研究方向。与会人员中还有明斯基（M. Minsky）、纽厄尔（A. Newell）和西蒙（H. Simon）等人，他们与麦卡锡一起成了人工智能这门学科的创立者。

早期的人工智能把智能理解为知识基加推理工具，因而着眼于对知识的符号表示，并基于规则对符号进行操作，这样的进路在下棋、定理证明和设计专家系统等方面取得了不少成功。对于人工智能的程序而言，计算就是对符号的操作。作为信息处理系统，无论是人脑还是计算机，都是操作、处理符号的物理系统，因此，人类认知和智能活动的实质就是计算。这正是认知计算主义的核心主张，也是人工的智能行为有可能在机器上得以实现的理论依据。基于这一认识，纽厄尔和西蒙提出了物理符号系统假说，声称：“作为一般的智能行为，物理符号系统具有的计算手段既是必要的，也是充分的。”[①]于是，人类的认知活动和智能行为就可以经编码成为符号而通过计算机来模拟或实现。

差不多同时，在心理学领域，一些心理学家开始对心理研究的行为主义方法论越来越感到不满。这种方法论只主张运用黑箱方法对人和动物的行为进行观察和实验研究，而取消了对心智过程和机理的探究，理由是心智本身是无法用经验来检验的。然而，这种试图只研究行为而使得心理学变成“硬”科学的努力遇到了难以克服的障碍。一个很重要的方面是在描述人的行为时，根本不可能做到不使用具有心智内容的词汇，这表明需要运用新的

---

① A. Newell and H. Simon, "Computer Science as Empirical Inquiry", *Communication of the Association for Computing Machinery* 19(3), 1975, p113.

方法论来改变当时心理学研究的状况。这时,有些心理学家开始注意到,如果把人的大脑与计算机作类比,并进而假定人脑所做的也是一个信息处理或计算的过程,则就可以为心理学提出新的研究进路。沿着这条思路,就产生了认知心理学和认知科学。

主要以人的心智为研究对象的认知科学,作为一个相对独立的学科则出现于 20 世纪 70 年代,其重要标志是国际性期刊《认知科学》在 1977 年的问世。此前,一批活跃在心理学、计算机科学、人工智能、神经科学和哲学等不同领域的研究者已经意识到,在人的心智中存在着某些起作用的原理,如果想把握它们,就需要适当的新词汇来陈述,而不能用现成的行为主义心理学、生物学或物理学等经验学科和自动控制、通讯理论等技术学科的词汇。[①]也就是说,心智的理解是一个超越了任何已有学科范围的任务,但这一问题又与许多学科(如心理学、人工智能和哲学)有着内在的关联。这就决定了认知科学是一门交叉学科,而它与其他学科之间存在着一个重要的不对称,例如,虽然认知科学包括心理学的内容,但并不意味着每个心理学家都是认知科学家。事实上,认知科学并不是包括所有相关学科的"伞型组织",而是一个突现于这些不同领域的交叉地带的新学科。在这个交叉区域从事研究的人们操着共同的语言,构成这种共同语言基础的就是认知科学的基本工作假说,即认知是信息处理的过程,它能够用表示(目标、信念、知识和知觉等)和对这些表示实施操作的规则来解释。这个工作假说提供了共同的语言规范,使得来自不同学科的研究者之间能够进行交流,即使他们以往接受训练的领域各不相同。而这个工作假说正是认知计算主义研究纲领的核心,因为它规定了认知科学领域的研究者的基本任务就是探究在人类心智中发生的表示和计算的具体类型、机理和形式。在 1984 年出版的《计算与认知》一书中,认知科学家派利夏恩(Z. W. Pylyshyn)第一次系统地阐述了认知计算主义的核心主张和认知科学研究的基本问题。[②]

---

① 见 Z. W. Pylyshyn, "Introduction: Cognitive Architecture and the Hope for a Science of Cognition", in Z. W. Pylyshyn (ed.), *Constraining Cognitive Theories*, London: Ablex Publishing Corporation, 1998, pp1 -2。

② 泽农 · W · 派利夏恩:《计算与认知》,任晓明、王左交译,中国人民大学出版社,2007 年。

从具体的研究领域看，对于认知计算主义的核心观点，存在着一些口号式的表述，如"心智之于大脑如同程序之于硬件""大脑是个计算机""心智是大脑的程序""认知就是计算""思维就是信息加工"①。之所以出现这些含义上略显不同的用语和表述，主要是因为人工智能和认知科学领域的早期研究者中有许多人是来自其他不同的专业领域，他们往往从自身的专业背景和视角出发来理解认知计算主义的主张。不过，从这些表述中可以看出，认知计算主义的实质就是把心智看作计算，而计算则被理解为是信息处理或加工。可以说，这种关于心智的计算主张为人工智能和认知科学这两门年轻的学科提供了本体论和方法论的基石。

一个有趣的现象是，认知计算主义自诞生起一直处于来自不同方面的攻击之中。这些攻击或批评既有出自哲学家和逻辑学家之手的，也有出自人工智能和认知科学内部的。另外，在实践上也确实遇到了巨大的障碍，如人工智能专家还没有制造出真正的智能机，因为既然认知是基于表示的计算，那么为什么建造智能机会如此困难？而认知科学家也还不能令人信服地解释人类认知的可塑性，不知道面对新问题、新情况时心智是如何运作的。然而，认知计算主义这一研究纲领并没有因为受到攻击和遇到困难而被大多数人工智能专家和认知科学家所放弃；相反，近年来认知的计算研究在不断深入，认知科学的学科地位在不断提高，同时对认知计算主义的理解也在不断加深。2002 年，由人工智能专家和哲学家舒尔茨（M. Scheutz）编辑出版的《计算主义的新方向》一书反映了这种变化趋势。②

而事实上，就在认知计算主义形成以后不久，随着计算的概念和思想往其他科学领域的扩展，一种更为广义的计算主义得以形成。20 世纪 80 年代以来，随着人工生命、生物信息学、引力量子理论、量子计算和元胞自动机理论等的产生和发展，计算的思想开始广泛地渗透到生命科学和物理科学等前沿阵地。

在生命科学领域，自 1953 年沃森和克里克等科学家提出 DNA 双螺旋结

---

① M. Scheutz (ed.), *Computationalism: New Directions*, p8.

② Ibid.

构模型,从而揭示基因的分子结构之迷以后,原本还多少限于技术学科的计算和信息语言就开始在分子生物学家中间流行起来。代码、编码、复制、表达、操作和转录等成了生物学期刊中的常用词汇。而到了80年代,随着人工生命和生物信息学等学科的兴起和发展,生命的计算本质进一步显现出来了:基因本身是数字式的信息,而对这些信息的操作就是计算。

作为一门新兴学科,人工生命致力于通过对人工生物的创建和研究来揭示生命的本质和生命形式的多样性。人工生命(Artificial Life)这一名称由该学科的主要创始人之一朗顿(C. G. Langton)在1986年率先提出。到了1987年9月,朗顿在美国新墨西哥州的洛斯阿拉莫斯国家实验室组织召开了第一次人工生命的学术研讨会,150多位来自世界各地的科学家济济一堂。在会上,他们不仅发表了自己对人工生命的想法,而且还带来了许多基于计算机的人工生命实例,包括人工鱼、人工鸟、人工植物等,如牛津大学的著名生物学家道金斯(R. Dawkins)展示了他用计算机创建出的生物形态,以表明基因突变过程如何与自然选择一起来实现繁殖和进化。从此,有关人工生命的国际研讨会每两年举行一次,研究的队伍也在稳定地增长,而且人工生命的研究成果已经在计算机技术和商业领域得到了越来越多的应用。①

另一方面,随着90年代初人类基因组等计划的实施和深入,生物的信息特性越来越得以显现,信息积累出现了前所未有的飞跃,导致计算生物学和生物信息学这两门子学科的诞生。两者其实没有严格的分界线,都以计算机作为主要工具对生物信息进行研究和处理。只是计算生物学侧重于运用大规模高效的理论模型和数值计算来研究生物大分子的结构、功能以及动力学特征,而生物信息学则主要包括生物数据的获取、处理、存储、分析和解释等方面的内容,以期阐明和理解大量数据所包含的生物学意义。重要的是,这些子学科的研究日益表明,自然生物的生命过程可以看作是生物大分子以分子算法为组织原则进行信息的贮存、复制和变换的

① 见S. Helmreich。*Silicon Second Nature: Culturing Artificial Life in the a Digitial World*, California: University of California Press, 1998, pp29-51。

过程。

这样,既然人工生物实质上是一个计算系统,而自然生物的信息处理过程其实也是基于DNA等生物大分子所实现的计算,因此,生命从本质上可以认为是一种计算。

接下来该看一看当代物理学给我们提供的世界图景已经或正在发生什么样的变化。作为描述和解释自然界一般规律的科学,不同时代的物理学理论和实验成果对于当时人们形成什么样的世界观起到了关键性的作用。在以牛顿的经典力学为标志的科学时代,世界就是大大小小的粒子遵循牛顿定律而运动,而包括电磁场在内的各种场理论,则给人们提供一幅由几种基本的场所构成的世界图景。不过,从20世纪80年代以来,那种认为世界由场构成的观念正在让位于一种更加具有挑战性的观念,即世界是一个计算的过程。发生这种转变的路径主要有两条:一是对引力量子理论的探索,另一则是由技术所推动的对量子力学的新诠释。

引力量子理论试图把爱因斯坦的广义相对论与量子理论相统一,来回答诸如实在的终极结构和时空本性等最基本的问题。通向量子引力存在着不同的研究进路,主要有三条:一是起步于量子理论的弦论,另一是起步于广义相对论的圈量子引力论,还有一条则是由那些认为相对论和量子论各自缺点太多而不适于作为起点的人试图发现新的基本原理而直接形成新的理论。这三条进路差不多都是从80年代起步的,迄今为止每一条都取得了部分的成功,但所产生的理论没有一种是普遍可接受的,因为各自似乎都有缺陷和内在的局限。尽管如此,随着研究的深入,走在不同道路上的越来越多的物理学家倾向于认为,宇宙是一个计算或信息流动的过程。正如著名的理论物理学家斯莫林(L. Smolin)所说:这个世界中的基本粒子"更像是一个基本的计算机操作,而不是传统的永恒原子的图像"①。

---

① 李·斯莫林:《通向量子引力的三条途径》,李新洲等译,上海科学技术出版社,2003年,第41页。

对量子计算的研究和量子力学的新诠释,也强化了把实在的本质看作计算的观点。自从1982年天才的物理学家费恩曼首次提出有可能建造利用量子法则的计算机后,对量子计算或量子信息处理、量子计算机的研究就成为信息科学和技术的前沿领域。理论研究和实验探索愈深入,人们就愈意识到需要从计算或信息流的观点来思考实在的本质。当今量子信息和计算机研究的代表人物之一洛依德就认为,宇宙是一台计算机,它所做的实质上就是进行计算或处理信息。[①] 2006年3月,他出版了上面提到的那本名为《程序化的宇宙》的著作,书中从计算和信息的观点系统地阐述了他对实在和宇宙演化的看法,可以说是体现当代计算主义思潮的最新也比较有代表性的观点。还有,对量子通信和量子计算的研究作出了杰出贡献的奥地利物理学家塞林格(A. Zeilinger)在90年代后期提出了一种量子力学的新诠释,根据他的观点,量子实在就是信息,因此量子力学所描述的也就是实在的信息态和信息变换。[②]

不过,也许当代计算主义思潮的最重要来源是对元胞自动机的研究。虽然在20世纪40年代后期,科学天才冯·诺依曼就已经对能够进行自我复制的元胞自动机在理论上作了开创性的探索,但系统而深入的研究需依仗计算机作为实验工具。从80年代开始,数学、物理学和计算机技术等方面的进展为元胞自动机理论的产生提供了知识背景和实验条件。弗莱德金(E. Fredkin)、兰道(R. Landauer)和托佛利(T. Toffoli)在1982年发表的《计算物理学》一文可以看作是当代元胞自动机理论产生的标志。[③] 1984年,沃尔弗拉姆(S. Wolfram)给出了元胞自动机的明确定义。之后,托佛利证明了物理世界的许多基本特征具有自然的信息理论的解释,并且可以从一个很简单的计算网络的处理单元的相互作用中导出。弗莱德金论证了世界归根到底是一个元胞自动机,而物理学的基础是计算的。

---

① 见 S. Lloyd, "Ultimate Physical Limits to Computation", *Nature* 406, 2000, pp1047 - 1054。

② 见 A. Zeilinger, "A foundation Principle for Quantum Mechanics", *Foundation of Physics*29(4), 1999, pp631 - 642。

③ E. Fredkin, R. Landauer and T. Toffoli (eds.), "Proceedings of the Physics of Computationconference", *International Journal of Theoretical Physics* 21(3/4), 1982.

沿着这一方向发生的一个最有影响的事件则出现在2002年。作为元胞自动机理论的创立者之一和Mathamatica的发明者,沃尔弗拉姆经过近20年的潜心研究,出版了一部题为《一类新科学》(*A New Kind of Science*)的巨著,书中提出了一个基于计算主义研究科学的新的、系统的框架。沃尔弗拉姆运用简单的元胞自动机做了大量的计算机实验和理论分析,以期表明宇宙中的一切都可以看作是计算,而运用基于方程的传统数学对自然界的计算过程的把握具有很大的局限性,因而需要以更一般的计算规则来创建科学的新类型。他写道:"我相信,'一切皆为计算'将成为科学中一个富有成效的新方向的基础。"①目前,在沃尔弗拉姆等人的推动下,以这类新科学为范式的研究正在稳定而有成效地推进,一个计算的宇宙正从纷繁复杂的表象下揭开。

由此可见,当代科学正在描绘出一幅由计算生成的世界图景。针对这种变化和出现的新现象,在科学共同体内部产生了及时的反响。大约从20世纪90年代中期开始,美国著名的科学记者齐格菲(T. Siegfried)通过采访活跃在科学前沿的许多科学家后,敏锐地意识到了一种运用计算或信息的观点看世界的科学思潮正在形成。2000年,他出版了题为《比特与钟摆》一书,其中详细地叙述了他采访物理学、生命科学、神经科学和计算机科学等领域的有关科学家的情况,描绘了从这些科学家身上所体现出的这种科学新潮的情形。② 到了2005年,美国的计算机科学家和科幻作家鲁科尔(R. Rucker)发表了《生命箱、海贝壳和心灵》这部巨著,书中详细地阐述了数学的计算理论和计算机科学的基本原理,并试图借此对自然和社会现象作出统一的阐述和解释。③

不过,虽然这种计算主义的科学思潮萌生于科学共同体内部,但它的影响迅即扩展到其他领域,首先作出积极响应的当推哲学。哲学的生命力往往取决于能否对体现时代精神的科学思想作出及时的反思,因此,计算主义

---

① S. Wolfram, *A New Kind of Science*, Champaign: Wolfram Media, Inc. 2002, p1125.

② T. Siegfried, *The Bit and the Pendlum*, New York: John Wiley & Sons, Inc. 2000.

③ R. Rucker, *The Lifebox, the Seashell and the Soul*.

的思潮在科学内部一出现,就引起了嗅觉敏锐的哲学家的关注。在这中间,由美国哲学家斯坦哈特(E. Steinhart)所倡导的新的形而上学——数字形而上学(Digital Metaphysics)值得注意。1998 年,他发表了《数字形而上学》一文。[①] 在文中,他对由元胞自动机研究所产生的对世界的新解释进行了剖析,并在此基础上提出了他本人的形而上学主张,即终极的实在是一台对实现任何物理上可能的世界来说足够普适的大规模平行计算机,而基本单元则是类似于莱布尼茨"单子"的计算时空。

在哲学领域,一个与计算主义思潮密切相关的新分支就是大约近十年来才兴起的信息哲学。目前,虽然对什么是信息哲学并没有一种确切的规定,但比较公认的看法是它旨在探究各种信息科学的本体论和认识论基础,当然包括对信息本质的认识。由于在当代计算主义中,计算通常被理解为信息处理,所以,信息哲学在一定程度上也是对计算的科学思潮的响应。在信息哲学家弗洛里迪(L. Floridi)主编的《计算与信息哲学导论》中,可以发现这种响应的明显迹象。[②]

这里值得一提的是,近年来,随着计算主义思潮的不断发展,在我国的哲学工作者中也引起了积极的反响。例如,北京师范大学的年轻学者李建会在 2004 年出版了《走向计算主义》一书,较系统地介绍和评述了生命科学(尤其是人工生命)领域所出现的计算主义现象。[③] 在 2007 年出版的《信息哲学探源》中,中国社会科学院哲学研究所的刘钢对国内外信息和计算哲学研究的历史及现状作了详细的叙述和分析。[④] 不过,目前国内学者的工作主要还是停留在对西方学术思想的介绍、消化和吸收阶段,即使出现了一些争论,也基本上局限于基本概念或思想的理解方面。

---

① W. Bynum and J. H. Moor(eds), *The Digital Phoenix: How Computers are Changing Philosophy*, Blackwell Publishing Ltd, 1998, pp117 - 134.

② L. Floridi(ed.), *Blackwell Guide to the Philosophy of Computing and Information*, Blackwell Publishing Ltd, 2004.

③ 李建会:《走向计算主义:数字时代人工创造生命的哲学》,中国书籍出版社,2004 年。

④ 刘钢:《信息哲学探源》,金城出版社,2007 年。

第四节 认识世界的新方式

在前一节中,我们简略地勾画出了由当代科学所揭示的关于世界的计算图景和哲学家所作出的响应。从中我们深深地感受到,在科学地认识世界的过程中,人类已经开始运用计算的思想来统一地理解和解决诸如心智、生命和实在的本质等最基本的问题。显然,这种计算主义的思潮并非凭空产生:从深层次上看它是人类认识世界的智力传统的延续和新发展,而更直接的原因则是电子计算机的问世、广泛应用以及所取得的巨大成功。

从历史上看,科学或技术的重大变革往往会改变人类对于世界和自身的基本看法,例如,牛顿力学的巨大成功曾导致人们把宇宙看作一个巨大的钟表,并形成了机械决定论的世界观。类似地,电子计算机所引发的革命直接导致计算主义思潮的产生和发展,于是在人们的心目中开始形成这样一种对世界的基本看法:"宇宙中的每一个物理系统,从旋转的星系到碰撞的蛋白质,在某种意义上说都是专用的计算机:它们各自执行着这样那样的计算。"①

作为萌生于当代科学前沿的新思潮,目前计算主义已经不再局限于某个具体领域,而实际上正在成为一个几乎遍及所有科学和哲学领域的"超范式"。从哲学的版图上看,如果一种思潮几乎遍及科学的方方面面,而其实质又是对我们所处的世界或实在的本质作出最一般的允诺,则这种"超范式"实质上是一种新的本体论。

这里,我们把本体论理解为是替所有科学提供基本的概念框架和预设性前提的哲学分支。与西方那种作为学科名称所使用的形而上学不同的是,我们这里所说的本体论其实是科学的一般性基础,其目的是为我们认识和理解世界提供一种哲学前提,而并非是试图超验地把握终极实在。对我

---

① E. Dietrich, *Thinking Computers and Virtual Persons*, New York: Academic Press, 1994, p13.

们来说,作出这种区分是必要的,因为这样就能避免引起一些关于"终极性"的哲学争论。在以后对计算主义思想的详细阐述中,读者将进一步体会到这种区分的必要性。

因此,我们说,当代计算主义主张实在本质上是计算的,实际上是认识世界的一种方式。这有点类似于系统哲学对世界所作的主张。当人们把一个事物看作是处于一定的环境中、由相互联系或相互作用的元素所组成、具有特定的结构和功能的整体时,则该事物就成了一个系统。可见,系统其实是我们选择一定的认识方式的产物。一旦我们用这样的方式来看待事物时,就能够用系统的思想或理论来加以认识和把握,并在此基础上解决实际问题。

不过,计算主义是一种看待世界的新方式,因为与其他曾经存在过或现存的本体论学说不同,它为我们提供了一幅关于世界的新图景,即由计算或信息流所构成的实在的基本过程。这样,我们就可以用计算或信息的语言来描述和解释世界上所存在的事物和发生的各种各样的过程,"在这样的一个世界中,除了使信息从世界的一个部分传递到另一个部分的过程之外,没有别的东西存在"①,从而革命性地改变了我们对于世界的看法。

从认识论上看,如果我们允诺计算主义的基本主张,那么世界的可理解性就显得很自然了。一方面,我们知道,关于世界所作的本体论允诺常常与对世界的认识紧密相关。一旦认定实在的本质是计算,那么物质世界的可知性就获得了一个有力的保证。根据计算主义的允诺,宇宙中每一个自然系统,对实行这样那样的计算而言都是计算机。这样,理解任何自然系统的任务便等价于找出某个或某些用于解释其状态变化的计算过程。因此,恰好与计算机工程师相反,科学家所做的工作是发现感兴趣的系统所运行的"算法"并弄清它们是如何执行的。另一方面,顺应于自然进化的内在法则,在地球上出现了人类这一具有高级智能和意识的物种,而我们之所以具有高级智能和意识主要是在于拥有了一颗在计算上具有普适性的大脑。于是,在计算的层面上看,认识就是在所认识事物的计算过程与大脑所建构的

① 李·斯莫林:《通向量子引力的三条途径》,第142页。

计算过程之间建立起具有相似性的对应关系,而两者皆为计算或信息处理的过程这一本质特征为建立这种对应关系提供了本体论上的保证,表明由进化所产生的人类的大脑注定可以达到对世界的理解,因为这体现了实在的基本性质。当然,承认实在世界的可知性和可理解性并不表明人类对它的认识能够达到完备。对此以及上述的其他观点,我们将在以后的章节中作详细的阐述和论证。

计算主义的深远意义还体现在方法论上。目前,不论是在自然科学还是社会科学领域,人们已经越来越多地倾向于运用计算机模拟实验来研究实际系统所呈现的现象和规律。所谓计算机模拟实验,简单地说,就是把表征实际系统的计算模型以程序的形式在普适计算机上进行运行,以期通过对这种运行过程和结果的研究来达到对实际系统规律性的认识。显然,这样做的有效性是基于计算主义的基本允诺,否则,计算机模拟实验就缺少一个合理的本体论依据。如今,计算机模拟实验已经在几乎所有科学(甚至哲学)领域得到了广泛的应用并取得了巨大的成功;反过来,这也为当代计算主义的确立提供了科学和技术方面的支持证据。

当然,更为重要的是,当代计算主义为我们认识自然、社会以及人的心智提供了一个统一的框架。在这样一个新框架下,我们就能够描绘出一幅关于实在世界和我们自身的更加栩栩如生和协调一致的新图景。在前一节中,我们已经简略地勾画了这幅图景的若干片断。而事实上,经过多年来科学家和哲学家的共同努力,如今,我们已经可以比较翔实地绘制出这幅新图景——一幅计算的新图景。

在接下来的几章中,我们将致力于这一具有挑战性的任务。具体的安排如下:第二章主要是阐述计算、实在等基本概念以及它们之间的关系,并在此基础上分析计算的基本原理,然后提出计算实在论的新主张,从第三章开始直至书的结尾,便是运用计算的观点具体描绘关于世界的新图景,其中第三章勾勒并分析一个计算的宇宙,第四章探讨生命的计算本质,第五章试图用计算的思想揭开心智之迷,而最后一章则将人作为符号的动物进行剖析。

第二章　计算与实在

在前一章中,我们概要地叙述了当代计算主义产生的历史背景和现实表现,并且认定它的基本主张就是实在本质上是计算的。然而,作为一个关于世界实在性的一般本体论允诺,如果要能为具体科学和人们的认识实践活动提供既合理又有意义的概念框架和前提,那么构成其本身的基本概念就必须得到阐明,这样命题才能经得起批判性的检验。基于这一考虑,我们在本章中将着重对计算主义的主张所涉及的基本概念和命题进行语义和逻辑分析,来弄清计算主义者究竟是在何种意义上使用诸如实在、计算和信息等概念,所作出的本体论允诺又具有什么样的深层的哲学和科学方面的意蕴,并在此基础上探究计算的一般原理和新的实在论主张。

第一节　实在作为计算

我们已经知道,关于当代计算主义的基本主张,目前在不同学科或不同学者中存在着含义上有所差异的表述。例如,对一些自然科学家来说,“宇宙是一台巨大的计算机”或“自然是一个计算的过程”这样的口号式的主张似乎就足以可以表达他们的观点了，而哲学家们则倾向于用更抽象的陈述来表达自己的本体论观点，如“存在就是计算”和“实在世界是计算的”，等等。不过，尽管在具体的语言表述方面存在差异，我们认为，这些科学家和哲学家所要阐述的关于世界的本体论信念则是基本一致的，即把实在看作本质上是计算的，或简单地概括为：实在是计算。

于是，我们首先需要分析的是：究竟什么是实在？作为一个基本的哲学范畴，实在与哲学中大多数最重要的问题紧密相关，例如，一切东西是物质的还是精神的？数和其他的抽象客体存在吗？有所谓的道德事实吗？等等。回答这些问题的困难常常是由于难以对问题作出明晰的阐述，而缺乏这种明晰性往往是由于对实在这样的概念没有语义上明确的规定。通常，哲学上的实在概念是从两个方面来理解的：一是把实在等同于“客观的”或“事实的”东西。依照这种看法，在我们的心智之外，存在着一个可以离开现象世界而独立存在且自主的实在世界，它不因我们人类的出现才产生，也不会因我们的离去而消失。显然，这种信念构成了常识实在论的基础。二是把实在等同于“非还原的”或“最基本的”东西。依照这后一种看法，实在是某种不可再还原的存在物，而其他的事物都由其所构成或派生。沿着这条思路，我们遇到的就是关于实在的终极的形而上学概念，因而是形而上学家所要追问的。由于在本书中，我们的主要目的并不是想通过思辨建立一种基于计算的形而上学的终极实在观，而是希望从审视当代科学中计算主义的具体表现，来勾画出作为各门科学基础的本体论框架，所以，我们将主要从前一种理解出发来把握和阐述实在概念。①

不过，如果我们把实在看作是一个原初的最基本的本体论范畴，就不能指望通过其他看上去似乎更基本的概念来定义，不然的话，实在概念就也不是原初的了。因此，当我们把实在等同于客观的东西时，事实上并不是以后者来定义前者，而只是说它们是可以同等地看待或使用。如果是这样，我们

---

① 形而上学意义上的“不可再还原的实在”中的还原与我们说“实在归根结底是计算”中所包含的还原是有区别的。前者所要追求的是构成世界“本身的”的最基本且超验的东西；而后者则是我们在认识世界时将计算认定为是最基本的，因而是一种本体论的允诺。

所得到的将是一个分析上为真的命题。所谓分析真,也就是只需通过概念的逻辑分析就可以确定该命题是否为真,而不必诉诸经验。例如,“三边形是三角形”就是分析上为真的,因为不需要借助于经验,我们就能断定它们是同一的。然而,如果对实在的解释只停留在考虑分析真的命题上,那么我们就无法从中获得任何具有认识意义上的内容,这样,它作为一个本体论的基本概念的必要性似乎也就不存在了。为了避免作为出发点的原初概念用其他概念来阐明,同时又要让它一开始就不是完全空洞的,一个合理的要求是引入的原初概念能携带少许信息。由于我们认定实在是一个最基本的本体论概念,所以要求它携带最小量的信息,这样我们就能够以此作为出发点来构建其他的本体论概念和由这些概念形成的命题。

根据信息理论,度量信息的基本单位是比特。一个比特是指我们可以从两种等可能状态中所获得的信息量,例如,假定一枚钱币在投掷时正面和反面朝上的可能性是相等的,则当一次投掷发生后,我们所获得的信息量就是一个比特。基于这样的考虑,我们假定在引入实在时只能够获得一个比特的信息量,而要产生这个最小的信息量,应有的两种等可能性是什么呢?在抽象的最高层次上,最基本、最自然的方式是假定存在“有”和“无”两种可能性并且是等可能的,这样,当我们认为实在就是表明有存在的东西时,我们实际上通过选择获得了一种信息,它的量值就是一个比特。当然,这种信息并没有告诉我们实在究竟是什么,而只是表明有东西存在,所以,它本质上是一种具有元认识意义的信息(或简称元信息)。这种元信息是获得所有其他具有认识意义的信息的前提,因为首先必须是有东西存在,才有可能去认识它。基于这样的分析,我们发现,这是一种属于本体论的元信息:当我们选择“有”时,我们便允诺了一种弱的实在论,即认定有东西存在。至于,实在或存在的东西是什么,则是在认定“有”的基础上所作的种种断定或猜测。

接下去,就有了种种关于实在的本体论允诺:“实在是实体”“实在是场”“实在是系统”和“实在是精神”,等等,而当代计算主义则断定“实在是计算”。应该注意的是,所有这些关于实在的允诺并不能告诉我们实在本身是什么,而只是我们看待实在的方式,这是因为:对于实在本身,我们只能通过在“有”和“无”之间选择而获得上述的元信息。我们可以这样来把握“对实在本身的断定”和“关于实在是什么的断定”之间的不同:当我们在“有”和“无”之间选择了“有”而断定有东西存在时,我们仅仅是获得了一个尚未在对象与背景之间作出区分的画面,而一旦断定实在是什么(比如说是实体),则就立刻从这一画面中选择了某一东西作为对象,而所有其他的东西则变成了背景。接下来便是以所选择的对象作为视角或出发点,去考察背景中的其他东西。

这样,当计算主义者认定“实在是计算”,其他的东西就被置于背景的地位,而由此所呈现出的就将是一幅关于实在的计算画面。喜欢刨根究底的读者可能会问:这尚未区分的“画面”是什么?这似乎就是一个终极的形而上学问题。不过,我们的回答是:它不是一种正确的提问方式,因为从上面的分析中可以看出,对于这个“画面”,我们只能问其有或无,而不能问其“是什么”,就是说,断定“有”是问“是什么”的前提。以这样一种方式来阐述由实在概念所涉指的含义,我们就可以避免形而上学的终极追问,而从一个基本的本体论允诺出发来分析当代计算主义的实质。

这里需要说明的是,尽管人们能以“是什么”的命题来对实在作出本体论的种种允诺,但这并不意味作出这样的允诺具有随意性,也不表明这种种洞察实在的方式具有同等的本体论地位和认识论上的价值。为了更好地认识实在世界和人类在这个世界中所处的地位,要求人们选择能够更好地达到这一目标的洞察方式。而评价一种洞察方式优劣的基本标准就是看它给人类理解实在所能提供的信息的多少和准确程度。显然,单纯的一个“是什么”的命题所能提供的信息是非常有限的,而且这样的信息的准确程度也无法识别,所以,其作为本体论允诺必须置于具体的科学或其他的知识体系才能得到间接的检验。我们已经知道,计算主义者所认定的“实在是计算”的基本主张,正是在当代科学前沿领域中所形成并且成为这些学科的理论的本体论前提。因此,这种洞察实在的新方式依仗当代科学的新成就,故在与其他洞察方式的竞争中能够确立优势的地位。

在对实在概念作了上述的阐述以后,我们转向分析“是”。在日常语言中,“是”具有字面意义上的多种不同的用法。从逻辑上看,每一种字面意义所包含的真值条件并不相同。斯坦哈特认为,至少存在着“是”的六种逻辑含义上不同的用法,并在《隐喻的逻辑》一书中对此作了一定的阐述。[①] 我们通过举些例子来说明这些用法。第一种是在数值同一性的意义上使用的,如前面的“三边形是三角形”和“鲁迅是周树人”;第二种是种属关系,如“计算机是机器”和“人是哺乳动物”;第三种是表示属性,如“玫瑰花是红的”和“人是有理性的”;第四种是概念间的还原,如“基因是具有遗传效应的 DNA 片段”;第五种是表示占有角色,如“张三是县长”;第六种是具有隐喻意义的“是”的用法,如“那个男人是一只狼”和“家庭是一个细胞”。

那么,当计算主义主张“实在是计算”时,究竟是在何种意义上来使用“是”的呢？在上述关于“是”的几种用法中,第二、第三和第五种用法显然可以事先排除,于是便剩下第一、第四和第六种。在本体论的基本允诺中,主词“实在”“世界”或“宇宙”意味着包括存在的一切,这样,“是”后面的谓词要么与主词具有数值同一性或还原上的同一性,要么在外延上比主词小。若是前者,比如说“实在是世界”或“实在是宇宙中的一切”,这样的命题具有分析的真,并不能提供关于述说对象的任何信息,因而是没有认识意义的。所以,唯一的可能是后者,即充当谓词的概念在外延上比充当主词的概念来得小,它具有形式:“X 是 Y 并且 Y 是 X 的一部分。”然而,这种形式在普通的逻辑意义上显然是不合法的,因为整体不可能是它本身的一个部分。但是,这恰恰是隐喻的特点,它容许在形式上违反普通的逻辑而具有不同的真值条件。由此看来,在本体论中,对实在或世界所作出的基本假说只要是以“实在或世界是什么”的形式来进行陈述,就必定是隐喻性的。因此,“实在是计算”实质上是一个隐喻性的本体论命题。

通常,对应于某种关于世界的基本假说存在着某个基本的隐喻,即所谓的根隐喻。事实上,在哲学领域,早已有人对关于世界的基本假说总是基于某种根隐喻进行过分析,如在 20 世纪 40 年代,美国哲学家佩帕(S. C. Pepper)就认为各种本体论学说中关于世界的基本假说都存在着对应的根隐

---

① 见 E. C. Steinhart, *The Logic of Metaphor*, Dordrecht: Kluwer Academic Publishers, 2001, p2, p20。

喻,并对与这些假说相对应的根隐喻作了系统的研究。[①] 因此,可以认为,当代计算主义作为一种关于世界的本体论主张,其基本假说也必定对应于某种根隐喻。

现在是到我们需要对计算概念作出尽可能清晰和系统的阐述的时候了。在此之前,我们曾一而再、再而三地在不同述说中使用计算这一概念,却没能花多一些笔墨对它进行分析和阐明。这其中的原因主要是,计算概念在不同学科、不同场合中通常具有不同的含义,而要把它作为一个基本的本体论范畴来使用,又会遇到种种分析和界定上的困难,特别是我们无法像数学的计算理论中那样对它作出形式的定义。但是,为了进一步对当代计算主义的思潮进行剖析,我们必须突破这个概念上的障碍。

第二节 什么是计算

如前所述,当计算主义把“实在是计算”作为基本的本体论允诺时,实际上就已经给予了计算概念本体论的地位。然而,在不少人看来,计算似乎仅仅是人或由人所创造的各种计算机器所做的种种数值运算,或者至多是看作对符号进行形式的操作,怎么可能是实在世界中一切事物的基本存在方式呢?为了弄清计算概念所发生的含义和地位的变化,让我们先从词源学的角度进行考察。

计算究竟是什么?从词源上看,它无疑是一个数学用语。根据 Webster 词典,英语中的“计算”(“to compute”)一词出自拉丁文“com + putare”,意指用数学手段确定或得出某些东西。在我国出版的《辞海》(1999 年版)中,并没有收录“计算”这个条目;而 2005 年出版的《现代汉语词典》(第 5 版),则把“计算”规定为“根据已知数通过数学方法求得未知数”。由此可见,计算

---

① 在本章第四节中,我们将结合对佩帕的根隐喻理论和哲学史上一些重要的根隐喻的考察,来深入地探讨计算主义的根隐喻。

的本义是用数学的方法求值。然而,由词典所规定的含义既模糊又狭窄,显然不能囊括计算机科学和技术中所使用的计算概念的内涵,更不用说它在其他自然科学、社会科学和哲学领域或日常生活中的种种用法了。事实上,我们知道计算概念的内涵已经发生根本的改变,而外延则是极大地扩展了。产生这种变化固然与20世纪30年代计算理论的出现密切相关,但更重要的原因却是电子计算机的问世和广泛应用。

曾有学者认为,计算机是一个误用的名称,因为它仅仅意指计数和数值运算,而实际上计算机能操作任何种类的符号。如我国科学家郝柏林和张淑誉就认为,"算计机"也许是比"计算机"更恰当些的名字,因为"算计"的含义比"计算"更广,"包括估计形势、权衡利弊、作计划、出主意等'非数值'的方面"。[①] 但我们在第一章中已经指出,从另一个角度看,正是这种"误用"导致了计算含义的扩展,即计算被认同于对符号的操作。这样,我们不但可以"心安理得"地使用计算机这一名称,而且能够把现存的计算机看作是描述有效计算过程的抽象的形式模型——图灵机——的物理实现。于是,数学上的计算理论成了现代计算机的理论基础之一,而在抽象的层面上,计算也通常被理解为就是图灵机意义上的能行可计算。

不过,随着计算机的迅速发展和普及,计算的思想开始渗透到其他领域,结果计算的概念进一步泛化了。在上一章中,我们已经简略地描述了计算概念如何随着当代计算主义的思潮的兴起而泛化的过程,这体现在认知科学、生物信息学、量子引力理论,元胞自动机理论和DNA计算、量子计算等科学技术的前沿领域中。正是这种泛化,使得计算概念所涵盖的范围越来越广,于是开始演变成一个哲学层面上的本体论范畴。

历史地看,计算概念的这种泛化与力、能和信息等概念的泛化相类似。在17、18世纪,随着牛顿力学的巨大成功,力的概念所涵盖的范围不断被拓展,人们开始用力的观点来看待一切,结果形成了机械决定论的世界观。从19世纪前期起,随着能量守恒定律和新的能量形式的发现,能的概念也开始泛化,而20世纪初的物理学革命,又进一步揭示了能的新内涵,结果产生了

---

① 郝柏林、张淑誉:《数字文明:物理学和计算机》,科学出版社,2005年,第94页。

宇宙中的一切皆为能的哲学观。至于信息概念的泛化则发生在晚近。由于控制论和信息论等理论的问世,更重要的是计算机和网络的广泛应用,人们又开始用信息的观点来看待一切,于是出现了“实在出自比特”这样的主张。[①] 这表明,科学或技术的重大变革往往会改变人类对于世界和自身的基本看法,相应地一些基本概念就会被泛化,直至上升为基本的哲学范畴。从另一个角度看,某个概念被泛化为一个基本的本体论范畴,也就意味着一种关于世界的新观念的形成。由上可知,力、能和信息等概念的泛化,都有相应的新的世界观的产生,而计算概念的泛化也不例外,与此相应的就是计算主义世界观的出现。

由于计算概念已经运用到各个不相同的学科之中,并在抽象程度不同的层次上使用,而它的含义一般又依赖于所处的语境和层次,也就没有单一、明确的意义。因此,在理论和实践活动中,计算通常被看作是一个“束概念”,对其含义存在着不同的理解。根据计算机科学家和哲学家施密斯(B. C. Smith)的分析,目前对计算概念存在七种不尽相同的诠释:(1)形式符号操作——只对表达的符号进行形式操作,而不考虑符号的解释或语义内容;(2)能行可计算性——由一台抽象的模拟机以机械的方式所做的;(3)算法的执行或规则系列——由一集相继的规则或指令所进行的;(4)函数的运算——以一个数学函数的自变量作为输入并以产生的函数值作为输出的行为;(5)数值态机器——由有限的内态集所构成的自动机的观念;(6)信息加工——包括对信息进行存贮、操作和显示;(7)物理符号系统——计算的机器由符号构成并彼此相互作用,而符号以某种方式依赖于物理实现。[②] 施密斯对这些界定在概念上的异同作了分析,指出虽然有些看法从纯形式上是等价的,但在语义和使用场合方面却存在差别,例如,形式符号操作的观点隐含地涉指句法和语义两个方面,而算法的执行的观点则不涉及语义;能行

---

① 这一主张是由当代著名物理学家惠勒在90年代初提出的。对该主张的讨论,可以参见为祝贺他九十岁生日所出版的论文集:J. D. Barrow et al (eds.), *Science and Ultimate Reality*, Cambridge: Cambridge University Press, 2004。

② 见B. C. Smith, “The Foundation of Computing”, in Scheutz (ed.), *Computationalism: New Directions.*, pp28 – 29。

可计算性的观点基本上是关于输入—输出行为，而形式符号操作的观点则关注内部的机理和工作方式。另一方面，不同的一些表述可能会出现在同一个学科中，而通常是某一个在特定的领域居支配地位，例如，(1)主要出现在哲学争论和元数学中，(2)、(3)与计算理论和逻辑研究相关，而(6)则在认知科学等经验科学中起着主要的作用。

需要指出的是，施密斯所列举的这七种诠释并没有穷尽目前人们对计算的理解。比方说，近年来，一些学者(如美国的计算机科学家魏格纳〔P. Wegner〕)认为计算应包括发生在环境中的相互作用，于是倡导一种相互作用的计算模型，并且论证说基于这种计算模型的机器比基于算法的图灵机在计算能力上更强，也更符合现在所使用的各种计算机的实际情况。① 由此可见，不管是在理论科学还是实践活动中，人们所使用的计算概念确实在内涵和表述方面不尽相同。那么，这是否就表明，我们应当采用一种多元的立场，承认存在着不同类型的计算，从而解决计算概念的多样性问题呢？看来，这样一种策略难以接受，因为如果认定具有不同类型的计算，那么又是什么使得它们都能叫做计算？况且，我们的目的是要找到一个能作为所有科学和技术基础的本体论上的计算概念。因此，现在的任务是需要从不同的计算诠释中辨认或抽象出某种普遍的和本质的东西，这样就能对不同的计算类型作出统一的理解。我们认为，这样一种普遍的本质的规定实际上是存在的。

如果我们对前述的关于计算的诠释作一划分，则基本上属于两类：一类是从抽象的层面上来规定的，如(1)、(2)、(3)和(4)，另一类则涉及具体的对象，如(5)、(6)、(7)和计算的相互作用观。在第一类中所包括的四种类型，一般认为可以用图灵机意义上的计算模型来严格地刻画。

为了能对这一类计算的实质有更好的理解，这里有必要对图灵机作一简单的介绍。图灵机由两个基本的部分组成：(1)一条无限长的带子，用划线隔成一个个小方格，每一格可以容纳一个有限符号集中的某个符号；(2)一个读写头，它能从带子上的小方格读、写或清除符号(见图2.2.1)。

---

① P. Wegner, "Towards Empirical Computer Science", *The Monist* 82, 1999, pp58－108.

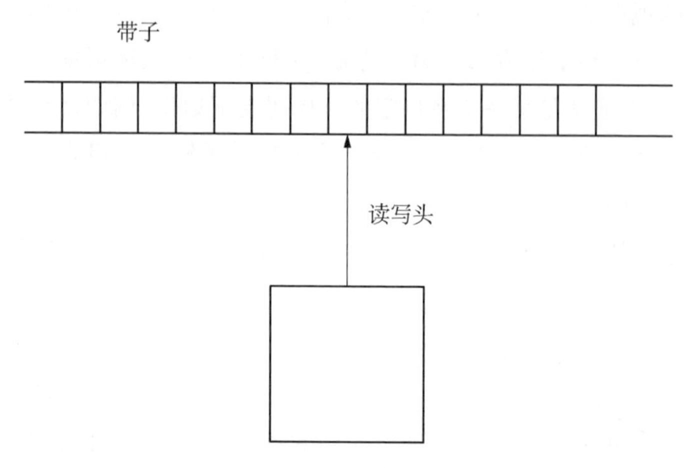

图 2.2.1　图灵机示意图

图灵机的计算就在这条带子上进行。计算通过读写头的读写和移动来实现。为了控制读写头的这些操作,每个图灵机除了有一个符号集(其中包括一个空白符号),还有一个状态集,其中包括开始状态和结束状态。此外,它必须有一个控制函数,该函数依据图灵机所处的当前状态和读写头所读到的当前符号决定它下一步的操作。其中每一步操作包括做三件事:(1)把某个符号写到读写头当前所指的小方格上,以取代原来的符号;(2)读写头左移或右移一格或不移动;(3)用某个状态取代当前的状态,图灵机就进入一个新的状态。按顺序做完这三件事,图灵机的一个工作周期就告结束。如果新状态不是结束状态,则可以进入下一个工作周期,否则就停机,表明计算过程已结束。图灵机停机以后,带子上的内容就是它的输出。这样一种反映包含在算法步骤执行中的计算性质的机器的重要性在于,这是一个能行的计算模型,它的原理虽然非常简单,却能计算一切能行可计算的问题类,因此,它的计算功能不会弱于任何其他的能行计算模型。所以,通常把"图灵机可计算"作为能行可计算的严格的代名词。

可以看出,图灵机是一个关于能行可计算的理想模型,而这样的模型只是人类思维所产生的抽象建构对象,因此上述前一类规定是针对抽象的建构对象而言。从本体论上看,抽象的建构对象作为观念是人们的思维过程的结果,它们本身并不在实在世界中真实地存在,通常我们只是假装它们以这样的方式存在而已。例如,对于数“7”的思考是一个大脑中发生的过程,但“7”本身却是由习惯性规则而虚构的存在对象,因而也就不在时空中定位。事实上,凡是观念的东西,不管是概念、命题还是理论,都与数“7”一样,是从具体的思想过程中抽象出来并依据一定的习惯性规则所建构的。当然,在这样看待观念的东西时,我们显然是拒绝了那种认为观念本身更为实在的柏拉图主义,而采纳了唯物的实在论立场。基于这样的考虑,我们就能够从更深的层次上来把握抽象的计算概念的实质,从而认识到,关于计算的前一类规定实际上体现的是人的思维过程,也就是信息处理或加工的过程,因为当代科学已经表明,我们人的神经系统就是一个从事信息的接收、变换、传输和输出的系统,至于其他机器所执行的符号操作,实质上也是物理系统所进行的信息处理过程。这表明,我们有可能运用信息处理的观点来统一地界定计算的含义。

事实上,在人们的认识和实践活动中,计算通常是指在规则支配下的态的迁移过程,而直观地看,上述的这些诠释每一个都表征了这样一个过程。对于一个系统来说,态表征在某一时刻完全描述它的所有信息,包括输入态、内态和输出态;规则是实现态迁移的映射,实际上是决定信息流动的因果关系网络的体现,而过程则是态的系列。由于信息已经成为一个具有本体论意义的普遍概念,因此我们可以把计算广义地规定为信息处理或加工,也就是用上述的第六种诠释来统一其他的诠释。

第三节　计算与信息

如果将计算规定为信息处理,那么随之而来的问题就是:信息又是什么?鉴于在如今人们的认识和实践活动乃至日常生活中,“信息”已经成为最基本的用语之一,结果在不同的语境中,它被赋予了不同的含义,比如,有时作为日常语言使用,有时又是技术的,有时仅仅作为认识论意义上的概念,有时则是本体论意义上的。当你听到自己携带的手机的铃声响了,接收到的可能是一条提醒你资费快用完了的日常信息,而当一位通信工程师在考虑某条光缆中可传输多少比特的信息时,他是在信息论的创始人申农所规定的技术意义上来理解信息概念;如果我明天要参加户外活动,那么气象预报说"明天要下雨"这句话所传递的信息对我来说是有价值的,这里信息的含义是认识论上的,而通常我们说"自然是一个丰富的信息宝库",则显然是在本体论上来使用信息一词。不过,就我们的目的而言,这种信息概念在使用中的多义性倒并非是一个需要认真对待的严重问题,这是因为:既然我们已经把计算看作是一个基本的本体论概念,那么用来规定计算的信息概念就肯定也是一个基本的(或许更基本)本体论概念。

当代信息哲学的积极倡导者弗洛莱迪认为,对于这种"是什么"的苏格拉底式的疑问,处理的进路有三种,即还原的、反还原的和非还原的。根据他的分析,试图给一般的信息概念提供一个单一的、统一的规定是不可能成功的,也就是还原的进路是行不通的,理由为信息是一个动态的、情景依赖的概念,而反还原的进路由于强调信息概念的多面性而本质上是一种消极的否定而不是对问题的解。因此,他主张非还原的进路,即通过把概念置于一个互动的分布网络中来加以阐述,从而避免还原论和反还原论这种绝对的两分法。基于这般考虑,弗洛莱迪提出了一个语义信息的一般定义:σ 是一个被理解为客观语义内容的信息事例,当且仅当:(1)对于 $n\geqslant 1$,σ 有 n 个数据(data)所组成;(2)数据是合式的(well-formed);(3)合式的数据是有意义的(meaningful)。[①] 简言之,信息就是数据 + 意义。显然,如果把信息当作一个基本的本体论概念来看待,则弗洛莱迪的一般定义并不令人满意,因为它实际上仍然是基于还原的方法,结果使得我们不得不进一步追问数据或意义又是什么。当然,我们可以像弗洛莱迪那样对数据作看似更为基本的规定,例如把最简单的情况下的单个数据还原为两个符号之间的差异或均一性的缺乏,但带来的问题是又需要对符号和差异等概念作更进一步的说明,而这样做的一种可能结果是又把信息概念悄悄地重新引入。事实上,如

---

① 见 L. Floridi, "Information", in Floridi (ed.), *Blackwell Guide ti the Philosophy of Computing and Information*, Blackwell Publishing Ltd, 2004, pp40 - 42。

果我们仍然采用以“是”的方式来显式地定义信息概念,就会蕴含着这样的潜在危险:要么陷入无穷倒退,要么出现无效的循环。

如何才能避免这样的潜在危险呢?既然信息是一个基本的本体论概念,因而或许对其原本便无须下定义,当然这并不意味着就无法把握它的内涵。斯罗曼等人坚持认为,如同能量概念,对于信息我们并不能给出精确或显式的定义,但可以分析其在理论和实践活动中所充当的角色来部分(隐式)地规定。根据他们的看法,信息可以获取、存贮、转换、传递和量化,可由旧信息产生新信息,存在不同类型的信息,形成和操作信息有不同的手段,等等,从这些描述中,我们就可以领会到信息的含义究竟是什么。[①] 但是,就我们的目的而言,这种借助使用和所起作用来规定信息概念的含义的方法似乎并不能实质性地解决问题,因为在以这种方式谈论信息概念时,很明显实际上其中已经包含了计算(信息的变换)概念。这似乎表明:对于计算与信息这两个基本概念,我们并不能指望由一个来定义另一个。

问题为,是否有可能把一些基本概念置于关联的概念网络中,用相互包含的方式来阐明基本的内涵,而又不至于造成无效或恶性的循环。我们认为回答是肯定的,而且事实上这是人们用来把握基本概念的一种行之有效的方法。以这样的方式来理解基本概念并不是同义反复。为了揭示一个概念的含义,人们通常采用的是还原或归约的方法,即用一个更为基本的概念来加以说明,如把基因还原为是具有遗传效应的DNA片段。然而,对于那些最基本的概念,这种还原方法就行不通了。在这种情况下,我们能够采用的方法就剩下两种:要么是依靠直觉从整体上来体会一个概念的含义,要么是通过分析与其他基本概念之间的关联来揭示含义。由于实在世界的结构和变化过程的复杂性,我们通常需要编织一张概念之网才能认识和理解实在的某个方面或片段,而单独一个概念(即使是最基本的概念)在语义上是不可能完整的,故想从整体上直接把握一个概念实际上无法做到。因此,一个可行且相对简单的方法是用组成概念对的方式来阐明基本概念的含义。

---

① 见 A. Sloman and R. Chrisley, “Virtual Machinces and Consciousness”, *Journal of Consciousness Studies* 10(4－5), 2003, pp38－42。

从计算主义的本体论允诺中,我们可以看出,计算和信息组成了一个不可分割的概念对,每一概念的意义内在地隐含在另一个概念之中,因而我们应当从分析它们之间的辨证关系和相互关联的动态过程来把握它们各自的含义。这样,我们可以把计算理解为信息处理,而信息作为处理的对象实际上所体现的就是计算,因为信息的识别和表示不能与处理信息的过程(即计算)相分离。

事实上,这种把一些基本概念作为概念对加以分析的方法一直在科学和哲学的许多领域中运用。在经典力学中,力与惯性参照系之间也是通过相互规定来揭示各自的意义的:力作为产生加速度的原因,两者之间的关系服从牛顿第二定律,而这只是相对于惯性参照系才成立;反过来,惯性参照系的概念又得依赖于物体在没有受到外力作用时保持静止或匀速直线运动才能确定,故又用到了力的概念。在生态科学等学科中,我们如今时常讨论动物(包括人)与环境之间的关系,而动物和环境这两个概念的含义却是互相包含的,即两者形成一个不可分割的概念对:动物如果没有环绕其周围的环境就不能生存,因而我们考虑动物概念的含义时就不能撇开环境因素;相应地,环境意味着有些(至少有一个)动物被其包围着,否则环境这一概念就失去了意义。在社会科学中,人(作为个体)与社会这两个概念的含义也必须放在考察它们之间的关系中才能规定:社会是由人组成的系统,而离开了社会,个体作为人的本质属性就会失却,这样就不再是人了。在哲学中,运用概念对分析法来规定具有紧密关联性的范畴之间的含义也相当普遍:当考虑实体概念时,我们总是会导入属性概念,因为撇开一个,另一个就难以把握;类似地,关于实在世界的存在和演化概念的含义,我们也只有通过对它们相互参照才能把握:演化意味着有某些"东西",而存在又总是处于"变动"之中。

这种运用概念对的方法来揭示基本概念的含义并不导致无意义的同义反复,因为两个基本概念在语义上并不同一,而且把它们认定为基本概念的视角也往往不同。就信息与计算而言,如果从静态的视角看,我们可以把信息作为构成实在的基元,正如物理学家惠勒所主张的那样——实在源于比特;而如果是从动态的角度看,则这种基元就变成了计算,也就是说,"信息是静态的,而计算则是动态的。计算变换信息”。[1]

现代科学和人们的日常经验已经强烈地驱使我们接受这样一个关于世界的哲学信念,即我们所面对的实在世界是动态的,是一个不断变化着的过程。其实,早在19世纪中叶,恩格斯在论述自然界的运动变化时,就已经明确地表达了这一伟大的哲学思想:自然界是过程的集合体。[2] 在这样一个动态的世界中,实体性的事物源于或突现于世界的变化进程,因而可以将其定义为过程的复合体,也就是说,过程比实体性的事物更为基本。显然,作为一个基本的本体论概念,计算更好地刻画了世界的动态性。由于在认识世界的过程中,我们是依仗由自身所建构的理论去捕捉实在世界的本性,而理论是一张概念之网,在外在的表达形式上又是静态的,这就决定了在分析计算的含义时,我们将不得不与静态的信息概念一起加以考虑。基于这样的分析,我们就可以理解,当代计算主义所主张的实在的计算观事实上是从动态的视角来审视信息和信息变换,因而与那种认为世界是信息的观点在本质上是一致的。

第四节　计算主义的根隐喻

在本章第一节中,我们曾经提到,各种本体论学说中关于世界的基本假说往往存在着对应的根隐喻。当代计算主义作为一种关于世界的本体论主张,其基本假说是否也对应于某种根隐喻?回答是肯定的。在本节中,我们要对计算主义的根隐喻以及它所蕴涵的本体论和认识论的意义进行系统和深入的阐述。

在这样做之前,看来有必要对隐喻和隐喻理论作简单的介绍和说明。所谓隐喻,通常被看作是从一个概念域(或源域)到另一个概念域(或靶域)

---

① R. Rucker, *The Lifebox, the Seashell and the Soul*, p5.

② 《马克思恩格斯选集》第四卷,人民出版社,1995年,第244页。

的语义映射，借此来达到对后者的认识和理解。从语言形式上看，这里的概念域可以是单词、句子、段落甚至整个文本，它们分别表示单个概念、命题、故事和理论。这就是说，从语言表达方式上看，隐喻是涉及两个不同概念域的陈述；而从认知机理上看，它主要是基于概念所涉对象之间的相似和类比。因此，对于隐喻，我们不仅仅从语言的角度来看，更重要的是要从概念上加以把握。例如，“时间是金钱”就是一个常用的隐喻，这里“金钱”是作为源域的概念，而时间则充当靶域。在现实中我们通过源概念“金钱”来说明靶概念“时间”的价值，并且在使用的语言中反映我们思维中的这种隐喻，如：“别浪费我的时间”“你的时间花到哪去了”。作为人类进行思维和交流思想的工具，传统上隐喻属于语言学和修辞学的研究范围。在西方，这种研究最早可以追溯到亚里士多德。不过，直到20世纪80年代初，才有一些西方学者明确提出语言中的隐喻本质上是概念的，它深入人类文化的根基，是人类思维的重要组成部分。从此，国际学术界出现了一股隐喻研究热潮。如今，隐喻已成为语言学、认知科学和人工智能等学科所研究的重要课题。

近年来，科学认知中的隐喻问题越来越受到哲学家（特别是科学哲学家）的关注。作为人类认识世界的主要认知工具，隐喻广泛地存在于自然科学和技术科学的各个领域中，甚至有人认为“科学中所使用的假说和理论本质上是隐喻的”[①]。在人类认识自然界的过程中，许多对象由于不能被我们的感官和人造的测量仪器所直接或间接地感知到，或迄今还不能进行感知，甚至还不清楚它究竟是否真正存在，因此，借助于人们已经熟悉的源域去认识和把握未知的靶域就变得很自然了，也就是把更为熟悉的事物的特点和结构投射到相对陌生的事物上，从而帮助认识后者的特点和结构。这就使得隐喻具有了认知的功能。在科学思维中，科学家运用隐喻的目的主要是出于解释和预言未知对象及其过程的认知需要。例如，当人类对原子结构尚未获得认识时，物理学家卢塞福和玻尔便运用“原子是一个微型太阳系”的隐喻。由于太阳系的结构已经为人类所知，所以利用这个隐喻，就可以帮

---

① T. L. Brown, *Making Truth*: *Metapuor in Science*, Champaign: University of Illinois Press, 2003, p26.

助物理学家给出原子(由原子核和电子组成)的运行轨道。另一方面,这个隐喻为我们提供了一种可以理解的解释,因此原子理论才能为许多人所理解和接受。另一方面,当科学理论中隐喻的解释功能得到科学共同体的成员所公认时,隐喻就可能成为科学理论的组成部分甚至核心。例如"心智是计算机程序"的隐喻,不但打破了心理学中的行为主义教条,即心智状态不能作为科学探究的合适对象,实现了心理学朝硬科学的转变,而且导致了人工智能和认知科学的诞生和发展,成为认知科学研究纲领的核心。

概括地说,经过一大批语言学家、认知科学家和哲学家的努力探索,目前在学术界已经基本达成了这样的共识,即隐喻不仅仅是一种语言现象,更重要的是一种认知现象,是人们将某一领域的知识用来说明或理解另一领域的知识的认知活动。而且,我们赖以进行思考和行动的日常概念系统,在本质上具有隐喻性,隐喻产生与隐喻性思维的过程则反映了人类认识世界的方式。

前面已经提到,对于哲学中的隐喻,其实哲学家佩帕早在20世纪40年代就作过系统的研究。佩帕认为,本体论的图式或"世界假说"(world hypothese)由两种基本方法产生:一是借助于类比,另一就是通过逻辑公设的替换,即从一组基本前提导出。然而,他进一步指出:"没有常规的世界假说曾经是由公设方法产生的。它仅仅是一种可能的选择。"①他作出这一断言的理由是公设方法本身也不能摆脱结构性的预设,因为这些预设源于一个现存的世界假说,即形式论(formism),而形式论本身又基于"相似"这一根隐喻。因此,他主张各种本体论学说中关于世界的基本假说都存在着对应的根隐喻,并且辨认出导致六种基本的世界理论得以生成的根隐喻:

表2.4.1　世界假说和对应的根隐喻

世界假说	根隐喻
形式论	相似
机械论	机器
关联论	历史
有机论	有机体
神秘论	爱的体验
泛灵论	普通人

① S. Pepper, *World Hypotheses: a Study in Evidence*, Berkeley: University of California Press, 1942, p89.

根据它们各自涵盖现象的广度和深度,前四种假说被认为是相对合适的,而后两种则被视作不合适。佩帕还提出了辨认和获取充当世界观或本体论基础的根隐喻的方法。这种方法的要点是,为了理解世界,先寻找能帮助达到理解的线索,而这个线索就是一个已知事实的域,并借助它去理解其他的域。这个所选择的域的结构特征提供理解和描述的基本概念(称作范畴),因而就充当了根隐喻或基本类比物。[①] 由此可见,佩帕的根隐喻方法与人们在日常认知过程中运用隐喻去理解事物的方法本质上是一致的。他的观点的重要之处在于,当我们试图对世界作出本体论假说时,往往无法避免运用基本的类比物作为根隐喻,而选择不同的根隐喻对世界的说明在适当性方面是不等价的。

在这里,我们接受佩帕的基本观点,并由此认定:当代计算主义作为一种关于世界的本体论主张,其基本假说也必定对应于某种根隐喻。从"宇宙是计算机""世界是元胞自动机"和"自然是一个计算的过程"等对实在的计算观的具体表述,人们会直觉地认定这些说法是隐喻性的,而对应的根隐喻便是计算机或元胞自动机。

目前比较流行的看法是,与当代计算主义相对应的根隐喻为元胞自动机。元胞自动机是以离散的方式表征自然系统的计算模型。元胞自动机可以看作是一个具有经典力学特征的"信息宇宙":空间由均一的笛卡儿坐标的方格或元胞格所表征,每个元胞包含有限量的信息,绝对时间以离散的方式流逝,而普遍规律则由局部定义且全局应用的规则所表示。根据沃尔弗拉姆的分析,标准的元胞自动机具有以下五个特征:(1)它们有一集离散的网格区所组成,(2)它们以离散的时间步调演化,(3)每个网格区具有有限集的可能值,(4)每个网格区的值依据相同的确定的规则而演化,(5)一个网格区的演化规则只依赖于它周边的局部区域。[②] 在现代计算理论中,人们已给出这样的数学证明,即存在着普适或通用的元胞自动机,它能够模拟任何其

---

① 这里参考了英国青年学者阿里(S. M. Ali)在他的博士论文中关于佩帕的根隐喻理论的阐述,见//mcs. open. ac. uk/sma78/thesis/pdf。

② 见 S. Wolfram, *Preface*, Physica D (10), 1984, vii - xii。

他的元胞自动机的行为，而且在计算能力上与普适图灵机等价。

普适图灵机是普适计算的数学描述，它能够模拟任何特定的图灵机。[①]虽然普适图灵机是一个抽象的数学模型，但人类事实上已经成功地建造出实现它的物理装置，即我们所熟悉的普适计算机（如我们桌面上的个人电脑）。严格地说，我们所使用的计算机并不是普适图灵机的真正物理实现，因为后者需要无限的贮存，而在我们的宇宙中没有哪个系统能做到这一点。然而，对于现代计算机而言，重要的是假定它具有无限的贮存，那么其结构就保证它是一台普适图灵机。因此，就计算能力而言，元胞自动机与普适图灵机是等价的。既然如此，在一般的意义上，我们可以把元胞自动机看作是一类特殊的计算机。因此，认为当代计算主义的根隐喻是元胞自动机与认为是计算机其实没有实质性的差别。当然，这里所说的计算机是一般意义上的计算机器，而并非特指我们现在使用的电子计算机。基于这样的分析，我们就认定充当计算主义的根隐喻即为计算机。

我们知道，计算机从功能上看主要执行三种基本的操作，即接受结构化的输入（数据），根据预定的规则（程序）对输入的数据进行处理，产生作为输出的结果。因此，计算机实际上是一类特殊的机器：处理信息的机器。这一见解使得计算主义与历史上的机械论或（更明确地）机械唯物主义之间发生了关联，因为两者的根隐喻都为机器。不过，由此而产生的一个问题是，这里所使用的“机器”概念的含义是不明确的。

在我们日常的认识和实践活动中，机器的概念有着非常宽广的外延，既能指对实物进行加工或搬运的工具机，也可指转换能量形式的各种热机、发电机、电动机等，还有就是指变换或传输信息的各种机器，甚至可以指某种社会组织（如所谓的国家机器）。造成这种局面的原因是机器这一概念随着科学和技术的发展而不断进化，也就是说它是一个历史的概念，这样一来，在不同领域和场合中，所使用的机器概念的含义就往往会有差别。然而，即便如此，在如今所指称的各类机器中，我们仍然可以辨认出某些关键性的共同特征，比如说它们都是在一定输入的作用下产生确定行为的系统。有意

---

① 在本章第五节中，我们将对普适图灵机作更详细的阐述。

义的是,在这里,通过一个相对模糊的机器概念把计算主义与机械论关联起来,却能使得我们对由机器作为根隐喻所产生的世界图景有更好的洞察,同时也能对机械论的内在生命力有新的认识。

事实上,近几个世纪以来,与科学和技术发展的过程相应,“机器”已经好几次作为强有力的根隐喻来帮助人们建立关于世界或宇宙的基本图景。

在历史上,第一个为世界图景的理论充当根隐喻的机器是中世纪后期由重力驱动的机械钟。大约比牛顿早3个世纪左右,在欧洲就有人把宇宙看作是一个巨大的钟表,有些钟的制造者甚至已经制作出类似于钟的装置来描绘太阳和行星的运动。当然,从形成世界观的角度看,关键性的一步是由牛顿完成的。牛顿创立的经典力学把钟的隐喻转换成科学上更有实质性的东西——力。正如钟的工作机理的运动部分是由作用于摆上的重力所驱动的,力支配着遍及宇宙的物质运动。

于是,在17、18世纪,随着经典力学的巨大成功,人们普遍开始接受这样一种世界观:宇宙是一个基于力学规律而运行的大钟表。这种以钟作为机器代表的根隐喻在很大程度上促成了机械唯物主义的产生和盛行,比如人们倾向于把各种有机体看作是机器,动物是机器,人是机器,甚至社会也是一部大机器。

显然,与诗歌中担当传达美的角色的隐喻不同,科学和哲学中的隐喻主要是起到解释性的认知作用。当人们把宇宙看作是一个巨大的钟表,并进一步认为包括人在内的万物皆为机器时,事实上并不只想提供一种关于世界的形象的、比喻性的说法,而更多的是希望能从根隐喻本身的结构中辨认并挑选出具有认知作用的概念框架,并据此达到对世界的新的或更深的理解。从钟(或当时的其他的机械装置)的隐喻中,可以发现两个重要的思想:(1)在物体的运动和变化中,力是最基本的要素,(2)力与运动之间的联系是由规律严格决定的。于是,在整个18世纪,人们几乎是用力的观点来看待一切事物的运动和变化。

另一方面,既然宇宙是一个大钟,而钟的运行遵循严格决定的力学规律,于是便有了机械决定论的世界观。这种世界观的基本思想在拉普拉斯那里得到了最明确的总结和表达。拉普拉斯从经典力学的巨大成功中领悟到:“一切都是确定的;将来如同过去,我们都可以看得着。”[①]于是,他设想,假如有一个“神圣的计算者”,能够知道宇宙开始时每一个粒子的位置和运动情况,他便掌握了所有必要的初始信息,这样就可以借助力学规律计算出宇宙的整个未来,也就是可以准确地预言将来发生的一切。通常,人们把拉普拉斯的这一设想看作是机械决定论的典型表述,但这里面存在着两个容易混淆的概念,即决定的和可预言。对机械决定论而言,决定的是从本体论上说,一切事件都是由先在的原因所完全确定,而是否可预言则是认识论问题。历史上,在关于机械决定论的表述中,长期以来人们有意无意地没有区分这两个概念,常常把决定的等同于可预言,因而把本体论问题与认识论问题混淆了。这种混淆所产生的一个结果是取消了这样的可能性,即实在世界在本体论上是决定的(比方说一个物理系统遵循决定论的规律和具有确定的初始条件),但对其的演化过程我们却不能事先作出准确的预言。在后面的章节中,我们将会比较详尽地描述当代科学中的一些新发现如何把这种可能性转化成现实性,从而向传统科学所提供的世界图景发起了挑战。

从18世纪后期开始的第一次技术革命,为人类认识世界带来了一个新的根隐喻,那就是热机或蒸汽机。正如钟在西方中世纪的社会是机器的主要代表,19世纪的大部分时间里,热机变成了工业社会的象征。出于弄清热机工作的机理以提高其效率的需要,热力学诞生了并得到了长足的发展。1824年,法国工程师卡诺率先在这方面作出了杰出的贡献。通过运用科学抽象和类比方法,他获得了理想热机的效率公式,并发现热机的热效率与具体的工作物质无关,仅取决于两个热源的温度差。从中可以隐约地窥见到,在自然本身的运作中存在着固有的普遍规律。之后的研究发现,这样的普遍规律就是能量守恒定律(热力学第一定律)和熵增定律(热力学第二定律)。

这里,特别让我们感兴趣的是,尽管20世纪在物理学领域发生了革命,以相对论和量子论为标志的现代物理理论取代了以牛顿力学为代表的经典物理学,但能量守恒定律和熵增定律不但没有遭到反驳,反而有越来越多的

---

① 转引自保罗·戴维斯《上帝与新物理学》,徐培译,湖南科学技术出版社,1995年,第146页。

证据表明,它们属于宇宙中最为普适的规律,然而,这两个规律恰是主要通过对“机器”的研究而发现的。能量守恒定律的发现和确立固然与人们试图制造“永动机”的探索的失败密切有关,因为确认永动机不可能实现实质上是用否定的方式陈述了能量守恒的基本思想,但它的确立显然也是建立在当时人们对热机把热能转化为机械能的过程所获得的科学认识的基础上。至于熵增定律的发现,则是直接导源于对热机效率的研究,这可以从热力学第二定律的一些具体表述中看出,如该定律的开尔文说法:不可能从单一热源吸取热量,使之完全变为有用的功而不产生其他影响。

既然自然界的普遍规律可以通过研究热机而发现和理解,加之蒸汽机的广泛应用和热力学的发展,表明热机可以充当人们提出世界假说的新的根隐喻。于是从19世纪中叶开始,热机取代了钟的地位,成为人们认识和理解世界的第二个重要的根隐喻。人们把宇宙看作是一台巨大的热机,与此相应,“力”的概念也被“能”的概念所取代,这样,物理的、化学的和生命的过程都可以从“能”的观点来看待。由此而形成的世界观中,一方面,构成宇宙的基本单元就是无处不在的能或场,各种能的形式可以相互转化,但总的量保持不变;另一方面,宇宙作为一台无所不包的大热机似乎是孤立的,而熵增定律告诉我们,这样一个宇宙的总熵会不可逆转地增加。于是,这台巨大的“热机”最终会达到熵的最大化,也就是说,一切差别和有序将终归于“热寂”。这正是克劳修斯所描绘的宇宙前景:“宇宙越是接近于这个熵是极大的极限状态,那就任何进一步的变化都不会发生了,这时宇宙就会进入死寂的永恒状态。”①

然而,由热机作为根隐喻所推演出的这幅未来世界的图景,与我们目前所认识到的宇宙所呈现的丰富多彩、千变万化的实际景象格格不入。这样就为我们认识和理解世界给出了一个非常深奥的“死寂”之谜。对于这个谜,虽然一个多世纪以来不时有人尝试给出谜底,如伟大的物理学家玻耳兹曼曾提出涨落说,认为整个宇宙处于平衡状态,而我们的地球正好处于一个偏离平衡的涨落状态,但是,一个令人信服的答案至今并不存在,也许我们

① 转引自冯端、冯少彤《熵的世界》,科学出版社,2005年,第156页。

永远不可能预测宇宙的未来。我们将在后面的讨论中回到这个问题上来。不过,从中我们可以体会到,一个像热机这样的根隐喻对于人类认识世界是非常有价值的,因为它不仅向我们昭示了实在世界的普遍规律,而且给我们理解实在世界提供了难解之谜。

如今,计算机又成了建立新的世界图景的根隐喻。随着电子计算机和互联网的广泛应用,"计算"或"信息"取代了"能",成为我们这个时代的象征。在认识世界方面,正如过去由钟表和热机所引起的根隐喻向我们提供了两种本体论的假说,作为新的根隐喻的计算机也已经驱动了当代计算主义思潮的形成:自然被看作是一个计算的过程。

这里,有一个问题值得我们思索。在我们前面的讨论中,不论是钟表、热机还是计算机,实际上都是人类所发明创造的机器,而根据佩帕的根隐喻理论,与物质性的机器相应的世界假说就是机械论。依照我们传统的看法,在17、18世纪,由于机器隐喻和经典力学的产生和成功,机械论得以盛行,尔后科学的进步和社会的变革使得它日渐衰落,被其他的"主义"所取代。那么,计算主义的兴起是否意味着机械论的复兴呢?我们认为,情况并非如此。如果说机械论的实质是以机器作为隐喻并主张世界由确定的规律所支配,那么它事实上一直陪伴着自然科学而未曾真正衰落过,即使现代的量子力学也没有真正动摇它的根基。不仅如此。在本体论上看,当代计算主义恰恰是对机械论的继承和发展,这表明机械论是一个非常有生命力的世界假说。

那么,机械论的强大生命力源于什么?首先,这与我们科学地认识世界的方式密切相关。科学的主要任务是探寻实在世界中存在的大量不同种类对象的共同性质和规律,弄清产生各种现象的一般机理。若我们面对的对象以及它们所呈现的现象纷繁复杂,那么为了把握共性,就得简化所研究对象的复杂性。于是,在科学研究的过程中,人们推崇一条基本的方法论原则,那就是简单性。事实上,为了问题明晰和研究方便,研究工作者通常会把认识对象简化到最低限度,而这一限度就是简化后的对象仍能显示出一般系统的主要性质、行为和规律。为了达到这一目的,就首先需要在大量不同的系统中选择既相对简单又能体现出共性的对象作为研究的出发点。显然,人类所发明的机器是符合这一要求的恰当候选者。一方面,与自然界所存在的各种各样的复杂系统相比,人类所建造的人工装置在组元和结构上一般要简单得多,况且创造通常是达到理解的最好方式,因而更有利于为我们所认识和把握;另一方面,这些相对简单的机器之所以能有效地运行,是在于它们与其他自然系统一样遵循某些基本的自然规律,因而通过研究它们就有可能发现关于世界如何运作的深层原理,这就为运用机器作为隐喻或模型认识世界提供了本体论的依据。还有,科学地认识世界的方式要求我们所提出的关于世界的假说或理论至少在某种程度上是可检验的,这就迫使假说或理论具有明晰性和确定性,而机械论所基于的根隐喻恰好提供了对假说或理论的这种强约束。这是因为,所有在机器上可物化或可实现的理论必须是明确表达的,否则,这些机器就不可能有效地运行。显然,明晰性和确定性是科学假说或理论的基本要求,所以,机械论的要旨与自然科学实际上是浑然一体的。

第二,机械论的生命力还源于机器的演变和进化。自从以机器作为根隐喻的机械论产生以后,由人类所发明的机器的种类、性质、复杂程度和用途等已经发生了很大的变化,机械论的内涵和具体形式也相应地发生了改变,这使得它能够与自然科学的发展相协调,从而保持自身的生命力。例如,由于受到当时技术条件的限制,在18世纪的机械论者所主张的"人是机器"的观点中,机器是由杠杆、弹簧和齿轮等组成的机械装置,而这样的装置的行为在灵活性、适应性等方面远逊于人或其他高等动物,因而,那时的机械论的主张就显得非常牵强而难以让人接受。然而,到了20世纪后期,一方面,机器的内涵和外延都发生了变化,由人类所创造的机器在复杂性和自主性方面有了极大提高,并且已经证明了具有自我复制能力的机器原则上是可以制造的;另一方面,分子生物学的发展表明,组成我们躯体的生物大分子(如DNA)的行为非常类似于我们所设计的精巧自动机的行为,它们实际上可以看作是一个个无知无觉地完成着奇妙而特定工作的小机器,于是,在今天我们再主张人(生物意义上的人)是机器或更严格地说是由小机器组成的系统就显得不那么牵强和不可接受了,因为它几乎就是一个不可辩驳的科学事实。当然,我们说人是机器并不意味着他仅仅是那些小机器的集合。

从另外的角度看,人的含义和意义可能会更加丰富。[①]

第三,机械论的生命力也从当代计算主义的兴起中体现出来。如前所述,在基本思想方面,当代计算主义是对机械论的继承和新发展,而它的产生是与当代科学前沿的诸多领域紧密相联的,并且正在驱动新科学的形成和发展。不过,值得注意的是,当代计算主义所基于的根隐喻不仅与其他本体论的根隐喻不同,而且与那些同样以"机器"作为根隐喻的机械论世界观之间也存在着一个明显的差别:与其他机器不同,常规的计算机具有普适性。这一普适特性非常重要,它实际上是我们理解实在的本性和实在世界为什么是可知的关键所在。

第五节　丘奇-图灵原理

为了阐明常规计算机的普适性以及这一特性中所蕴含的科学和哲学意义,我们需要对当代的计算理论有所了解,其中最重要的是图灵机和两个与它相关的命题。

关于图灵机和普适图灵机,我们在前面已经作了一些介绍。现在再进一步来分析普适图灵机。在用图灵机给出了能行可计算的形式定义后,图灵继而证明了一个非常重要的定理,即可以构造这样的普适图灵机,它能够模拟任何其他特定的图灵机。构造普适图灵机的关键性思想如下:一台特定的(或具体的)图灵机的操作由它的输入数据和程序(控制函数)所决定,其中输入数据是以数码形式写在带子上。如果程序也能以数码形式写在带子上,则特定的图灵机的行为就可完全表示成数码形式而作为普适图灵机的输入了。有了这一认识,图灵构造了一个程序,它能模拟任何其他程序的行为,这样也就构造了一台普适图灵机。我们可以稍为具体地来分析一下它是如何工作的:假设有一个程序 P 完全规定了一台特定的图灵机,于是我

① 在本书第六章中,我们将对此作详细的论述。

们所要做的一切就是将这一程序 P 连同它所要操作的输入数据一道写到普适图灵机的带子上。此后,该普适图灵机将模拟程序 P 对数据的操作,以至程序 P 在原机器上的运行与模拟 P 的普适图灵机的行为没有什么可识别的差异,也就是说,该普适图灵机假装成了图灵机 P。

这意味着:给定任何一个图灵机,存在着一个普适图灵机,一旦其带纸上包含着关于该图灵机的指令和数据的完全描述并把对该图灵机的输入作为输入,就能机械地复制(即模拟)前者。普适图灵机的这一性质导致逻辑学家丘奇(A. Church)作出假定:任何能行(或有效)可计算的函数都是普适图灵机可计算的。这个著名的假说就是丘奇-图灵论题。它已被广泛接受,因为所有其他关于能行计算的形式表述都被证明等价于普适图灵机。

另外,20 世纪上半叶技术和工程的发展表明,人类能够建造满足普适图灵机的物理装置,那就是目前被广泛使用的常规的电子计算机。[①] 于是,当我们试图用计算机去模拟任一实际的物理系统时,问题就转换为该物理系统是否具有可计算性。[②] 1985 年,英国牛津大学的物理学家多伊奇(D. Deutsch)指出,上述关于计算的丘奇-图灵论题断定了一个新的物理原理。他认为,虽然丘奇-图灵论题对什么是可计算的限制并不取决于设计计算机的技巧,也不取决于我们为计算所建构的模型,但确实难以想象一个函数是能行地(或自然地)可计算而不能在自然中加以计算;反之亦然。多伊奇建议把丘奇-图灵论题中的"能行可计算的函数"重新解释为原则上能由一个真实的物理系统加以计算。于是,他提出了一个物理的丘奇-图灵原理:"每个有限可实现的物理系统都能由一个普适(模型)计算机以有限方式的操作来完美地模拟。"[③]这里"有限方式的操作"是指在任一步骤中只有有限的子系统的运动且运动依赖于有限的态和规则;"完美地模拟"是指对于一个物理系统 S,如果存在程序 P 把一台普适计算机 C 转换成一个"黑箱"而使得 C

---

① 尽管如我们在第一章中所述,认识到普适图灵机是电子计算机的理论基础很可能是事后的。

② 这里的"物理系统"是广义的,泛指所有的物质系统。

③ D. Deutsch, "Quantum Theory, the Church-Turing Principle and Universal Quantum Computer", *Proc. Roy. Soc.*, *London* 400, 1985, pp97 – 98.

在给定的输入和输出标记下与S在功能上无法区分。

多伊奇进一步指出,物理的丘奇-图灵原理是一个经验命题,但它不可能在经验上直接被证伪,因为对于一个普适计算机来说,可以实现的程序数量原则上是无限的,所以没有实验能够证明他们当中没有一个能模拟一个物理系统。[①] 不过,它有可能被其他相对具体的理论所反驳,这种情形与能量守恒定律相似,因为后者并未对如何测量能量作出规定。迄今,没有任何有力的科学证据能否定这一原理。相反,已有越来越多的成功实例表明现存的物理系统是可计算的,即可以用计算机模拟来完美地处理,以至于一些核大国已从对实际核试验的支持转为对模拟核试验的支持。

物理的丘奇-图灵原理具有极其重要的科学意义。可观测宇宙中的每一个物理系统(包括可观测宇宙本身),从旋转的银河系到作为我们自身组成部分的智能系统,都是有限且已实现了的,故依据这一原理,它们原则上都能由普适计算机以有限方式的操作来完美地模拟。因此,如果物理的丘奇-图灵原理是正确的,任何有限可实现的复杂系统原则上都能被完美地模拟,这就为运用计算机模拟方法研究复杂性提供了充分的保证。事实上,凡是断定人工生命、人工智能和虚拟实在(或现实)技术可以实现的人,都自觉不自觉地预设了这一原理是正确的。例如,像人脑这样的智能系统显然是有限且已自然实现,这就为原则上完美地模拟它提供了存在证明。

同时,这一原理具有深刻的本体论和认识论意蕴。从本体论上说,如果它是正确的,即任何有限可实现的系统原则上都能被完美地模拟,那么,利用计算机的普适性,我们就能在计算机(原则上是量子计算机)中很好地模拟宇宙的基本结构和演化过程,并且这种模拟将无法同实在的原型相区分。这表明实在具有一种自反射的性质:宇宙的整体可由它的某个部分来再现,而且实在的某些基本模式在不同的层次上以自相似的方式重复。[②] 从认识论上看,实在世界的这种自反射或自相似性是我们的科学和其他知识形式

---

① D. Deutsch, "Quantum Theory, the Church-Turing Principle and Universal Quantum Computer", *Proc. Roy. Soc.*, pp98 -99.

② 据我们所知,物理学家戴维斯(Paul Davies)首先指出了宇宙的这种自反射性。见杰拉德·密尔本《费曼处理器》,郭光灿等译,江西教育出版社,1999年,第5页。

得以形成的本体论前提，正如多伊奇所说："就这些符号、图像和理论的正确性而言——即它们在一定方面相似于它们所涉及的具体的或抽象的事物，它们的存在给真实世界一种新的自相似性，这种自相似性我们称为知识。"①

从这里，我们还可以看出，与其他关于世界的本体论假说中所使用的根隐喻不同，计算机不仅是一个强有力的根隐喻，更重要的是其与宇宙的基本结构之间具有这种自反射的关系，因而可以利用它的普适性来再现包括宇宙在内的物理系统的基本结构和演化的过程，从而能够帮助人类达到认识世界的目的。至于其他充当根隐喻的机器（如钟表和蒸汽机）都不是普适的信息处理机，因而并不具备模拟其他物理系统的功能。

当然，我们说宇宙的整体可由它的某个部分来再现，这只有在计算或信息的层面上来说才有意义，因为如果从具有广延性的实物层面看，以为浩瀚的实在世界能"装进"小小的个人电脑，显然是荒谬的。由此看来，计算主义是从某一层面（计算或信息）对实在的本质作出允诺，这样就不一定排斥其他本体论学说从另外的层面或角度对实在作出不同的允诺。然而，对于我们认识世界而言，这一层面是基本的，甚至可以说是唯一的。试想，依靠自身的认知工具，除了能够利用实在的自反射性获得关于世界的信息外，我们还能获得什么？

第六节　计算实在论

经过前面几节的阐述，我们现在可以就世界的实在性进一步作些哲学的探究了。从哲学上看，当代计算主义实际上催生出了一种新型的实在论，在此不妨把它叫做计算实在论。这种实在论即是本体论的又是认识论的。就本体论方面而言，它首先表现为一种最弱的存在论，即在有"东西"存在还是不存在的问题上，允诺了"有"。在此基础上进一步假定这种"有"或实在

---

① 戴维·多伊奇：《真实世界的脉络》，梁焰、黄雄译，广西师范大学出版社，2002年，第82页。

的本质就是计算。而这个本体论的假定所体现的是我们看待世界的一种带有隐喻性的方式。

这种实在的计算观所遇到的最常见的反对理由是计算或信息需由实体作为载体来承托或实现,正如计算机的软件需由硬件来实现。然而,这一反对理由中隐含着一个预设,即在逻辑上实体是先于计算或信息而存在的。但是,这一预设并不成立,因为在允诺实体先于计算或信息而存在时,其实已经假定了有可以把实体挑选出来的差异(信息)的存在。也就是说,至少有一些计算或信息在逻辑上是先于实体而存在的,否则,我们根本不能想象和允诺存在这样的实体。这种情况也发生在关系实在论的争论中,即究竟是先有关系还是先有关系者?粗一想,似乎总是先有关系者才有关系,但细细探究,便会发现有些内在关系在逻辑上先于关系者,其中最基本的就是差异关系:没有差异,也就无法断定和辨认关系者。因此,作为一个本体论命题,即使允诺实在归根结底是计算或信息,在逻辑上也是自洽的。

然而,如果我们把认识仅仅停留在这样的水平,也就是说只允诺一切不过是计算,那么对于我们理解和把握实在并没有多大的意义。重要的是,与其他本体论的允诺相比,实在的计算观是否更能增进我们对于世界以及我们自身的认识和理解,这就要求它具有强的增殖力和启发性。在上述讨论中,我们已经明了,在计算或信息的层面上来理解实在,则它会显现出自相似或自反射的特性,而这种特性保证了普适计算机的存在,并且使得我们自然地倾向于赞成认识论的实在论和科学实在论。

就认识论而言,计算实在论主张,所谓认识就是认识者表征和理解认识对象的一种心智过程,这种过程在本质上也是计算的,而所获得的结果(知识)反映了独立于我们思维的对象的计算性质和过程,所以在一定的意义(如近似)上是真的。①

不过,这种认识论的实在论是以世界的可知性为前提的。关于世界所作的本体论允诺常常与对世界的认识紧密相关。我们在上一章的最后一节

---

① 注意:认识过程中的"计算"是关于认识对象的"计算"的,故前者相对于后者是一种二阶的计算。

中已经指出,一旦认定实在的本质是计算,那么实在世界的可知性就得到了一个有力的保证。根据这一本体论的允诺,宇宙中每一个系统,就均实行这样那样的计算而言都是计算机,只是其中绝大多数属于"专用机",就是说它们当中的程序被"固化"了。必须注意的是,并非每种计算都由每个物理系统所执行。这样,理解任何自然的物理系统等价于找出某个或某些用于解释其态变化的计算过程。于是,人们认识世界就是发现感兴趣的系统的计算过程并弄清如何执行的机理,诚然他们不一定意识到这一点。

我们知道,一台普适计算机是以程序化方式运作的:它先被赋予关于另一机器的计算描述(即程序),然后根据输入运行所描述的机器。于是,当人们把找到的某个或某类系统的程序在普适计算机上运行时,就创建了虚拟的客体及其过程。① 另一方面,一个虚拟客体本身不过是一个符号集,甚至可以说是一个由 0 和 1 组成的数字集,只有通过参照它所表征的对象才能赋予其意义。如果我们建构虚拟客体及其过程的目的是认识其所对应的物理系统,则对于一个观察者来说,重要的是两者之间在功能方面能显现出某种甚至全部的等价性。这正是人们运用计算机模拟研究和认识自然的方法。由于决定一个物理系统本质的是它的计算,故一旦我们找到一个或一些程序,并把它或它们输入计算机进行运行,如果所得的结果与对该物理系统所进行的测量值相一致,则就可以合理地认定两者在认识论上是等价的。这样,既然程序出自我们的创造而为我们所理解,那么实在世界也就是可知的。可见,运用在计算机中建构虚拟客体及其过程的方法,使得我们能够绕过实在世界的现象而直接窥探其本质——计算。

至于为了理解人类的大脑为什么能够认识外在的实在世界,就必须明了一台普适计算机是如何表征其他系统的,而所涉及的核心概念是虚拟机。当一台普适计算机运行另一台被描述的机器时,后者相对于基本的计算机而言叫做虚拟机。这样,只要一个软件包被执行,一台虚拟机就存在。由于任何计算机是一个包含多层虚拟机的系统,我们可以合理地假定人的心智也具有类似的结构。这样,我们认识世界的过程实际上就是在大脑中建构

---

① 这里的"虚拟的"是相对于"物理的"而言的。

能够表征外在世界计算结构和过程的虚拟机。由于计算具有幂等性，即对计算的计算仍然是计算，而创造通常是实现理解的最好方式，故一旦在大脑中运行某台由我们自身所建构的虚拟机，也就在一定程度上达到了对它所表征事物的认识。因此，在计算的层面上看，认识的过程就是在所认识事物的计算结构与大脑所建构的虚拟机结构之间建立起具有相似性的对应关系，而两者都是计算或信息处理的过程这一本质特征为建立这种对应关系提供了本体论上的保证，表明由进化所产生的人类的大脑注定可以达到对世界的理解，因为这体现了实在的基本性质。①

当然，承认实在世界的可知性并不表明人类对它的认识是完备的。事实上，关于实在世界中的各种现象，我们究竟能够知道什么和认识到什么程度存在着很强的限制。从计算的丘奇-图灵论题中出发，我们就可以发现其中的一些限制。依据丘奇-图灵论题一个函数能行地可计算实质上是指存在着计算它的算法，而算法直观地看是把函数经有限步从输入转变为输出的一组规则或指令，故图灵机把握的是算法可计算性。② 由图灵机进行计算，一个很重要的事实是，计算是依据规则展开（表示算法行为）而不能同时与外界发生相互作用，因此，一个能行或算法可计算函数只能表示具有封闭性的系统。③ 这样，在丘奇-图灵论题的物理版本——丘奇-图灵原理中，"有限可实现的物理系统"也应具有这一性质。严格地说，这里的封闭性并不是指物理系统与外界不存在相互作用，而是指这些相互作用已经事先确定，这反映在普适计算机进行计算前所规定的输入中。显然，在实在世界中，具有这一封闭性质的是那些有限且实现了的物理系统，因为时间已把它们与环境之间的相互作用固定。由此可见，物理的丘奇-图灵原理只对已经（包括曾经）存在或有可能事先确定与环境之间相互作用的物理系统才适用，即普适计算机原则上只能对这些物理系统作出完美的模拟。

---

① 关于人的心智与虚拟机的关系以及心智认识世界的机理，我们将在第 5 章的第 4 节中详细阐述。

② H. R. Lewis and C. H. Papadimitriou：《计算理论基础》，张立昂等译，清华大学出版社，2000 年，第 160—163 页。

③ P. Wegner, "*Towards empirical computer science*", *The Monist* 82(1), 1999, pp58 - 68.

具体地看,我们可以区分以下两种情形:(1)本体论上的完备性。如果一个物理系统是有限的且已实现,则我们称它在本体论上是完备的。在这种情况下,若假定物理的丘奇-图灵原理有效,则原则上普适计算机能对该系统作出完美的模拟,因此我们可以说,它在认识论方面原则上也是完备的。但是,为了作出完美的模拟,就需要我们对系统形成的初始条件、演化规律和演化过程中与环境相互作用的信息有完备的认识,而由于人的认知能力的局限和历史因素的作用,我们事实上难以做到这一切。故除了一些简单系统外,实际上我们无法对复杂的物理系统作出完美的模拟。如此看来,原则上我们有可能在计算机中逼真地再现人类自身起源和进化的历史,但实际上难以或根本不可能真正做到。(2)本体论上的不完备性。如果一个物理系统虽有限但尚未实现,且系统与不受其控制的环境存在相互作用,则我们称它在本体论上是不完备的。非受控的相互作用性质的存在表明它超出了算法可计算的范围,因而物理的丘奇-图灵原理对它不再适用,也就是说,即使是原则上普适计算机也无法对该系统作出完美的模拟。事实上,既然在本体论上都不完备,就不可能在认识论上做到完备。从这里,我们可以发现运用计算机模拟方法认识复杂系统的内在限度。对于一个系统的未来,除非该系统在演化过程中与环境之间的相互作用是预先可确定的,否则不但我们人无法作出精确的预测,而且借助于计算机模拟也无济于事。因此,尽管我们可以在计算机上对一个复杂的物理系统演化的各种可能性作出模拟,但一般来说却无法确切地知道哪种可能性会成为现实。

如果更加系统和具体地去研究实在世界的计算本质,我们对于这种可知性及其限度可以获得更为深刻的洞察。实际上,在《一类新科学》这部巨著中,沃尔弗拉姆已经在这方面做了开创性的工作。

通过对元胞自动机的多年研究,沃尔弗拉姆发现,一个系统在确定的规则支配下可以演化出四种不同类型的模式:(1)在几乎所有的初始条件下达到均一的定态,(2)在几乎所有的初始条件下达到周期的或嵌套的状态,(3)在几乎所有的初始条件下达到看上去随机的状态,(4)在几乎所有的初始条件下达到既有随机的方面又包含着以随机方式相互作用所形成的局部结构的状态,也就是介于(2)和(3)两类之间的状态。[①] 一般认为,如果一个演化着的系统是处于(3)、(4)这两种类型,则它就是复杂的。更有意义的是,他还发现,即使是在很简单的规则支配下,一个系统的行为也能够呈现出属于类型(4)的复杂特性。基于这些发现和大量的理论分析,沃尔弗拉姆提出了两个关于计算的基本假说。

第一个假说是计算等价原理:"几乎所有并非明显简单的过程都能看作是具有等价复杂度的计算。"[②]这里,"并非明显简单的过程"可以理解为是指类型(3)和(4)的情形,而所谓"等价复杂度",沃尔弗拉姆的意思是它们在计算的复杂性方面都是普适的,即达到了计算能力的上限。如果接受他的这种解释,人的心智运作过程与一个气候系统发生的过程便具有等价的计算复杂度。有些学者认为,对计算复杂度的这种解释使得这条原理太强了,导致它的似真性受到质疑。

第二个假说叫做计算的不可归约(或不可还原)原理。对此,沃尔弗拉姆本人并没有直接地做出陈述,但从他关于许多系统的演化(作为计算)结果无法用另一个更短的计算来预先得知的论述出发,我们可以将这一原理概括为,一个系统的非明显简单的演化过程在计算上是不可归约的。[③] 这里所说的计算上不可归约是指这个演化过程(计算)的每一中间步骤都不能缩减,即所产生的结果取决于每一步计算执行的累计。这样,从计算的角度看,对于一个实际系统的演化过程的输出,除非存在着一个能准确地表征该系统的演化的算法,并且它比该系统的计算过程运行得更快,否则就不可能事先准确地预测这个系统的行为。

然而,依据沃尔弗拉姆的计算等价原理,在自然界和人类社会中所发生的大多数过程具有等价的计算复杂性,这意味着在许多情况下事实上不可能找到一个比实际的复杂演化过程运行得更快的算法。因此,如界将沃尔弗拉姆所提出的两个基本原理结合起来考虑,那么就能够发现它们给我们

---

① 见 S. Wolfram, *A New Kind of Science*, pp105 – 107。

② Ibid., pp716 – 717.

③ Ibid., pp737 – 741.

认识世界施加了一个很强的限制，即对于世界上的复杂系统的演化行为，其实是不能作出准确预言的。[①] 沃尔弗拉姆将这称为计算的不可预言性。值得注意的是，这里所说的不可预言与我们在前面所讨论的不可预言在含义上有所不同。在基于丘奇-图灵原理的分析中，我们是将不可预言的原因归咎于环境的不确定性，而在沃尔弗拉姆看来，计算的不可预言性是内在的：即使规则和环境都是确定的，一个系统的演化同样会呈现出复杂的行为，从而无法做出准确的预言。

现在，回过头来考虑实在论问题。作为本体论和认识论的一个混合物，实在论既主张存在着一个独立于观察者的世界，也认为我们能够获得关于这个世界的知识。从上面的阐述和分析中，我们可以概括出：由于计算主义认定实在的本质是计算，所以它是一种本体论上的计算实在论；计算的自反射性和普适性表明，这个计算的实在世界是可知的，认识则是对认识对象的计算过程的把握，这就是认识论上的计算实在论；而一些计算的基本原理告诉我们，人对世界的认识存在着内在的限度。

鉴于在人类认识世界方面，普遍认为自近代以来所发展起来的科学是认识世界的最好方式，而科学的一个基本特征就是以理论的形式表征实在世界，于是，就出现了科学理论与实在世界之间究竟存在着何种关系的问题。这是当代科学哲学的基本论题之一。

由于科学在认识世界方面取得了巨大的成功，所以许多人倾向于认为，科学理论至少是近似地反映了实在世界的本质，而做到了这一点的理论就可看作是真的。这就是科学实在论的基本主张，而它在认识论的实在论中是最有代表性的，且具体的表述形式又有好几种，如指称实在论、结构实在论等。然而，这种主张并非无懈可击。事实上，近几十年来，在科学哲学中反实在论者对科学实在论的批评和责难一直不断，而盛极一时的后现代主义思潮则更欲把科学理性无情地“解构”掉。有鉴于此，替科学实在论作出新的、更有力的辩护就显得十分重要和迫切。

我们认为，在当代计算主义的框架下，我们能够对科学实在论的基本主

---

① 我们将在第五章第三节中进一步阐述这一点。

张作出强有力的辩护，同时也可以发现运用科学理论认识实在世界的内在限度。

我们已经表明自己是实在论者，或者更严格地说是计算实在论者。从实在的计算观出发，我们主张一种具有建构性和系统性的科学实在论。这里，“建构性”是指科学理论作为建构的计算系统通常以迂回而非直接的方式表示实在世界因而超越于现象，“系统性”则指理论与其表示的实在之间是一种系统而非点式的对应，故一个理论的组元并不一定具有真实的指称物，而构成理论的算法（结构）往往在其中起主要作用。如果一个理论的算法与所表示的实在的计算过程之间具有某些相似性，我们就认为这一理论近似为真，但这种似真性并不显现而须借助某种指示才能加以确认。为了建立与实在的联系，科学理论必须经过认识主体的经验操作。只有当理论的创新性预言获得经验的确证或证实我们方可给理论本身指派真值，故创新性的预言既是理论是否成功的试金石，也是真理的指示器。

我们先从计算的角度阐述科学理论的构成和功能。如前所述，从计算的角度看，科学家进行科学研究活动的基本目的就是寻找支配自然界中系统运动变化的计算过程；而科学理论就是对这些计算的表征，且其本身也是一个（二阶）计算系统，这样，我们便可合理地假定亦能借助于一般的计算理论的思想和方法对其加以研究。

如果一开始我们把科学理论作为一个整体来考虑，那么既难以阐明理论的结构（特别是对形式化的理论而言），也无法解决在科学实在论和反实在论之争中存在的一些关键问题（如指称问题），故我们从组成理论的基本单元——概念——出发来加以阐述。从计算的观点看，概念是组成理论的基本信息元，而对这些信息元的处理或操作就是一个计算的过程。不过，当我们静态地来分析一个科学理论时，这个过程通常由一组规则（算法）来表示。另外，一个理论要具备解释和预言功能，还必须由相关的辅助假说、背景知识和经验数据作为输入，这样才能输出可以解释和预言的结果。由此看来，一个能够在认识过程中起作用的科学理论，实际上就是一种计算或可运行的程序，可表示为 <I, C, A, O>。这里，I 表示理论的输入，C 表示组成理论的概念，A 是关联或变换 C 的规则，而 O 就是理论的输出。

我们知道,一个科学理论具有解释和预言等认识功能。而根据上述的分析,理论的认识功能就是其输出 O 能够与经验事实相一致,而 O 由 <I, C, A> 所共同决定。我们知道,在系统论中,即使两个系统具有相同的组元,只要结构不同就可以在功能上有很大的差别;另一方面,倘若两个系统具有相同(或相似)的结构而组元并不相同,它们仍可有相同(或相似)的功能。对于科学理论这样的计算系统,我们发现情形与此类似,即一个理论的功能主要由其结构所决定,也就是由 A 近似地决定 O。量子力学的历史为科学理论的结构和功能的这种近似决定关系提供了一个很好的例证。1925年,德国年青的物理学家海森堡先从可观察的概念出发创立了矩阵力学,次年奥地利物理学家薛定谔基于波函数的概念也提出了波动力学。从表面上看这两种理论具有十分不同的概念和形式,但它们在微观领域中应用却几乎同样成功,因而在功能上是等价的。这一事实促使薛定谔去证明两者在算法上的等价性,结果确实如此。相反,在科学史中,我们却无法找到两个具有相同组元(概念)而结构不同的理论呈现功能等价性的实例。这也给了我们这样的启示,一个作出成功的解释和预言的科学理论的算法与它所表示的实在之间应该具有某种特殊的关系。

下面再来分析组成理论的概念 C。如果理论的功能主要由其算法所决定,因而即使理论作出成功的解释和预言,一般来说我们并不能由此断定理论的事实指称项(概念)一定对应于真实的实体。事实上,纵然所有的事实指称项都不是真的,通过调整理论的算法我们仍有可能对经验事实作出合理的解释和成功的预言,故要确认理论的事实指称项是否表示真实的指称物将是十分困难的,同时也表明指称项本身可以相对地独立于其他因素而存在。这样,当科学理论发生不连续的变化时,一些指称项可以保持基本不变。对整体论者来说,在科学革命的过程中范式的转变是格式塔的,因而理论中的事实指称项不具有稳定性。而从一般系统论的角度来看,整体主义片面强调了系统的整体性,却忽视了系统的形成必须基于它的构成以及组元具有相对独立性这一事实,表现在科学哲学中便是否认理论的指称项可以具有延续性。事实上,科学知识的演化在某些方面是平滑延续的,而在另外一些方面却是间断跳跃的。所有的变化,即使是最富戏剧性的革命,也只能是部分而非全盘地抛弃以往的理论和概念。例如,爱因斯坦的狭义相对论对经典的牛顿时空观而言可谓是一场革命,但牛顿力学中的诸多概念(如质点、速度、动量)仍然保留在相对论力学中,即使时间概念也并未彻底更新(如时间的可逆性)。基于上述分析,我们认为相互竞争的理论可以具有一些相同的指称项,可以分享共同的指称物,因而原则上它们之间并非是不可通约的。

我们知道,科学理论与实在世界之间并不存在直接的联系。要建立两者之间的联系,理论本身必须以经验操作(或广义地称作实践)作为中介。这里,经验操作是指观察、测量、实验或它们之间的某种组合。实施经验操作的主旨是对理论作出的解释和预言进行检验。如果这些结果得到确证或证实,我们便认为理论是成功的。科学实在论者不相信“奇迹”,因而主张只有科学理论的真才能对这种成功作出充分或最好的解释;而反对者则认定成功地作出解释和预言的理论并不一定为真,反之亦然。我们认为,如果不能确切地阐明成功和真的内涵及两者的关系,便无法从这样的争论中获得多少有意义的结果。

断定一种科学理论是十分成功的意味着它们已经并且能够经常作出正确的解释和预言,而其中预言获得确证或证实更为重要。不过,如果仅从广义上来理解科学预言,那将无法达到揭示理论的成功和真之间内在联系的目的,因为事实上在科学认识活动中存在两种不同类型的预言,即重复性预言和创新性预言,它们对科学理论真理性的确立所起的作用颇为不同,故我们有必要对科学预言本身作进一步的分析。重复性预言是基于经验定律和事实的简单推广,在通常的科学活动和日常生活中我们作出的预言大多属于这一类型。而科学理论不仅仅预言重复性的事实,而且还能预言以前从未感知过的观察和实验结果,因而这样的预言具有创新性。从科学发展的历史中,我们发现几乎每一个能够在科学领域里确立优势地位的理论都是因为作出了成功的创新性预言。这一点在近现代物理学中表现得尤为明显,如麦克斯韦的电磁理论预言电磁波的存在和爱因斯坦的广义相对论预言光线在太阳附近的弯曲,而物理学则被人们看作是最为成功的成熟科学。因此,我们有理由认为,一个成功的科学理论必须且最重要的是能作出创新性预言而且这些预言得到经验的确证或证实。而我们之所以能对理论本身指派真值也正是基于它在这方面的成功。

为何强调科学理论的预言功能而不是解释功能？为何创新性预言在确立理论的成功与真之间的关系中起着决定性的作用？我们可以从理论的计算观出发来加以回答。先来看解释的过程。对于解释，我们是从<I,C,A>推演出 O，在对现象或事实进行解释的过程中存在两种不同的情况。一是解释对象（经验事实）O 先于作为解释前提的理论而存在，且理论的创立者已知这些需要解释的对象。这样，科学家在提出理论时便可依据这些已知的经验事实 O，在作出解释时亦可相对自由地选择辅助假说，故由此而建构的理论能成功地解释这些现象或事实将并不令人感到惊奇。另一种情况是解释对象并不为充当解释前提的理论的创立者事先所知。当理论创立后这些现象或事实需要解释时，关键之处常常是选择合适的辅助假说（I 的一部分）。由于解释对象已经知道，故为此进行辅助假说的选择也是相对自由的，并且有可能提出种种特设假说。在这两种情形下，一个成功的解释对于该理论似真性的确认并不提供多少有力的支持。这不仅是因为辅助假说甚至整个理论（<C,A>）的选择都具有相当的任意性，更重要的是解释过程只限于确定 O 与<I,C,A>之间的关系，而这种关系的确定原则上可以在思维中完成，故一般来说无须接受经验操作的检验。事实上，倘若一个理论只有解释力而没有预言力，至多可帮助人们加深对已知事物的理解，而不能为我们增添多少关于实在世界的新知识。

然而，如果一个科学理论作出成功的创新性预言，那么反过来对于该理论似真性的确认所提供的支持要比解释有力得多，即使理论本身看上去有些难以置信。宇宙大爆炸理论便是绝好的一例。当由大爆炸理论推演出的存在微波背景辐射等创新性预言在观察中得到证实后，反过来有力地支持了该理论，并使得人们对它的信任度大大提高。之所以如此，是因为创新性预言跟解释相比，不但知识状态不同，而且相关的认识过程也不一样。与解释过程不同，在由理论作出创新性预言之前，人们并不知道所预言的结果是否正确，故预言的过程无法在思维中完成而必须诉诸经验操作。此外，在这个过程中我们事实上也不能自由地提出或选择辅助假说，否则就难以保证理论所作出的创新性预言的经常成功。因而,一个成功的预言过程其实分成两步:一是从<I,C,A>推演出预言O,二是让O通过经验操作接受检验,一旦获得确证或证实便表明预言成功。可见,作出成功的创新性预言比解释某种现象或事实要困难得多,而经验操作这一中介又使预言的结果跟实在发生了联系。这样,创新性预言的成功反过来为确立理论的似真性提供了最主要的根据。在科学实践中往往正是依据理论的成功才赋予其真值。乍一看,上述整个过程中似乎存在着一个循环,但它并不是逻辑意义上的,因为其中包含着一个十分重要的环节——经验操作。正是这一实践活动环节的增加使得预言和解释在认识过程中所处的地位和作用变得不同,进而使得创新性预言对于科学理论本身具有特别重要的意义。而所谓科学理论的成功实质上就是由其作出的创新性预言的成功。

科学理论的似真性是隐含的,我们必须诉诸经验操作来实现真的显示。事实上,在科学活动中,人们正是基于理论所作出的创新性预言在经验操作中的成功来替其指派真值,这样就在方法论上的成功与语义学上的真之间建立了联系。一个科学理论的似真性依赖于它的成功,而理论的经常成功反过来又可以借助它的真进行合理的解释。如上所述,只要这种循环包含着实践活动的环节便不是无意义的,因而科学理论不仅要有解释力,更重要的是能作出创新性预言。然而,如果只是笼统地阐述理论作出的创新性预言的成功与其作为整体的似真性之联系,那么事实上我们是回避了科学实在论和反实在论之间的一个重要争论点,因为许多主张科学实在论的人指望从科学理论的成功出发并作逆式推理,替理论所含的指称项与真实实体或理论的结构与实在之间建立似真的对应关系,而反实在论者却对此加以否定。因此,我们有必要分析从创新性预言的成功到理论的构成可赋予真值的具体过程。

设有一个科学理论T,那么它的概念、算法、辅助假说(输入)与预言(输出)之间就有上述的关系。[①] 若取n组不同的辅助假说I_i($i=1,2,...,n$),由T作出了相应数量的创新性预言O_i($i=1,2,...,n$)。如果每个预言均在

---

① 在推演预言时,构成输入I的主要为辅助假说。

经验操作中获得证实,也就是说在辅助假说不同的 n 个场合,理论所作出的预言均取得了成功,则我们便可作出合理的筛选,推定预言的成功取决于理论的构成 <C, A>,这样我们就可赋予 <C,A> 以真值。显然,这一过程中含有归纳推理,故并不具备逻辑上的充分性,而只是认识论上的。但是,既然科学本质上是一种认识活动,我们又何必一定要去追寻绝对的真呢?在我们看来,科学理论的真依赖于它的成功,而成功具有条件性和时间性,所以从理论的创新性预言之成功我们可以推定理论的构成 <C,A> 近似为真。进而,我们还可作出这样的推论:由于理论的功能主要由其算法所决定,故一旦理论在作出创新性预言上获得成功,我们便可认为理论的算法近似为真(即可赋予 A 以真值),并且断定 A 表征或模拟了实在的计算。

我们已经探讨了科学理论的成功和真的关系。但若进一步考察理论与实在的对应,却发现其中存在着更为深层的关系。我们对成功的理论指派真值事实上是一种内在真理观,因为这儿真并不理解为是理论与实在之间的符合。不过,这种内在真理观应有认识论上的依据,就是说须假定理论的似真性是源于其与实在之间的某种相似性。

我们强调科学理论的创新性预言,但令人惊奇的是唯有理论的结构由数学加以表征才能真正做到这一点。如果考察各个科学领域,即可发现物理学在作出创新性预言方面是最为成功的,但物理学离开了数学几乎寸步难行。因此,问题在于,为什么数学化的科学理论(而不是其他理论)能够经常且成功地预言经验上的新颖事实。我们可以直觉地意识到数学化的理论结构与实在之间定有某种特殊的关系。现在,我们已经明白了,这种数学化的理论结构实际上就是算法,因为算法构成科学理论结构的核心。基于这样的分析,我们就可以理解为什么科学理论(尤其是数学化的科学理论)在解释和预言物理世界方面能取得如此巨大的成功,关键就在于物理系统的本质是计算,而构成科学理论的算法恰恰是对这种计算的描述或模拟。于是,当蕴涵在自然界中的计算与描述它的算法建立起映射的关系后,我们原则上就能从这些算法出发,再加上输入的条件和概念,获得关于系统运动和变化的输出。一旦这些结果在认知的经验操作中得到确证或证实,我们就对理论本身指派真值,表明它的算法表征了物理实在。

成熟科学理论的最为成功之处在于正确或精确地预言某种人们从未感知过的客体或过程的存在，即作出存在预言，如勒维列和亚当斯预言海王星，麦克斯韦预言电磁波，爱因斯坦预言光线在太阳附近的弯曲，等等。这些著名的预言日后一一得到了科学观察和实验的证实，反过来便使得我们相信相关理论的似真性，即使经验已表明它们（如牛顿力学）并非在全域为真。值得注意的是，这些存在预言所涉的都是有限且已实现的物理系统及过程，所以根据我们前面的阐述，它们不仅在本体论上是完备的，而且在认识论上原则上也是完备的，因而保证了我们能运用科学理论对它们作出完美的认识或模拟。

还有一个非常重要的问题是，尽管在作出创新性预言方面，物理学的理论是迄今为止最为成功的，而构成它们的算法却是一组组数学方程。当我们用方程求解实际问题的答案时，通常只需要知道初始和边界条件，而并不需要考虑中间的过程。然而，根据沃尔弗拉姆所提出的计算原理，自然界中所发生的不那么明显简单的过程，是计算上不可归约的，结果，导致人们对于这些过程所产生的现象原则上不能作出准确的预言。这似乎与物理学家运用方程经常成功地预言新的事实相矛盾。

然而，如果仔细地考察物理理论预言经验现象的情形，就可以发现，这种表面的矛盾是能够消除的。依照沃尔弗拉姆的分析，物理学方程之所以在解释和预言方面能取得成功，就在于它们所表征的系统及其变化过程是简单的，属于前面分类中的(1)和(2)两种类型。对于这些简单系统的演化，其计算过程是可以压缩的，故能够用方程加以刻画。因此，他认为，以往基于方程所建立的理论只描述了自然界的很小一部分的演化过程，所以有必要创立“一类新科学”①。

但物理理论不是经常成功地预言人类从未感知过的新现象吗？有趣的是，我们发现，从本体论上看，由物理理论所预言的新事实其实并非是真正“新”的，因为它们实际上在人们作出预言之前，已经在宇宙的演化过程中生成并存在着，如电磁波和光线经过太阳附近的偏转。由于这些事实已经事

---

① 见 S. Wolfram, *A New Kind of Science*, pp1－2。

先存在,就表明生成它们的计算过程其实已经展开,所以从本体论上说是完备的。至于一个在自然界中还没有展开的复杂的演化过程究竟会产生什么样的新现象,事实上,迄今为止确实没有理论能够事先准确地作出预言。

如此看来,如果坚持科学的计算实在论的主张,我们不仅能很好地解释科学理论的成功,还可以告诉我们在什么条件下会取得这样的成功,从而加深我们对实在世界和科学本身的理解。

第三章　计算的宇宙

在前面的章节中,我们已经阐述了计算主义的基本主张,即实在本质上是计算的。作为一个关于世界的本体论假说,它的合理性不仅取决于本身在逻辑上的自洽,更重要的是要与当代科学的新发现相一致,并进而能为人类认识世界提供富有启发性和增殖力的新视角、新洞察。从本章起,我们将具体地阐述计算主义在当代科学中的表现,在此基础上论证计算主义思潮的强大生命力和可能存在的弱点。

一个自然而又合理的起点是先来具体审视一下:对于已经孕育出像我们人类这样的智慧生物的宇宙,实在的计算观究竟能够提供一幅什么样的新图景。这里所指的宇宙就是存在的一切,即它之外一无所有。根据这一规定,在宇宙之前或之外,不可能有任何引起或与它作用的东西,因为假定有任何东西,就必定是宇宙的一部分。这意味着对宇宙中任何事物的解释只能涉及也处于宇宙中的其他事物,而谈论宇宙"之前"或"之外"是什么就变成没有任何意义了。基于对"宇宙"的这样的理解,就可以发现,宇宙的外延和实在的外延实际上是重合的,因为我们已经把实在也理解为是存在的一切。因此,当我们认定实在的本质是计算时,事实上已经断定了宇宙是计算的,或者说得更形象、更具体一点,它是一台不断计算着的硕大无比的计算机。

第一节 宇宙作为计算机

乍一想,认为宇宙是一台计算机似乎显得有些荒唐,因为它的一部分以量子电动力学所描述的方式运行,但这毕竟不是我们目前普遍使用的电子计算机,它也不运行由微软公司所开发的操作系统(至少就整体而言)。不过,当把宇宙看作计算机时,我们显然是在一般的意义上使用计算机这一概念,即作为处理或加工信息的系统。问题是,把宇宙看作计算机究竟有什么意义? 或者说,谈论宇宙在进行计算有意义吗? 它实际上能做像我们的数字计算机所做的事吗? 我们的回答是肯定的。事实上,这个肯定的答案已经由一批活跃在科学前沿的探索者以不同的方式给出。

目前,在把宇宙看作计算机的一般的本体论框架下,存在着两条有所区别的认识进路。第一条进路是认定膨胀着的宇宙就是一个计算的宇宙,并对已有或有可能新生的物理理论作计算的理解,在此基础上运用这些理论去重新描绘和解读宇宙的起源和演化过程。这方面的代表人物有斯莫林和洛依德。

作为一名著名的理论物理学家,斯莫林主要从事量子引力理论的研究并作出了重要贡献,还一直致力于对当代物理学的最新成果进行通俗的阐述和批判性的分析,出版了《宇宙的生命》《通向量子引力的三条途径》和《物理学的麻烦》等著作。在《通向量子引力的三条途径》一书中,他不仅系统地介绍了近年来在量子引力方面所取得的主要进展,而且从这些进展中绘制出了一幅宇宙作为计算机的新图景。

首先,斯莫林认为,相对论和量子论已经印证了恩格斯的一个伟大思想,即自然界是一个过程的集合体。事实上,世界不是由实体所组成,而是由大量事件所组成。"一个事件可以被看成是过程的最小部分,是变化的最小单位,但不要认为事件是发生在另外的静态物体上的变化。"[1]基于这样的

---

① 李·斯莫林:《通向量子引力的三条途径》,第32页。

理解，基本粒子就“不是仅仅停在那里的静态物体，而是在它们相互作用的事件之间携带少量信息，并引发新过程的过程。这更像是一个基本的计算机操作，而不是传统的永恒原子的图像”①。

接着，斯莫林通过对当前研究量子引力的三条主要途径的详细考察，进一步论证了宇宙是一个计算或信息流动的过程。这里，研究量子引力的三条途径，即起步于量子论的弦论，起步于广义相对论的圈量子引力理论，还有就是既不以量子论为起点也不以广义相对论为起点的，而是另辟蹊径所形成的黑洞热力学。从这三条途径中得到了一个具有深远的科学和哲学意义的结论：在非常小的尺度（普朗克尺度，为 10^{-33} 厘米）上空间是离散的。然而，三种不同的量子时空图像初看却有很大的不同。因此，假如不同的方法能够统一的话，就一定存在某种基本原理，它可以用与这三条途径相洽的方式来表达时空结构的离散性。斯莫林认为，这种基本原理可能已经以不同的形式被提出，那就是全息原理。

目前，全息原理主要分为强和弱两种形式。强全息原理的基本思想是，既然一个观察者仅限于通过屏（物的表面）的观察来认识物，则假如人们设想取代物的是定义在屏上的某种物理系统，所有的观察所得都将计入。于是，假定观察者通过屏发出同物相互作用的信号，结果就有一个信号会通过屏而返回，这样屏内部的信息可以等价地通过屏对观察者的响应而恰当地体现出来。因此，强全息原理声称：可以对应于任何表面的另一边的部分世界给出的最简洁描述，事实上是它的影像如何在表面上演化的一种描述。这样，如果将屏看成诸如量子计算机那样的东西，那么，强全息原理给我们提供的世界图景将是，“任何物体本质上的物理描述，可以很好地等价地由一种计算机的态体现，这种计算机是想象地存在于环绕世界的表面上的。也就是说，对于在屏内部保持成立的每套真实定律，存在一种给体现屏理论的计算机编程的方式，以便使其再现那些定律的所有真实预言。”②

然而，斯莫林认为，全息原理的强形式存在着缺陷，因为它根据物体描

---

① 李・斯莫林：《通向量子引力的三条途径》，第 41 页。

② 同上书，第 142 页。

述世界，而宇宙中发生的只有过程而没有物体，故不能相信基于物体表达世界的任何原理。因此，他主张一种弱的全息原理。根据这种弱形式，世界不是由占据空间的物体所组成，所存在的都是屏，而世界在这些屏上得以体现。"在这样的一个世界中，除了使信息从世界的一个部分传递到另一部分的过程之外，没有别的东西存在。"[①]于是，弱全息原理"最终实现了世界是关系网络的见解。由这条新原理揭示的那些关系只包含信息。这个网络中的任何一个元素只不过是其他元素之间关系的局部实现。最终，或许，一个宇宙的历史只不过是信息的流动"[②]。

由此可见，在斯莫林看来，宇宙就是一台不断变换信息的计算机，而他形成这一本体论见解的主要根据则是对量子引力的理论探索的实际经验，而不是出自对某种哲学教义的事先接受。这表明，当代计算主义思潮的出现在很大程度上是科学发展到一定阶段的自然结果，也反映出科学家在进行科学探索过程中会自觉或不自觉形成与新的科学成就相应的世界观的实际。

有意思的是，当斯莫林把宇宙看作计算机时还会提醒人们这仅仅是个有用的隐喻，而到了洛依德那里，则这种提醒变得几乎难以寻觅。作为第一位可行的量子计算机的设计者，洛依德具有常人难以企及的学习和研究经历。他在大学本科期间主修数学，随后却去剑桥大学获得了科学哲学的硕士学位，之后又转向物理学的研究。在取得了物理学的博士学位后，他投身于量子计算这一全新的领域，目前是麻省理工学院机械工程系电子研究实验室的教授。

在洛依德看来，思考宇宙作为一台计算机是不应该有什么争议的，因为如果计算即为信息处理，则宇宙事实上正在计算，而它的历史就是一部计算的历史。对任何物理系统而言，它们在时间中存在和演化：通过存在，它们登录信息；通过演化，它们变换和处理这些信息。基于这样的认识，洛依德就可以根据一些物理学的基本理论和物理常数来估计一个物理系统能够执

---

① 李·斯莫林：《通向量子引力的三条途径》，第142页。

② 同上书，第143页。

行的计算在能力上的极限,比如,他曾经估算了一个笔记本电脑大小的物理系统所能登录和每秒进行基本逻辑运算的上限。更为有趣的是,洛依德已经估算出了我们所处的这台宇宙计算机自大爆炸以来到如今所进行的计算量和登录的信息量:宇宙已经执行了约 10^{120} 次的基本逻辑操作,而所存储的信息量为 10^{90} 比特。①

不仅如此,在《程序化的宇宙》一书中,洛依德更为全面和系统地阐述了他的计算主义的宇宙观。他认为,宇宙作为存在着的最大事物是由信息的最小单元块——比特——所组成的:每个分子、原子和基本粒子都寄存一些信息,它们之间的相互作用通过改变这些比特来处理信息,即宇宙在计算。因为宇宙受量子力学的规律所支配,所以它内在地以量子机理的方式进行计算,其比特是量子比特。结果,宇宙是一台量子计算机,它的历史是一个不断执行着量子计算的过程。

那么,宇宙计算什么?它计算自己的行为。一旦宇宙诞生,它就开始计算。起初,生成的模式是很简单的,只包括基本粒子和建立基本的物理规律。之后,它处理越来越多的信息,生成了更为错综复杂的模式:星系、恒星、行星、生物、人类和文化——所有通过物质和能量的内在能力处理信息而得以存在。基于对宇宙的这样的"解读",洛依德用信息和计算的语言详细地描绘了宇宙大爆炸起始时发生的情形。在大爆炸之前是什么?没有什么,没有时间和空间,也就没有信息。"事实上,正如某些物理理论所推测的那样,如果只存在一个可能的宇宙起始状态且只有一个自洽的物理规律集,那么起始态就不需要描述它的信息。产生信息必须存在选择,例如 0 或 1,是或否。如果对宇宙的起始态没有选择,那么严格地就只有零信息是需要的。"②因此,在洛依德看来,这种起始信息的缺乏与宇宙起源于无的观点是一致的。而宇宙在一开始膨胀的瞬间,就从潜在的时空量子场中"拉出"大量的能量,并在极短的时间内导致基本粒子的创生,相应地,用于描述能量的形式和基本粒子的"晃动"的信息也就产生和增加了。随着宇宙的进一步

① S. Lloyd, *Ultimate Physical Limits to Computation*, pp1047 - 1054.

② S. Lloyd, *Programming the Universe.*, p45.

膨胀,它冷却了,于是基本粒子"晃动"得慢下来,描述它们的速度的信息量减少了,但同时它们在其中"晃动"的空间增加了,故需要有更多的信息来描述位置。这样,总的信息将遵循热力学第二定律保持常数或增加。当基本粒子的"晃动"变得越来越慢以后,"宇宙汤"的比特和片段开始凝固。这种凝固产生了我们如今看到的物质的某些熟悉的形式。

可以看出,当洛依德把宇宙作为计算机来描述的时候,与斯莫林在追求量子引力理论中所阐述的宇宙图景在本体论预设方面存在着较为明显的差异。在斯莫林看来,宇宙归根到底是一个信息流或计算的过程,而运用物体和能量等概念对它的本质的描述并不严格或准确;而洛依德在描述宇宙起源和演化时却明显地使用了两套语言:物理学等经典的科学语言和计算的语言。对于这样一种方式的描述,洛依德解释道:"科学借助于物理学、化学和生物学已经向我们提供了一幅描述宇宙的优美图景。计算世界并不是对物理宇宙的取代。宇宙以信息处理的方式演化和以物理学规律的方式演化是同一回事。"[①]也就是说,计算和物理的描述是把握相同现象的互补方式。这种差别其实反映了两人在追求目标上的不同:斯莫林追求的是广义相对论和量子论的统一,以期通过实现这样的统一来实现对实在本质的更深理解,而洛依德则是在承认现存的自然科学理论的适当性的基础上,运用计算的语言对同一宇宙进行另一种新的解读。

在洛依德所描绘的宇宙图景中,量子论是作为一个完备的理论而充当描述和解释的前提。这样,他所描述的宇宙是一台由翻动着量子比特的相互关联的量子门所组成的巨大的量子计算机,它不停传播着信息和不确定。像大多数量子物理学家那样,洛依德也相信在实在的基本层次上存在着固有的随机性,当我们测量量子比特时,这种固有的随机性就会显现,因此,宇宙不太可能是一台决定论的计算机。

然而,宇宙在终极的意义上究竟是决定论的还是随机的?对这一问题本身尚没有一个令人信服的答案。从信息和计算的观点看,一个充满随机性的宇宙图景其实并不令人满意,因为在一定意义上说,随机性对应于信息

① S. Lloyd, *Programming the Universe.*, p38.

的最大值,而这与我们用简单性原则描述和解释世界的信念格格不入。

因此,作为计算机的宇宙也可能是经典的、决定论的。这就形成了以计算机为隐喻认识宇宙的第二条进路。事实上,这第二条进路比上述的第一条进路出现得更早,而且它如今也已经显得比前者更具革命性。

在实现这第二条进路的过程中,有几位非常有影响的科学家做了开创性的工作。目前一般认为,第一位把宇宙视作计算机的是德国科学家苏塞(K. Zuse)。他不仅是世界上第一个建造程序化计算机(1935—1941)和设计高级程序语言的人,而且在1967年第一次提出整个宇宙是一台元胞自动机,并把这叫做"计算空间"或"计算宇宙"。虽然苏塞并没有一个以计算我们的宇宙的精确算法为形式的完整数字模型,但当时他却已经提出了这样深刻的问题:哪些将是所有自然规律的完全离散化的结果。通过研究几个简单的元胞自动机模型,他讨论了基于周围相邻元胞更新自身值的元胞如何实现基本粒子的创生、传播和湮灭的问题。①

苏塞把宇宙作为元胞自动机的大胆思想是超前的,被当时绝大多数物理学家和宇宙学家所忽视。只是到了20世纪80年代,随着电子计算机的迅速普及和元胞自动机理论日趋成熟,与苏塞类似的观点才有弗莱德金和沃尔弗拉姆等人重新提出并得到发展。

弗莱德金认为,科学的发展越来越使得我们倾向于假定:在最基本的层次上,自然中的一切都是离散的,包括空间和时间。这个有限自然的假定的基本蕴涵是时空的每个单元只具有有限量的信息,而这表明在自然的最底层是某种类型的元胞自动机。不过,当他把宇宙作为元胞自动机来看待时,所持有的观点似乎比其他人来得更为激进。因为弗莱德金坚持认为,我们所观测到的宇宙实际上只是一种计算机模拟,也就是说,我们看到和知道的一切只不过是某种深不可测的计算机的软件所生成的,而这台运行着产生我们宇宙的程序的计算机却不可能在我们所观测的宇宙中,正如我们在一个仿真的计算机环境中所发生的情况一样:我们可以体会到各种各样的模

① 见 http://www.idsia.ch/~juergen/digitalphysics.html。

拟的情景，但产生模拟情景的计算机却不在其中。①

弗莱德金的观点无疑是相当极端的，但作为一种假说在经验上却无法直接反驳，因为不像人工装置所提供的仿真环境，我们不可能跳出这个可观测的宇宙去看一看这台巨大的计算机究竟是否存在。不过，在这种极端的观点之中包含着一个更少引起争议的思想，即宇宙能够借助于计算来进行描述，也就是信息处理是自然中所发生的一切的基础。另外，在弗莱德金所描述的有限自然中，既然一切都由基于有限信息的确定的程序所生成，所以这个宇宙将是决定的，虽然对这种决定论的具体内容我们还不得而知。

在把宇宙作为元胞自动机来思考的人当中，沃尔弗拉姆无疑是最有影响的。我们在前面已经好几次阐述或引用了他的一些观点。为了更好地理解沃尔弗拉姆的计算主义立场的形成过程，这里简要地介绍一下他的成长经历。1959 年出生于英国的他具有常人难以比拟的教育和科学背景，刚满 20 岁时就获得了美国加州理工学院的理论物理学的博士学位，并因在粒子物理和元胞自动机理论等方面的贡献而于 80 年代初迅速在科学界走红，之后他的科学生涯因发明和推广 Mathematica 而一度中断。在商业上取得成功后，他开始了创建"新科学"的漫长之旅。经过将近 20 年的探索和研究，于 2002 年出版了那部题为《一类新科学》的巨著，在国际科学界引起了极大的震动，迄今关于它的科学评论和讨论仍然不断出现。尽管对他在书中所表述的观点存在较大的争议，但几乎普遍认为这是一部充满新思想的值得一读的好书。②

沃尔弗拉姆认为，近代科学的兴起有赖于这样一个观念的出现，即基于数学方程的规则能用于描述自然。然而，尽管依仗这一观念，人们在认识和控制自然方面取得了极大的成功，却没有理由断定：我们在自然中所看到的系统只该遵循这些传统数学的规则。在更早的岁月，对于我们人类本身而言，想象更为一般类型的规则是什么可能非常困难。但如今，情况发生了根

---

① 见 T. Siegfried, *The Bit and the Pendlum*, New York: John Wiley & Sons, Inc. 2000, pp57 -58。

② 一些评论文章的标题清楚地表明了沃尔弗拉姆在著作中所持的基本主张和争论的焦点，如诺贝尔物理学奖获得者 S. 温伯格发表在《纽约书评》上的题为《宇宙是一台计算机吗?》(*The New York Review of Books*, 49(16), October 24, 2002)文章。

本性的变化,电子计算机已经成为我们的“亲密伙伴”,而它的程序在效果上就是实现大量的规则。因此,借助于计算机,我们就能对更为一般的规则进行探索,从而在描述自然上实现由基于方程的传统数学向基于新类型的规则的转变:开创“一类新科学”。

基于这样的思考,沃尔弗拉姆选择了一种由非常简单的规则所构成的元胞自动机作为研究对象,方法是运用计算机实验:“我采用一个简单的程序,然后让其系统地运行,看看它的行为如何。”①结果出人意料。通常认为,如果一个程序的规则是简单的,那就意味着它的行为也将是简单的。然而,沃尔弗拉姆所做的大量计算机实验表明:即使规则是非常简单的,但运行的程序的行为并不一定简单,甚至某些最简单的程序也能产生与任何其他东西一样复杂的行为。这一发现具有非常重要的科学和哲学意义,“因为除了打开了广阔的探索新领域,它也意味着需要重新思考自然过程是如何运作的”②。

沃尔弗拉姆以元胞自动机为计算模型,从新的视角对物理学、生命科学、认知科学和社会科学中现存的大量基本问题进行了计算机实验的研究,发现一些具有普适性的规则与系统的细节无关,表明在自然界中存在着普遍的原理。他在此基础上提出了一条基本的原理,即我们在上一章第五节中介绍过的计算等价原理。根据这条原理,看上去非简单的任何系统在计算复杂性上是等价的。这样,既然如元胞自动机所告诉我们的那样,简单的规则就能产生通常预先无法确知的复杂行为,因此,即使宇宙作为一个巨大的元胞自动机遵循简单的规则而运行,它所演化出的行为在计算上的复杂性仍将与非简单系统的相等价。

因此,沃尔弗拉姆认为,宇宙很可能就是由一集简单而又确定的规则所支配的元胞自动机,而它的演化在计算上是不可归约或还原的,也就是说,除非我们追随着它的演化过程,否则将无法预先确定其所呈现的行为。由此看来,沃尔弗拉姆的新科学告诉我们的是这样一种宇宙图景:宇宙在本质

---

① S. Wolfram, *A New Kind of Science*, p2.

② Ibid.

上是计算的，它的演化由决定论的规律支配，而对其未来的行为我们却不能作出准确的预言。

目前，我们尚不能判断沃尔弗拉姆所提供的新图景是否是对计算宇宙的恰当描述，因此，这里暂且假定量子理论所描述的微观实在的随机性是基本的。正如洛依德所做的那样，这并不妨碍我们用计算或信息的观点来看待量子实在。

第二节　量子实在

一旦认定宇宙是一台巨大的计算机，我们的思绪就会引向对它究竟在计算什么的探究。普通的计算机在运作时，我们知道它们在执行信息的操作，因此，宇宙的展现也该是一个信息处理的过程。在基本的层次上，组成宇宙的构件是那些不断晃动着的细微粒子，也就是说，是它们在执行基本的信息操作。这样，为了把握宇宙的计算本质，我们必须深入到微观世界内部，去弄清在那里所发生的信息处理过程。

20世纪初，当经典物理学的触角在伸向微观领域的过程中遇到了难以克服的障碍时，一场与相对论相伴的物理学革命发生了，其标志就是量子力学的创立。量子力学在描述和预言微观现象方面取得了极大的成功，迄今为止还没有科学观察和实验的结果对它提出经验性的有力挑战，因而被认为是所有科学领域中最为成功的理论。然而，量子力学所提供的世界图像却因为违反人们的日常直觉而显得令人无法捉摸，以至于量子电动力学的创始人之一费恩曼公开宣布："没有谁理解量子力学。"[①]当然，这并不是说，关于量子力学，物理学家没有或不能作出诠释。事实上，存在着包括正统的哥本哈根诠释在内的各种各样的诠释观点，但问题是这当中没有一种能普遍地令人满意。

---

① R·P·费恩曼：《物理定律的本性》，关洪译，湖南科学技术出版社，2005年，第133页。

近20余年来,一门由量子力学与信息科学技术相交叉而形成的新型学科——量子信息论——的诞生和迅速发展,看来有可能提供关于量子力学的新的更令人满意的诠释,从而加深人们对于实在的理解。从技术的角度看,量子信息论是关于如何直接利用微观系统的量子态来实现(量子)信息的表达、操控、存储和传输。但要达到这个目标,就需要对量子实在的那些奇异性质(如量子纠缠和空间的非定域性)在物理上有更深的洞察。为了阐明量子信息论如何改变人们对量子力学基础的认识,我们首先需要对量子力学以及由它所揭示的实在世界的奇异特性有一些基本的了解。

在关于世界的物理理论中,每一个系统是由其在特定时刻的态和态的变化来表征的。在经典力学中,一个系统在某一时刻的态完全由其所组成的粒子的精确位置和动量来刻画,并且这个态决定了所有其他力学量(如动能和角动量)的精确值。当系统受到外力作用时,它的态遵循运动方程而确定地改变。然而,在量子力学中,虽然几乎相同的力学量(可观测量)出现在理论体系里,但系统的态却并不是由这些动力学量的精确值来直接描述,取而代之的是一个叫做态函数(或波函数,通常用 Ψ 表示)的更为抽象的量,而决定态函数随时间演化的规律变成了量子力学的基本方程——薛定谔方程,即

$$i\hbar \frac{\partial}{\partial t}\Psi = \hat{H}\Psi \qquad (3.2.1)$$

这里,i 是虚数,$\hbar$ 是普朗克常数,$\hat{H}$ 是哈密顿算符。这表明,薛定谔方程决定一个量子系统的态如何随时间演化。但问题是,这个态函数所能告诉我们的只是系统处于某一态时的动力学量的值的几率。这意味着,对于一个量子系统的任意力学量,态函数所能提供的信息一般来说不足以完全确定它们的值。不过,当系统处于某些特定的态(本征态)时,动力学量的值却可以严格地确定下来。在量子力学中,一个力学量 A 由一个线性自轭算符(A)刻画,其本征方程表示为

$$\mathrm{A}u_k = a_k u_k \qquad (3.2.2)$$

这里,a_k是 A 的第 k 个本征值,u_k为相应的本征态(本征函数)。在 u_k下

测量力学量 A 时,将得到一个确定的结果(几率 =1),即本征值 a_k。

在量子世界中,许多奇异性质的呈现与叠加原理密切相关,可以说,实际上是由后者造成的。所谓叠加原理,简单地说就是,设一个系统处于 u_1 描述的状态下,测量某力学量 A 所得结果是一个确定值 a_1;又假设在 u_2 描述的状态下,测量 A 的结果为另一个确定值 a_2,则它们的线性叠加

$$\psi = c_1u_1 + c_2u_2 (c_1, c_2 \text{ 为常数}) \quad (3.2.3)$$

也是系统的一个可能的状态,并且在 ψ 所描述的状态下,测量 A 所得结果可能为 a_1,也可能为 a_2,而测得为 a_1 或 a_2 的相对几率分别由 $|c_1|^2$ 或 $|c_2|^2$ 所确定。量子力学中这种态的叠加,导致在叠加态下测量结果的不确定性。

运用量子力学的这些基本原理,人们在描述和预言微观系统的行为和变化的状态方面取得了前所未有的成功。然而,由这些原理所勾画出的量子图像却与人们在日常经验中所建立起来的物理直觉格格不入,以至于对量子世界在理解上造成了很大的困难。为了直观地说明量子世界的奇异特性以及由此产生的理解上的困难,我们还是先来看一看双缝实验。

在物理学的发展历史上,双缝实验无疑是最为著名和重要的实验之一。19 世纪初,英国科学家托马斯·杨利用双缝实验显示出光的干涉现象,有力地支持了光的波动学说。之后,麦克斯韦的电磁场理论进一步把光解释为是一种电磁波。然而,到了 20 世纪初,为了解释光电效应,爱因斯坦又揭示出了光的另一面,即粒子性。现在我们知道,像光子和电子这样的量子客体,实际上既能呈现出波动性,也能呈现出粒子性。但是,无论从日常生活还是经典物理学的角度看,波动性和粒子性是两个互斥的属性,怎么可能集于量子客体"一身"?双缝实验可以很好地显示量子客体的这种模糊性。

在这个实验里,来自一个电子源的电子(或光源的光子。由于通常人们更容易把电子看作是仅有粒子性的客体,所以这里宁愿选择电子来说明相关的现象)束向着刻有两个窄孔的屏朝前运动,并在第二个屏上产生双孔的像。这个像由不同于原孔的明暗相间的干涉图样组成,就像通常两列波相遇时产生的情形一样:波同步到达之处,则加强;而反向到达的地方,则减弱。这就表明电子具有似波的属性(见图 3.2.1)。

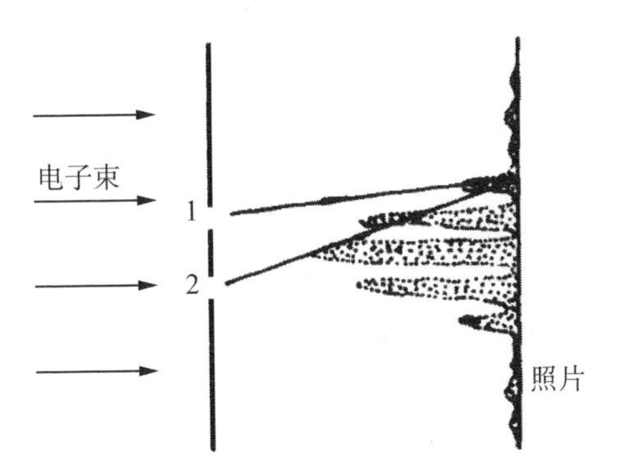

图 3.2.1　示意运用电子束的双缝实验①

不过,电子束也可以看作是由微粒组成。假设强度不断减弱,以至在某一时刻仅一个电子从电子源发出并朝着屏运动。自然地,这个电子将到达第二个屏(像屏)上一确定的位置,这样便可以作为粒子被记录下来。其他的电子则可以到达别的地方,留下它们各自的斑痕。起初,电子落在屏上的斑痕看起来是随机的,但随着打在屏上的电子的增多,就能产生有条纹的干涉图像。这表明,虽然每个电子可以自由地到达屏上的任意地点,但它们还是以概率的方式合作地形成了干涉图像。

如果电子是像宏观的子弹一样,以确定的轨道从源发出到达第二个屏,那么它必定是只穿过第一个屏的两条缝之一,即或者穿过缝 1,或者穿过缝 2。倘若如此,我们就可以根据电子朝哪个缝运动而先关闭另一个缝,似乎这不应该对电子的行为有什么改变。然而,这样一来,事实上干涉图像就消失了,也就是说,干涉图像不可能从两个只有单缝存在所记录的图像的叠加而产生:仅当两条逢同时开着,才会发生干涉。但问题是,如果电子是仅能从一条缝穿过的粒子,那它是怎么计及或“知道”另一条缝的开启情况的呢?

也许这是一个没有意义或错误的问题,因为我们在这样发问时已经预设了电子是一个经典粒子,它的运动是有确定轨迹的。如果一个电子的行为具有内在的模糊性,在运动时并没有确定的轨迹,因此在我们对它进行测量前,就不能问:它究竟是通过哪条缝或者是不是同时通过两条缝。这正是

① 该图取自 http://www.wjxy.edu.cn/~jpkc/wl/jianggao/lz/Lesson61.doc。

量子力学中正统的哥本哈根诠释。根据这种诠释,在微观世界中,量子客体的行为具有固有的随机性,当我们试图对两个不相容的力学量进行测量时,这种随机性就会显现出来。比如,位置和动量就是这样一对不相容的力学量。对于一个遵循确定轨迹的粒子来说,每一时刻必定具有一个确定的位置和速度(动量),但一个量子客体却不可能两者同时确定,因而没有确定的运行轨迹。这样,在一个电子打到像屏上(进行测量)之前,问它究竟通过哪条缝是没有意义的。正是基于这样的认识,玻尔宣称:物理学不告诉我们世界是什么,而是告诉我们关于世界我们能够谈论什么。①

这种哥本哈根诠释虽然在量子力学中一直处于正统的地位,但对它的批评和挑战却从来没有停止过。可以看出,从哲学的层面上说,哥本哈根诠释带有浓烈的现象主义和工具主义的色彩。对于量子客体,我们只有通过测量来加以认识,由测量所记录的仅仅是量子的现象,而量子力学也就是帮助我们把可观测的现象关联起来的一种工具,或更具体地,一种有用的解释和预言工具。

如果有人坚持实在论的基本信念,认定我们周围的世界是不依赖于认知主体而独立存在的,因而对像电子这样组成宏观物体的微粒来说,不管我们是否对其进行观测,都应该是在“那里”存在着,并以确定的方式运动着,那么,哥本哈根诠释就不能令人满意。

伟大的爱因斯坦是坚定的实在论者,相信“上帝不会掷骰子”,因此,电子在双缝实验中不可能以幽灵般的方式行事。如果量子力学不能对电子的行为作出确定的描述,那就表明它是不完备的。就量子力学的完备性问题和哥本哈根诠释的合理性,爱因斯坦与玻尔展开了长达 30 年的友善而又激烈的争论。现在看来,在这场争论中,由爱因斯坦、波多尔斯基和罗孙在 1935 年发表的论文中所提出的 EPR 思想实验具有特别重要的意义。这个实验原本是想要论证量子力学理论是不自洽的,并且它对物理实在的描述是不完备的,而客观上则揭示出量子系统具有一个非常深刻和奇异的特性——纠缠性。

---

① 见戴维斯、布朗合编《原子中的幽灵》,易心洁译,湖南科学技术出版社,1992 年,第 10 页。

这个思想实验是让我们考虑一个原先单一的粒子因炸裂而分成两块完全相同的碎片 A 和 B 的情形(见图 3.2.2)。

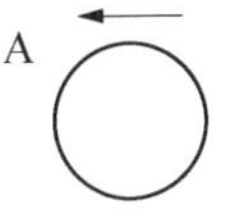

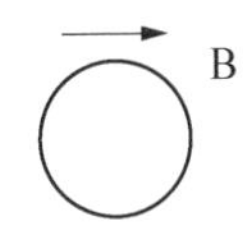

图 3.2.2 原先单一的粒子因炸裂而分成两块完全相同的碎片 A 和 B

根据量子力学中的海森堡不确定性原理,一个粒子的位置和动量是一对不相容的力学量,因此我们不能同时确定 A(或 B)的位置和动量。然而,由于 A 和 B 是完全相同的,根据对称性,A 离开中心点(爆炸点)的距离就等于 B 离开的距离,这样,通过对 B 的位置进行一次测量就能知晓 A 此时所在的位置。另一方面,根据动量守恒定律,对 B 的动量进行的一次测量就可以推断出此时 A 的动量。由于位于 B 处的观测者是自由的,也就是说,他可以突然想要测量 B 的位置,也可以突然想要测量它的动量。因此,依据他的选择,他将可能知道 A 的确定位置,或者 A 的确定动量。

爱因斯坦等人坚持认为:“在不以任何方式干扰一个系统的情况下,如果我们能够确定地(即几率为 1)预言一个物理量的值,那么就存在着一个对应于该物理量的物理实在要素。”①假定 A 和 B 反向飞行足够长的时间,彼此的空间距离拉得足够大,根据狭义相对论的定域因果性,任何物理信号的传播速度不可能比光速更快,这样,对 B 实行的一次测量至少不会立刻对 A 产生影响。在上述的情况下,依据 B 处的观测者的选择,通过对 B 的位置的测量就可预言 A 的位置值,因而,A 必定具有一个真实的位置;同理,A 也必定具有一个真实的动量。因此,A 的位置和动量都是物理实在的要素,它们在测量前客观上都具有确定值。

然而,根据量子力学理论,A 的位置和动量是一对彼此不可对易(不相容)的力学量,在对 A 进行测量之前它处于一种不确定的叠加态,位置和动量都不具有确定的值,只有当对 B 进行测量后,我们才能够知道 A 处于何种确定的状态。这表明,量子力学理论对物理实在的描述是不完备的。

玻尔运用整体性的思想对爱因斯坦他们所提出的挑战及时地作出了回

---

① 转引自曾谨言、裴寿镛主编《量子力学新进展》(第一辑),北京大学出版社,2000 年,第 13 页。

应。在玻尔看来,在EPR实验中,原本构成一个整体的A和B两个部分之间存在着不可分割的关联,即使彼此相距很远以后已经没有直接的物理信号在它们之间穿梭。所以,在谈论A的状态时,不能忽略对B实行的测量。但是,爱因斯坦坚持他的定域实在论,拒绝接受这种"幽灵般的超距作用",致使他的思想始终与量子力学相冲突。[①]

根据物理学家玻姆的分析,EPR实验中关于物理实在所提出的判据隐含着两个假定:(1)实在世界能分解成一个个独立存在的要素,(2)每个要素在一个完备理论中都应当有一个严格确定的数学量。[②] 从上述的量子力学的叠加原理中可以看出,态叠加的概念与定域实在论的客观确定性是不相容的。然而,玻姆所作的进一步研究表明,如果放弃定域实在论的思想,也就是不要求任何状态下的物理系统的力学量都必须客观上为定域单值所确定,则量子力学的预言仍然能为含有隐变量的非定域经典理论所包容。用一种比较形象的说法,量子力学表明上帝在玩掷骰子,但是,假如存在某些尚不为人知的非定域的隐变量,就可用以解释叠加的量子态的测量结果,因此,在更深的层面上,上帝其实并不是真的在玩掷骰子。玻姆本人在生前一直致力于建立和发展基于非定域隐变量的量子力学理论。不过,由于隐变量在实验上没有特殊的表现,迄今还未能揭示或否定隐变量的存在,而对隐变量的物理来源和性质又缺乏足以令人信服的解释,所以,玻姆等人所提出的隐变量理论在量子力学中始终处于边缘的地位。

1964年,爱尔兰物理学家贝尔(J. Bell)从爱因斯坦的定域实在论和存在隐变量这两点出发,推导出一个不等式。该不等式表明,基于定域实在论和隐变量的任何理论都会遵守这个不等式,而量子力学的有些预言却可以破坏这个不等式。从20世纪80年代以来,一系列精巧的实验证明:贝尔不等式可以被破坏。进一步分析发现,贝尔所得出的结论实际上并不依赖于隐变量存在这一假定,也就是说,就实质而言,只需要定域实在论就够了。[③] 因

① 见戴维斯、布朗合编《原子中的幽灵》,第13—14页。

② 见张永德《量子信息物理原理》,科学出版社,2006年,第55页。

③ 见戴维斯、布朗合编《原子中的幽灵》,第41—51页。

此,实验的结果明确支持量子力学所表现出的空间非定域性质,而爱因斯坦所坚持的定域实在论却遭到了反驳。

现在看来,在 EPR 中,爱因斯坦所主张的是一种试图通过引入定域的物理实在的信念,将量子力学纳入定域的经典物理的思维模式。囿于这样一种思维模式,爱因斯坦未能理解一个不可分割的系统的两个子系统具有非定域的依赖关系,这使得它们客观上处于不确定的状态。因此,如果对同一个态进行不同的测量,将会造成不同的坍缩,得到不同的结果。

然而,EPR 实验具有非常重要的科学和哲学意义。尽管爱因斯坦等人起先是试图通过这个思想实验来表明量子力学的不完备性和不自洽性,但实际效果上却揭示了量子系统的最为基本和奇异的内禀特性之一,即量子纠缠。纠缠态的概念最早是由薛定谔于 1935 年在讨论著名的"薛定谔猫"的思想实验中引入的。在这个思想实验和 EPR 实验里,所给出的波函数都是纠缠态。有趣的是,这两个思想实验原旨都是批评量子力学的基本原理和概念的正统诠释,而结果却都促进人们逐渐搞清了他们对正统量子力学诠释的责难所出现的问题究竟在哪里。

现在我们知道,纠缠态是量子的多体系统(或多自由度系统)的一种特有而又普遍存在的量子态,反映了量子力学理论的本质。所谓纠缠态,简单地说,就是组成系统的粒子的状态存在着不可分离的关联,而这时每个粒子均不处于确定态。用更技术的语言来说,处于纠缠态的系统的态不能表达成每个粒子的纯态的直积形式。可见,量子纠缠必定体现为粒子态之间的关联,但关联并不等于纠缠,因为两个关联的粒子均可以处于确定态。在 EPR 实验中,原本构成一个整体的 A 和 B 两个部分就处于这样一种纠缠态,每一部分的态都是不确定的。我们无法单独地确定某个部分处于什么状态,所能获得的只是两个部分之间的超空间关联这种整体性质,因而并不能通过任何因式化分解而成为可分离的形式。所以,量子纠缠是一种没有经典对应的非定域的关联,而在测量过程中这种关联将发生坍缩。

至此,我们已经通过双缝实验和 EPR 实验展示了量子现象的奇异特性。这些特性由于违反了我们日常的直觉而变得难以理解,同时也导致对量子力学作出合理诠释的困难。那么,究竟是不是有可能把这些奇异的特性置于一种更为深刻的本体论允诺下进行解释,从而加深或推进我们对它们的认识和理解呢?答案似乎是肯定的。近十几年,关于量子力学基础的研究已经在这方面做了大量的探索性工作,尽管不同的研究进路所采用的理论和技术路线并不相同,但一个基本的共识正在形成:量子实在的本质是信息或更确切地说是计算,而量子力学是一种关于信息的理论。

可以注意到,在上面的阐述中,不管是谈论"叠加"还是"纠缠",我们都在说系统的"态"。但问题在于,这里所说的"态"究竟意指什么。"这一个字几乎包括了量子理论的全部神秘之处。"[①]通常,一个系统的态由其处于某一特定时刻的性质和关系来刻画,但如果采用我们在前面的章节中所主张的计算或信息实在论,则这种说法可以用更一般的信息概念来重新表述,即一个系统的态就是由描述其所需的信息组成。

在讨论量子系统的叠加态和纠缠态时,我们指出组成系统的粒子处于不确定态,这限制了一个态所具有的信息,并且我们不知道这种限制是如何发生的。这样,如果我们从一开始就认定量子实在的本质是信息,并进而从信息的观点来重新审视量子现象的奇异特性,我们对量子力学的理解是否能变得更为明晰呢?作为当今最为著名和活跃的量子信息论者之一,赛林格相信这是可能的。

赛林格目前是奥地利维也纳大学实验物理研究所的科学家,多年来他和他所领导的研究团队在量子隐形传态、量子信息编码和量子通讯等方面取得了一系列开创性的成就。受到这些成功的鼓舞,他开始探究量子力学的本质,并且相信已经找到了(至少部分)答案,而这个答案是一条基于信息概念的简单原理。

赛林格认为,通过分析信息与实在的关系,我们可以把奇异的量子现象理解为一条基本原理的自然结果。他寻找这条原理的思路是这样的:不管是作为普通的人还是科学家,我们总是通过环绕着我们的信息流来建构关于实在的图像。在前科学时代,我们所能获得的大千世界的信息十分有限,所以为了建构一致的图像,往往基于拟人化的想象。如今,借助于先进的技

---

① 李·斯莫林:《通向量子引力的三条途径》,第17页。

术，我们拥有了多得多的信息，因而便有了更为精致并且不那么浪漫的关于宇宙、星系和恒星的图像。由此而生的一个重要问题是，一个系统的大小与其所携带的信息量之间具有什么样的关系。一般来说，为了完备地刻画一个系统的方方面面，一个大的系统比一个小的系统需要更多的信息量；另一方面，如果把一个系统分成相等的两部分，我们可以合理地假定刻画其中的每一部分需要一半的信息量。倘若我们继续进行这样的分割，则刻画每个子系统所必要的信息量会愈来愈少，并最终将达到一个基本的极限，而这个极限就是当一个系统仅仅携带一个比特的信息量。基于这样的分析，赛林格提出了量子力学的一条基本的概念性原理，即每个基元系统（elementary system）携带1比特的信息。[①]

需要注意的是，物理学中的基本粒子一般说来并不是这样的基元系统，因为它们可以具有电荷、自旋和位置等信息。那么，如何断定一个系统是只携带1比特信息量的基元系统呢？赛林格认为，这只有在具体的实验情景中才能加以识别。在他看来，一个基元系统只携带1比特的信息仅仅意指它只能携带关于一个提问的答案或只表征一个命题的真值，也就是说，"它'携带'1比特的信息仅仅意味着，对于可能的实验结果所能说的一个陈述"[②]。

依据这一看似既简单又平凡的原理，赛林格能够说明量子力学中那些最令人困惑的现象。在量子力学的哥本哈根诠释中，由玻尔所提出的互补性是最基本的思想之一。在玻尔看来，我们在不同实验条件下所能观察到的确定现象可以是互补的。例如，在前述的双缝实验中，我们可以有一个明确的选择：或是听任电子的自由自在而观察干涉图样，或是窥探电子的径迹并抹去这个干涉图样。在这两种情况下，对象所处的实验条件是不同的，因而并不构成矛盾而是互补的。从赛林格的基本原理来看，玻尔的互补性可以得到自然的解释。如果我们考虑到双缝实验中的对象是一个基元系统，则表明它只携带1比特的信息，于是，问题是我们如何使用这1比特的信息。

---

① 见 A. Zeilinger, "A Foundation Principle for Quantum Mechanics", *Foundation of Physics*29(4), 1999, p632。

② Ibid., p635.

显然,至少存在两种不同的可能:或者我们备制电子的量子态,以至它表征确定是否将产生干涉图样的信息,或者我们使用信息去确定电子是穿过缝1还是缝2。在这两种情况下,无论选择哪一种,我们都完全用尽了可用的1比特信息,故就不再有信息去确定其他的量。因此,一旦运用1比特的信息去确定通过哪条缝的信息,就不再有更多的信息去确定是否形成干涉图样;反之亦然。基于这样的理由,也就没有给关于隐变量的考虑留下余地。

赛林格进一步指出,他所提出的基元系统只携带1比特信息的原理也能对量子纠缠进行自然的解释。为了讨论多个基元系统所构成的系统的情况,赛林格的上述原理有待一般化。显然,在通常的情况下,表征一个系统的总信息量与组成它的各子系统的信息量之间可以存在多种多样的联系方式。不过,赛林格分析后认为,对于N个基元系统而言,假定它们开始时是完全分离或独立是合理的,也就是起初它们之间没有任何相互作用,因而不需要描述它们之间相关联的信息。这样,赛林格就又获得了一条一般化信息量的原理:N个基元系统携带N比特的信息。①

根据这条一般化信息量的原理,再结合信息在多个基元系统之间分布的新方式,赛林格认为就可以达到对量子纠缠现象的直接和直观的理解。就由两个基元系统构成的系统而言,根据上述原理,它仅携带两个比特的信息。考察它的一种方式是简单地假定每一比特的信息分别表征每个基元系统的一个可能的测量结果。在这种情况下,关于两者的可能测量结果之间的关系仅仅是由每个基元系统所携带的信息的结果。例如,如果我们选择这样使用两个比特,即每一比特都用于确定沿z轴的自旋,那么我们也就确定地知道沿着该轴的自旋测量是如何彼此相关的。这显然是更进一步的一个信息,但并非是独立的信息,而是信息各自如何被编码进两个基元系统的直接结果。然而,也可以存在完全不同的情形。代之以确定由每个系统分别携带的信息,我们也能够使用两个比特的信息去表征关于两个基元系统的测量结果如何彼此关联,例如用“自旋在z轴方向是平行的”和“自旋在x

① A. Zeilinger, “A Foundation Principle for Quantum Mechanics”, *Foundation of Physics* 29(4), 1999, p638.

轴方向是反平行的”。这样,我们就用完了两个比特的信息。命题显然是彼此独立的,并且没有信息留下去确定关于单个基元系统的测量结果,于是该两个基元系统的态被完全描述,而单个基元系统的态就变成不确定,完整的描述由相对的命题或关联所构成。同时,这意味着一旦一个自旋沿某个方向被测量,另一个无论在空间上离开多远,也随之确定。这样也就直观地解释了量子纠缠现象。

可以看出,在赛林格所提出的量子力学新诠释中,有两个关键性的概念有待进一步说明。一是他所使用的“系统”概念具有特定的含义。通常,人们在谈到“系统”时倾向于认为,它意指某种独立于观察而存在并具有自身属性和结构的东西。然而,根据赛林格的解释,在具体的实验中,一个基元系统与刻画它的信息是等同的,也就是说,不存在比这种信息更多的东西,否则将与他所提出的基本原理相矛盾。另一个更为基本的概念就是“信息”。赛林格并不试图对信息作实在论上的理解,而是顺着玻尔的思路,认定物理学不告诉我们世界是什么,而只是提供关于世界我们所能说的东西,因此,他对信息的理解从方法论上看是一种工具主义的观点:信息是用于描述实验结果的工具。

从哲学的层面上看,工具主义的观点往往与本体论上的现象主义相关联,这是因为,如果一种科学理论仅作为解释和预测的工具,则与它所直接相关联的就是各种现象。于是,赛林格认为,既然“在那里”的实在的任何性质或特征只能基于我们所获得的信息而认识,这意味着信息与实在之间的区分是没有任何意义的,所以,“如果我们现在探究信息的基本元素,我们也就自动地探究世界的基本元素”①。

我们认为,赛林格试图从信息的观点出发对量子力学作出新的诠释是颇有启发性的和有意义的,并且依据他所提出的基本原理,似乎也能对一些奇异的量子现象作出直观的理解。但是,由于他对信息作了工具主义的简单解读,致使他的原理并没有告诉我们关于基元和联合系统,为什么能问这

---

① A. Zeilinger, “Why the Quantum? ‘It’ from ‘bit’? A Participatory Universe?”, in J. D. Barrow et al (eds.), *Science and Ultimate Reality*, Cambridge: Cambridge University Press, 2004, p219.

样或那样的实验问题以及这些实验问题的结构如何,结果在说明力方面就显得比较苍白。而且,在确定信息与实在之间的关系时,赛林格采取了本体论上的现象主义立场。虽然这样一来似乎避免了对独立于观察者而存在的实在的形而上学追问,但是信息本身就失去所指的对象,因而变得难以把握。

根据我们对于实在与信息(或计算)之间的关系的一般理解,既可以坚持实在论的立场,同时也能运用信息的观点对量子现象作出合理的解释。事实上,不论是在玻尔的主张中,还是在赛林格的论述中,我们都可以发现,预设存在着一个外在或先于认识者的实在世界是作出量子力学诠释的前提,比如说玻尔认为物理学告诉我们关于世界能说什么,这显然已经假定了有这样一个世界的存在,而赛林格一再表示信息是存在着携带者的。所以,从我们在第二章中所主张的弱的实在论来看,玻尔和赛林格实际上也是实在论者,因为倘若不是这样,那么他们甚至都无法提出和阐述自己的主张。至于把实在等同于信息,则按照我们的观点,这是理解实在的一种方式。当这样看待实在时,事实上我们已经消解了本体论与认识论之间的严格区分。因此,关于赛林格对量子现象所作的认识论解读,我们也可以认为它具有本体论的意义,也就是把信息看作是一个本体论的概念,因而信息是实在的,而量子实在就是信息实在。基于这样的考虑,我们就可以理解,纠缠的实质是量子信息的关联。由于相互关联的量子信息在空间上是可以分离的,因而这里所主张的信息实在论并非是一种定域实在论,这样也就能对 EPR 等效应所揭示的量子纠缠现象给出合理的说明,同时也可以理解为什么能够成功地实现量子态的远距离传输。

从信息或计算的观点出发,我们不仅能够对奇异的量子现象作出新的更直观的理解,而且可以解释我们日常生活中所形成的关于宏观系统的客观性何以能从不确定的、敏感的量子世界中突现出来。在日常的认知中,说一个系统的性质是“客观的”,是指许多观察者在没有明确地知道他们正在寻求什么并且没有事先达成如何寻求的前提下即可同时明显地发现。依据量子力学,宇宙中的物理系统从本质说是量子的,这意味着我们对一个系统的观察将趋向于改变它,也就是说作出测量必然干扰对象,系统的态将随着测量而改变。这个性质显然削弱了实在的客观性观念,因为这样一来我们每个人所观察到的世界将会彼此不同。例如,一位游览长城的旅游者将给下一个旅游者留下稍有不同的城墙的状态,久而久之,不同的人所看到的长城状态将会有显著的差别。然而,微观的量子层次上所发生的对观察的敏感性在日常的宏观层次上却似乎消逝了:我们确实常常能够认定所看到的系统的性质是客观的。问题是,既然宏观的系统由量子客体所组成,那么这个过程是如何发生的?

从20世纪80年代以来,一种叫做退相干的解释性理论越来越得到物理学家的承认。根据这种解释,一个由量子力学所描述的系统的各种可能的态实际上都是实在的,但在与环境的相互作用中只有一种实在的态持续足够长的时间而能为观察者注意到,其余的则像是不适应的物种而趋于灭绝。正如退相干理论的主要创立者之一祖莱克(W. Zurek)所说:"退相干从量子糊块(quantum mush)中选择稳定的态,它能够不受干扰而在环境的监视下持续存在。"[①]这些特殊的态叫做"指针态"(pointer states)。它们仍然是量子态,但看上去像是经典态,例如处在指针态的实体占据一个确定的位置,而不是弥散在空间。

可见,具有客观或单一态的宏观世界是从多个可能态的量子世界中"选择"出来的,而这个过程的实质是一个计算或信息处理的过程。关于退相干的传统解释是基于这样一种思想:借助于环境的作用,一个量子系统的扰动消除了稳定的指针态以外的所有可能的态,因而观察者所直接探测到的就是这种指针态。但是,祖莱克等人近年来指出,对退相干的这样一种理解是不全面和不充分的,因为一般来说我们是间接地发现一个真实的系统,即通过感知系统对于环境的各个细小部分的效应。例如,当我们看一颗树时,效果上我们所观测的是由树叶和树干所反射回来的可见光的效应。然而,这种间接观测是否就揭示了鲁棒的、抗退相干的指针态并不明显。如果不是这样,这些指针态的鲁棒性就不能帮助我们建构关于对象的客观性观念。2004年,祖莱克等人从理论上证明了:一个系统的指针态实际上一致于由对

---

① http://www.nature.com/news/2004/0412...041220-12.html.

该系统的环境的间接观测所探测到的态。[①]

从计算的角度看,这个过程是这样发生的:关于一个系统的指针态(信息)由环境所记录,于是一种由指针态刻画的具体实在得以突现。在其中,选择这种具体实在的原理并不是自然选择中物种的那种适应,而是信息的一致或自洽,既被选择变成具体的实在必须与它被记录在环境中的关于过去的所有信息相一致。

进一步,为了保证宏观系统的客观性,一个指针态不仅在环境中记录,而且必须有许多这样的记录,以致众多不同的观察者能够看见相同的事物。祖莱克等人认为,因为指针态是鲁棒的,所以它在环境中的记录可以像制作拷贝似地倍增。这是一个像达尔文的自然选择的过程:由于指针态在环境中是最适应的,结果这种信息就在环境中得到更多的“后代”。祖莱克把这种现象叫做“量子达尔文主义”(Quantum Darwinism)。另一方面,每个个体的观测一般只基于环境记录的细小部分,如从物体所反射回的光子的一小部分,因此,关于宏观系统的客观性观念就可以得到自然的理解。

从以上的阐述中,我们应该可以领悟到,当代的物理学家已经越来越倾向于运用计算或信息的观点来理解量子现象和诠释量子力学。事实上,目前,有不少研究者试图把量子力学看作是一种关于信息的理论,并在此基础上运用信息原理来重新建构量子力学的体系,如巴布(J. Bub)和高亚尔(P. Goyal)等人近年来所做的工作就是朝这一方向努力的表现。[②] 甚至量子力学的非决定论的思想也有可能由信息丢失的观点加以说明,从而坚持世界在最基本的层次上是决定的。所有这些都表明,实在或更严格地说量子实在的信息观正在成为一些物理学家看待世界的基本方式,而且,这种方式同样表现在对空间和时间本性的新的理解上。

---

① R. Blume-Kohout and W. H. Zurek, “Quantum Darwinism: Entanglement, Branches, and the Emergent Classicality of Redundantly Stored Quantum Information”, *arXiv*: *quant-ph*/050531 /v2, 13 oct 2005.

② J. Bub, “Quantum Mechanics is about Quantum Information”, *arXiv*:*quant-ph*/0408020 /v2 ,12 Aug 2004; P. Goyal, “An Information-theoretic Approach to Quantum Theory”, *arXiv*:*quant-ph*/0702124/ *v*1 13 Feb 2007.

第三节　时空本性

在日常生活中,我们似乎对空间和时间有直接的体验:各种各样的物体被置于空间之中,并可以在其中发生位置的变化;而时间,我们总是觉得它在无情地流逝,以至于还常常发出“光阴似箭”的感慨。然而,如果我们静下心来思量空间和时间究竟是什么,则通常会感到茫然不解。确实,关于空间和时间的本性及其特征是自古以来哲学家孜孜探究的最基本问题之一,同时也是近现代许多伟大的科学家希望以科学的方式解决的最基础的问题之一。近年来,在量子引力研究的前沿领域,一些理论物理学家和哲学家开始意识到,有可能对空间和时间的本性及特征作出更深更好的理解和说明,而实现的进路则是基于量子计算和量子信息的理论。

为了理解对时空本性的新认识,这里有必要先对哲学和科学基础领域以往所形成的时空观进行简要的梳理和阐述。

从本体论上说,关于空间和时间的第一个问题是,它们存在吗?我们通常的感受是物体在空间里展开,在不同的位置存在,并在不同的时间发生。但问题是空间和时间是否独立于它们中的物体和过程而存在,也就是说,如果其中的物体和过程都抽去了,空间和时间还能作为实体以它们自己的方式而存在吗?显然,答案并不是显而易见的,因为空间和时间都是不可见的。我们能够看见物体在体积上的展开,也能够观察到两个物体以一定的距离相分离,但抽去物体的空间本身我们却无法看见。同样,我们能够看见物体的移动或变化,通过这些变化能够知道时间的消逝,但对于时间本身则不能看到或把握。

当然,虽有俗话说“眼见为实”,但眼不可见却并不表明事物就不存在。在我们周围几乎处处存在着不可见的电磁波,还有像分子、原子以及更小的基本粒子,并不能直接可见,但科学家和我们这些受过科学教育的人如今几乎不怀疑它们的存在。因此,不可见不是否定某物独立存在的充足理由。

既然这样,虽说空间和时间并不在我们的直接感知范围以内,但完全有可能作为独立的实体或别的什么而存在。

至于存在的空间和时间究竟是什么,则从古到今一直存在着相互冲突的不同观点。概括地说,主要有两种基本的时空观。一种观点主张,构成宇宙的要素除了所有的物质粒子,还包括另外两个独立的实体:空间和时间。这叫做关于时空的实体主义(substantivalism)。另一种观点则认为,作为独立实体的空间和时间并不存在,宇宙是由物质实体和依附于这些实体之间的时空关系所构成,这就是说,空间和时间是事物或事件之间的关系,而这种关系只有当具有空间性质的事物和具有时间间隔的过程存在时才存在。这种观点叫做关系主义(relationism)。

就实体主义的时空观而言,曾经在很长的时期内把空间和时间看作是类似于"容器"的东西。根据时空的容器观,空间和时间构成了一个固定的舞台,在那里各种物质客体表演着它们的节目。物质客体由任何占据某一空间区域和时间延续的任何事物来加以规定,并且在时空中存在和变化,而容器本身不是物质客体,也不是物质客体或事件之间的关系,但却绝对地存在。这就是说,倘若由时空所包含的所有物质客体在类型上发生根本的改变或者甚至不复存在,空间和时间将继续存在。

然而,用"容器"这一概念来刻画实体主义的主张存在着几乎无法克服的困难。在现实生活中,一个普通的容器由物体的外壳所形成,如果将空的容器中所有的空气抽去,它的外壳就是留下的全部,但这种外壳却是实实在在的物质客体。显然,空间和时间并不是这样一种物体的"外壳",也难以理解宇宙由它所包围着。所以,用普通的"容器"概念来说明空间和时间只能看作是一个形象的比喻。事实上,既然这种能够容纳所有物质客体的时空本身不是物质客体和它们之间的关系,就无法用物理的语言来进行描述,取而代之的就是某种几何的语言,于是,通常就认为有几何表征的时空与那种绝对存在的时空是同一的。可是,如此一来,这种时空与我们的经验就失去了联系,变得从科学而言缺乏认识意义。另一方面,从哲学上说这种观点也不能令人满意,因为它实际上并没有真正回答"时空是什么"的问题。

不过,这种时空的容器观倒符合我们的生活常识,并且与古希腊原子论者所提出并由牛顿精致化的客观主义的绝对时空观相容,因而在很长一段时间内为科学共同体中的极大多数人所认同。在牛顿所创立的经典力学中,描述物体在外力作用下运动的第二定律并不是对任何参照系都成立,因为加速度是相对某一参照系而言的,即对于不同的参照系加速度可以具有不同的值。因此,经典力学的动力学定律要求规定一类特殊的参照系,只有相对于它们,定律的基本形式才能保持不变。我们知道,这类适用于经典力学的参照系就是惯性系,而惯性系之间作相对的匀速直线运动,可见它们在经典力学中居于颇为特殊的地位。但是,为什么这类参照系具有这样一种优越的地位,我们又如何来确定一个参照系是不是惯性系呢?合理的回答似乎是,这样的参照系本身是不作加速运动或转动的。问题是这种加速运动或转动又是相对于什么而言的?这里,牛顿采取的解决问题的方法是引进绝对空间的概念:惯性系就是相对于绝对空间没有加速运动或转动的参照系,而这个绝对空间则是一个与任何物质客体无关的,总保持着同一状态的不变的空间。至于时间,也是绝对的,与外界事物无关地均匀流逝着。

但是,由于牛顿所设想的绝对空间与任何外界的情况没有联系,故在经验上是无法观测的,也就不能用作选取惯性系的判据。因而,实际上在如何确定惯性系的时候,并不需要假定这样的绝对空间的存在。这样一来,虽然把空间看作是容器的观点似乎得到了经典力学的巨大成功的支持,但实质上这种支持缺乏有力的经验和逻辑证据,所起的作用主要在于让人们产生一种心理上的满足感。到了20世纪初,由爱因斯坦所创立的广义相对论彻底地动摇了这种空间的容器观。

所以,当代的实体主义并不把空间和时间看作是一个巨大的容器,而是认为它们是一种遍及任何地方并出现在任何时候的弥漫和连续的“介质”。当这种介质中所有的物体抽走后,它将依然留下,因为它是一个充满的空间实体,正如在恒星和恒星之间的所谓“空的空间”。以这种方式来理解,空间和物质客体都被视为基本的实体类型,而它们之间则可以相互影响,以此来回应当代科学尤其是关于引力的广义相对论的挑战。

不过,这样一种物质客体和时空的二元观点从世界的统一性上看是不令人满意的,而且对于一个主张事物、事物的性质和关系是构成世界的基本要素的本体论而言,显然是不可接受的。因此,关于时空本性的另一种基本主张是否认空间和时间作为自主存在的实体,而看作物质客体和它的变化之间的一种关系。在西方,事实上这种时空的关系观与实体观几乎一样久远。当古希腊的原子论者设想世界由原子和原子之间的空隙所构成时,亚里士多德就试图用位置关系的概念来处理空间概念,把位置规定为包含着的物体的毗连边界,并借此来回避没有原子的虚空究竟是什么的问题。不过,明确地反对把空间看作是容器般的实体而主张空间的关系学说的当推莱布尼茨。出于经验证据和理论自洽性等方面的考虑,莱布尼茨强烈地反对牛顿所作出的绝对空间的假定。他认为空间决不是实体或质料,而是可能的共存实体之间的次序,而时间则是相继事件的次序,也就是说,空间和时间是不可分的实体或"单子"的关系系统,而这些实体或单子彼此以某种关系存在着。[①]

从时空的关系观来说,自主存在的是物质客体和它们的变化过程,没有变化的事物,也就没有空间和时间。因此,空间和时间的结构是依赖于物质客体的性质和状态的,而绝对的空间和时间概念也就失去了意义。在爱因斯坦的狭义相对论中,同时性的绝对性首先被抛弃了:一个惯性系中同时发生的两个事件,在相对于它作匀速直线运动的其他惯性系中却不是同时的;空间间隔也变成依赖于所选择的参照系,相对于惯性系运动的物体在运动方向会发生收缩。由此可见,在爱因斯坦的时空观中,空间和时间的性质和结构都是相对于一定的惯性系而言的,而惯性系本身则是我们选定的物体,所以,与物体无关的绝对空间和时间在具体的理论中并没有科学的意义。然而,狭义相对论仍然保留了惯性系的优越地位,而引入绝对空间的假定正是为了确立惯性系的这种地位,所以严格地说,牛顿所设想的绝对空间的存在并没有因狭义相对论的时空观的提出而得以否定。

因此,可以说,尽管关于时空的关系观得到了像莱布尼茨和马赫这样伟大的哲学家的倡导和支持,并且狭义相对论又表明空间和时间的结构是依

---

① 关于莱布尼茨反对牛顿的绝对空间和他本人的关系观的详情,可见 B. Dainton, *Time and Space*, Chesham: Acumen Publishing Limited, 2001, pp162 - 168。

赖于特定的参考系的,但究竟是否存在一种固定不变的绝对空间和与具体事物无关的绝对时间的问题仍然没有很好地解决。只有在爱因斯坦的广义相对论中,借助于等效原理,惯性系的优越地位才被取消,从而也就消除了需要假定绝对空间存在的理由。

通常认为,广义相对论作为一种引力理论,把引力理解为是空间的弯曲,而爱因斯坦的场方程则描述了物质客体和时空之间的这种相互作用。在一般的时空关系观中,物质客体居于优先的地位,而空间和时间被理解为这些物质客体之间以及它们的变化的关系。不过,广义相对论可以自洽地描述不含物质客体的宇宙,这样就可能使人觉得这个理论并非是关系的,因为没有物质客体就没有它们之间的空间关系。产生这种误解的原因在于认定空间关系一定是物质客体之间的关系,而广义相对论又是对物质客体与它们的时空关系的描述。可事实上,广义相对论并不是一种关于粒子性的物质客体的理论,而是关于引力场的。这种引力场可由三组场线来表示,而与引力场有关的所有关联都包含在这些场线如何联结和打结的方式中,"以同一方式联结并打结的两组场线定义了相同的关联,准确地说,是定义了相同的物理状态"①。至于空间点本身并不独立存在,因为"点的意义只能是作为我们给三组场线之间的关联网中的细节特征所取的名称"②,就是说,广义相对论是关于场线之间关系的理论,除非我们通过指定场线的某些特征以区分点,否则就不能谈论空间点。另一方面,在广义相对论所描述的世界里,这些场线构成的网络并不是固定的,而是处于不断变化之中。因为时间是变化的量度,而变化则是关系网络的变化,这意味着时间同样没有绝对的意义,"你不能在绝对意义上问某事件有多快这类问题,时间都在变化:你只能将一件事的发生速率与另外某件事比较而发现它有多快。只能根据描述空间的关联网中的变化来描述时间"③。

正因为如此,近年来,随着量子引力研究的展开和深入,越来越多的物

① 李·斯莫林:《通向量子引力的三条途径》,第5页。
② 同上书,第7页。
③ 同上。

理学家和哲学家开始意识到,就实质而言,广义相对论应该理解为是一个描述关系网络的动力学演化理论。它的一个基本特征是背景无关性,意思是指不存在永远保持固定的绝对时空的舞台。基于这样的基本思想,空间和时间的本性就是一种关联的网络及其变化,也就是说,在组成宇宙的演化关系网络之外,空间和时间都不独立地存在。

由此可见,如果把空间和时间的本性理解成一种关联的网络及其变化,而这种网络恰恰也是引力场的实质,那么,相对于物质客体而言,空间和时间反过来成为宇宙的更为基本的构成要素,而其他的物质粒子则是由时空的动态网络所产生,或者更确切地说是这种时空网络的局部缠结。这种主张可以叫做时空的基质观。

可以看出,这样一种见解与上述关于时空的实体主义和关系主义既存在联系,又有明显的不同。与实体主义类似的是,这种基质观也认为空间和时间是构成世界的最基本要素;但不同的是,实体主义坚持的是一种物质客体和时空的二元论,而它所主张的是一种时空一元论:时空将被看作制作每一物质客体的基本材料,世界的每一部分归根到底是一个个时空组块,因此,在本体论上时空居于更基本的地位。与关系主义相关的是,空间和时间也被理解成关系,但这种关系并不依附于物质客体而存在,反过来成为生成后者的基本要素。

事实上,自 20 世纪初的物理学革命以来,时空作为构成世界的最基本要素是一些形而上学哲学家建构关于世界体系的基石,而如今,在物理学的前沿领域,也已经或正在成为一些理论物理学家寻求量子引力理论的出发点。

在哲学的形而上学领域,试图基于一种连续和无限的时空理论来实现所有现象的统一当推哲学家亚历山大(S. Alexander)。1920 年,他在出版的《空间、时间和神性》一书中,详细地阐述了这种关于时空的基质观。对亚历山大来说,实在就是时空或运动本身,它是一种单一、自足和无限的基质,以瞬时的点或事件的连续多样性为形式,而这些事件是所有事物的终极构成单元。根据这种观点,空间和时间就是这种绝对无限的时空基质的两个抽象的方面:时间在空间中重复,而空间在时间中重复。至于我们所经验到的事物或物质则是时空关系的系列或模式,更明确地说,亚历山大所主张的是,物质客体不过是由时空基质所构成的运动的复合体。[①]

英国学者阿里认为,亚历山大的时空理论与基于元胞自动机的计算主义之间存在着非常类似的地方。[②] 我们在第二章第四节中已经阐述过元胞自动机的基本特征,在那里,基本的组元就是由空间所划分成的网格,时间的演化通过这些网格的态的迁移来实现,而事物则是这些时空改变的模式。因此,读者不难看出两者之间的相似和关联。

当然,亚历山大的时空理论产生于电子计算机问世之前,而且从本质上说它是一个具有强烈思辨色彩的形而上学框架,所以,与基于元胞自动机的计算主义之间的相似实际上是出于我们事后的认识。另一方面,在亚历山大那里,时空只是作为构成世界的最基本的质料而提出,并认为这种基质是无限的和连续的绝对存在,因此,他的时空基质观与实体主义的观点显得更为类似。

而事实上,以元胞自动机作为探索世界的实验工具,并支持计算主义的世界观,就有可能产生与当代科学思潮更为一致的时空理论,也就是认定时空的本性乃是一种关联的网络及其变化,而且这种网络和它的演化结构具有离散的特征。这正是沃尔弗拉姆在若干年前所做的工作的一部分。在《一类新科学》一书中,沃尔弗拉姆通过研究元胞自动机的结构和演化过程后得出,以往物理学中那种空间是连续的而物体能绝对地置于任何位置的假定缺乏有力的根据,或者至多是一个简化的假定。实际上,从对元胞自动机的结构和运作的认识出发,我们完全可以设想空间不是连续的,而是由离散的元胞所构成。更进一步,如果认同宇宙就是一台巨大的元胞自动机的计算主义的观点,则可以合理地假定,最终,"空间将变成宇宙中的唯一东西"[③]。据此,沃尔弗拉姆认为:"如果物理学的终极模型应尽可能简单,那么,人们应该预期,在某些基本层次上,我们的宇宙的所有特征必须从空间

---

① 这一段主要是根据阿里(S. M. Ali)对亚历山大的时空理论的阐述写成的,详细可见//mcs. open. ac. uk/sma78/thesis/pdf。

② 见//mcs. open. ac. uk/sma78/thesis/pdf。

③ S. Wolfram, *A New Kind of Science*, p474.

的性质中突现出来。”[1]

那么，这样一种作为基质的空间又是什么样的呢？沃尔弗拉姆认为，在最基本的层次上，空间就是一个巨大的节点网络。重要的是，“在节点网络中，节点并不是内在地由任何位置所指定。的确，关于每个结点所确定的唯一事情是与它相关联的其他结点是什么”[2]。由此可见，他所主张的空间概念与广义相对论的基本思想一致，可以说是一种基于关系网络的基质观。

沃尔弗拉姆还分析了基本的空间模型，以此来说明空间的可能网络结构。他注意到，任何只有两条连线组成的网络不可能产生有意义的网络结构，而如果我们使用三条连线，则几乎所有的网络都直接成为可能，因为多于三条连线的网络总是可以分解为由三条连线组成的基本结构。

关于时间以及其与空间的关系，他认为可以借助于程序的思想来理解。时间的流逝在基本层次上应该看作是像元胞自动机一样的系统演化，也就是说，它是对空间网络关联演化的度量，并体现了决定网络演化的因果结构。至于元胞自动机的规则原则上能看作对时空网络提供了一组约束。“但重要的是，并不需要做分别的搜索去发现满足这些约束的网络——因为规则本身直接确定了建构必要网络的过程。”[3]

不过，沃尔弗拉姆对时空本性的这种理解是基于把宇宙看作是一台巨大的元胞自动机的结果，而并不是对宇宙本身的直接探索和认识。所以，尽管他声称时空本质上是一个动态的网络，并对可能的各种网络结构进行了分析，却无法更进一步断定构成我们所处的宇宙的时空网络和起约束作用的规则究竟是什么。由此看来，为了更深入地理解实际的时空作为关系网络的具体内容，就需要从探索世界基本特征和规律的物理学出发，而这正是当前量子引力研究所做的最主要的工作之一。

前面已经说过，目前试图将广义相对论和量子论统一起来的途径主要有三条，其中圈量子引力理论起始于广义相对论。由于广义相对论实质是

---

① S. Wolfram, *A New Kind of Science*, p475.

② Ibid.

③ Ibid., p486.

一种描述关系网络的动态演化理论，因此，圈量子引力理论就应该自然地秉承广义相对论对时空本性的这种认识；另一方面，我们知道，由量子理论所描述的世界是离散的，这样，在某个基本的层次上，一个与量子论相符合的空间的结构就该是离散的。这样看来，一种能够将广义相对论和量子论统一起来的时空就应当是一个离散的动态网络。目前，圈量子引力论的研究者所提出的恰好就是这种一种时空结构，叫做自旋网络，而在非常小的普朗克尺度上也叫时空泡沫。

自旋网络最早由著名的英国数学物理学家彭罗斯（R. Penrose）提出。他是在空间必定由纯粹的关系所构成这一思想的启发下，去寻找可以成为量子几何理论基础的最简单的关系结构，而自旋网络就是满足这一要求的结构。后来，斯莫林和洛维里（C. Rovelli）等人将这一概念运用到圈量子引力理论中，来描述量子空间的基本结构。目前，自旋网络和自旋泡沫已经成为量子引力理论中非常重要和基本的概念。

简单地说，一个自旋网络是由边和节点所组成的图，其中网络的边携带着离散的面积元，而节点则对应于量子化的体积元。某一表面的面积等于自旋网络上的边与它相交的数目，当跟自旋网络只有一个交点时就是它的可能的最小面积。据估算，这个可能的最小面积大约为1平方厘米的10^{-66}。某一区域的体积等于所包含的自旋网络的节点数，当一个区域只含有一个节点时就是它的可能的最小体积，大约为1立方厘米的10^{-99}。[①] 根据圈量子引力理论，每个自旋网络给出了空间几何的一个可能的量子态，所以，尽管在大尺度上看起来空间是光滑和连续的，但在非常小的尺度看实际上是离散的，构成它的“建筑材料”就是自旋网络的节点和边。

可以看出，自旋网络所给出的空间图景是背景独立的和纯关系的，正如斯莫林所说：“自旋网络并不是存在于空间中的，与此相反，它们的结构产生了空间。它们不是别的东西，它们仅仅是由边在节点上怎样相连所支配的关系结构。”[②]另一方面，在广义相对论中，空间的几何是随着时间演化的，空

---

① 详细的描述可见李·斯莫林《通向量子引力的三条途径》，第103—106页。

② 同上书，第108页。

间和时间通常融合成一个单一的概念——时空。由于自旋网络的结构产生空间,因此自旋网络随时间的演化就产生相应的时空结构。不过,这样的时空结构是离散的,自旋网络的每一步演化都是空间几何的一次量子跃迁。“我们可以用许多不同的方式来切割一个随时间演化的自旋网络,以至于它看起来就像一连串随时间演化的状态”①,由此给出的时空图景从本质上说是一个过程而没有物体。

这样看来,如果主张构成宇宙的最基本的要素是时空,而要满足量子引力理论的时空又是离散的、动态的关系网络,我们就达到了对时空本性的新认识,并且这种认识更多地是建立在当代科学成就的基础上,而不仅仅是一种带有思辨性质的形而上学假定。

然而,如果在最基本的意义上,构成世界的基质是时空,那么,物质粒子又是如何形成的?是否有可能从时空的关系网络出发来合理地说明基本粒子的生成过程?最近的研究表明,给出肯定的回答是很有可能的。

在基本粒子物理学领域,用来分类各种已知的基本粒子并说明它们的性质的模型通常称为标准模型,它形成于20世纪60—70年代。在这个标准模型中,组成物体的基本粒子认为是夸克和电子等最小的单位,而实际上可以生成的粒子的种类达到300多种,其中绝大多数是很不稳定的。当时的一些粒子物理学家为了试图解释这些粒子种类的多样性,曾经设想像夸克和电子这样的基本粒子是由一种更为基本的粒子——“元子”(preon)——所组成的。但是,这种模型中的元子具有比由其所组成的粒子更多的能量,这一缺陷导致该模型被抛弃。

从2004年起,澳大利亚的年轻粒子物理学家汤普森(S. Bilson-Thompson)采用不同的进路,重新对这种元子进行研究。他不再把元子作为点粒子来看待,而是将它们设想成具有长度和宽度的带子(ribbon),这样的一根带子能与其他带子发生相互作用。作用的方式可以是带子与带子相互穿越形成所谓的“辫子”(braids),如三根这样的带子就可生成一个粒子。另外,单根带子也能沿着它的长度顺时针或逆时针地拧转。他设想,每一扭绕都赋

① 李·斯莫林《通向量子引力的三条途径》,第108页。

予元子相当于1/3电子电荷的值,而电荷的符号依赖于拧转的方向。汤普森发现,以这样的方式,辫子般的元子几乎能生成标准模型中的整个粒子王国。

那么,这种辫子般的元子与空间又有什么关系?事实上,在80年代后期,研究圈量子引力的物理学家就注意到,假如空间确实是量子化的、离散的,则由约直径为10^{-33}厘米的组块所构成的网络的连线就可以缠绕成辫子般的结构。但是,当时却没有人知道这样的结构在物理上有什么对应物。然而,当斯莫林偶然地读到汤普森所发表的文章时,他马上意识到汤普森所设想的元子很有可能就是空间网络中出现的辫子的对应物。因此,斯莫林邀请他到加拿大的周界(Premieter)研究所访问并展开合作研究。迄今,斯莫林、玛可波罗(F. Markopoulou)和汤普森已经证明,量子时空的辫子能够产生标准模型中那些最基本的粒子:电子,“上”、“下”夸克,电子中微子和它们的反粒子,同时也能够产生标准模型中所述的一些基本特征,如粒子的电荷和一个粒子的自旋如何关联于它在空间的取向。目前,进一步的研究正在展开之中。

非常重要的一点是,他们所做的研究依赖于把量子时空看作是信息或计算的基本思想。如果粒子在本质上是时空中缠绕的辫子,那么时空就成为物质和能量的源泉。但是,这种思想似乎难以与圈量子引力理论相协调。这是因为,在量子层次上,每一瞬间的量子涨落就会搞乱时空连线的网络,以致网络结构瞬息万变,像质子和电子这样的粒子就不可能持续生存。为了解决这一难题,玛可波罗和从事量子计算的科学家克利伯斯(D. Kribs)合作,提出了圈量子引力的一个改进的版本。他们把空间网络看作是一个巨大的计算机,其中每个离散的量子空间组块由一些量子信息所取代。计算表明:虽然单个量子比特的叠加态在与外界相互作用时很容易失去,但量子比特的集体却比通常人们预想的要鲁棒得多,这种集体形成的“回复性”能够保持时空中的量子辫子,从而解释了粒子为何能在量子扰动中长期存在的问题。[①]

---

① 上述三段内容主要取自 D. Castelvecchi and V. Jamieson, “You are made of space-time”, *New Scientist*, 12, August 2006,见 www. newscientist. com/article/mg19125645. 800. html。

与斯莫林和玛可波罗等人采取圈量子引力的进路达到时空是一个巨大的信息网络或计算机的认识有所不同,洛依德试图直接从量子计算出发来解决引力的量子化和广义相对论与量子论的统一问题。在洛依德看来,量子计算机是基于局域相互作用而演化的离散系统,而每个基于局域相互作用演化的离散量子系统都能由普适的量子计算机有效地模拟,或能由量子计算所描述,这里量子计算被认作离散的量子力学的一种普适理论。这样,如果在基本层次上,量子引力所对应的是一种离散且局域的量子理论,那么它也应该可作为量子计算而描述。

由于广义相对论可以看作是基于几何和距离的理论,因此,常规的量子引力研究进路通常是从量子化时空度规出发;而在洛依德所提出的量子计算进路中,距离的概念并不是基本的:它是一个由量子场的基本动力学所导出的量。有趣的是,这样导出的距离自动地遵循广义相对论的定律。另一方面,因为距离由量子场的动力学导出而没有参照一个基本的时空流形,故产生的理论内在地是协变的和背景独立的。就应用而言,洛依德论证了,他所提出的量子引力理论与全息原理相一致,并且能够合理地解释黑洞蒸发、奇点和原始宇宙在普朗克尺度的膨胀。

从量子计算的角度看,在这样的一种量子引力理论中,所量子化的对象实际上并不是时空度规,而是信息。于是,在洛依德的量子引力图景里,时空是一个动态的因果结构网络,网络中的连线表征的是量子信息流动的通道,而节点则是操作量子比特的“门”。借助这样一幅图景,宇宙的所有特征,包括时空的度规结构和量子场的行为以及其他所有可观察方面,都源于并产生于基本的量子信息计算,套用惠勒的话就是:“It from qubit”(“实在出自量子比特”)。[1]

综上所述,我们可以看出,当代的物理学家在追求广义相对论和量子论的统一过程中,对空间和时间的本性获得了新的更深的理解。他们发现,在一定的层次上,时空可以认为是构成我们所处的宇宙的基质,其他的物质客

---

① 见 S. Lloyd, “A Theory of Quantum Gravity based on Quantum Computation”, *arXiv:quant-ph/*0501135 /*v*8 26 Apr.2006。

体或事物都由它生成。然而,从本质上来说,时空本身也不是最基本的,它是一个动态的因果结构网络,而理解这个网络的最好方式则是把它视作不断进行着信息处理的计算系统。也就是说,就最基本的意义而言,空间和时间本身其实并不存在,因为宇宙是一个由量子信息所构成的网络,而宇宙的历史只不过是信息的流动或变换。

一旦我们借助当代物理学的成就达到对宇宙的构成和本质的这样一种新的认识,也就可以进一步理解"宇宙是一个计算机"的深刻寓意。不仅如此,基于对物质客体和时空本性的这种新认识,我们也就能更好地理解为什么这个世界是复杂的以及这种复杂性的来源。

第四节　复杂性的涌现

毫无疑问,我们所面对和生活的世界是复杂的:在宇观的尺度上,银河系的旋臂状结构和其他星系所呈现出的千姿百态的景象不免引起人们对宇宙的深深敬畏;在日常所处的宏观尺度上,多变的云彩、纷飞的雪花、葱郁的树木和我们的躯体等在结构、行为上所具有的复杂性令人称奇;在更为细小的尺度上,生物细胞和大分子在各种有序组织下所表现出的功能多样性、行为的灵活性也常常让我们叹为观止。所有这些给了我们这样一个印象:世界的复杂性是一个活生生的事实,它似乎无比深奥且远未被人类所认识。

可另一方面,现代物理学却告诉我们:尽管从现象上看,世界是复杂多变的,但在非常基本的层次上,不仅组成物理系统的基本粒子在种类方面是稀少的(主要就是夸克和轻子),而且支配这些粒子之间基本相互作用的规律也是相当简单的,实际上,用一张普通的纸张就可以把物理学的基本规律全部写出来。进一步,根据当代宇宙学,我们所处的宇宙是由大约 137 亿年前的一次大爆炸所形成的。在起始阶段,连夸克和电子这样的基本粒子也不存在,而基本的物理规律也要少得多,或许就只有一个"万物至理"的方程,说得通俗一些,最原始的宇宙就不过是一个温度极高的"点点"。

于是,把当下我们观测到的纷繁复杂的宇宙面貌与当代自然科学所提供的极早期宇宙图景联系起来思考时,就会十分自然地萌生这样的疑问:起初一个小小的"点点"何以能够演变出如今这幅千姿百态、千变万化的景象?为什么大爆炸不是形成简单的粒子气体或凝结成一个巨大的晶体呢?为什么起始于大爆炸的宇宙竟能演化出具有非常复杂特征的生物体,直至哺育出我们人类这样有意识的高级动物呢?

在此,看来有必要先对复杂性的概念作些说明。上述讨论中,我们实际上已经认定了宇宙起初是简单的,而如今的种种复杂性则是由当初的简单状态而生成,这种生成的过程通常叫做涌现或突现。那么,究竟什么是复杂性?

事实上,倘若想对复杂性概念下一个确切的定义,则立刻就会发现是非常困难的。严格地说,宇宙中的几乎所有的系统或发生的过程在一定程度上都是复杂的,且一个系统的不同方面或多或少也可以是复杂的,就是说,复杂性几乎遍及自然客体、人工物品、心智过程和知识体系等存在的所有领域,同时亦体现在构成系统的组元、结构和功能等方面。况且,一个系统的结构或行为的复杂性并不仅仅取决于它本身,在很大程度上还与人们的认识方式和认识主体的知识状态相关。因此,复杂性本身必定也是一个相当复杂的概念,以致目前有不下 45 种关于复杂性的定义。[①]

直观地看,复杂性是相对于简单性而言的,而简单性则表示系统的组成元素的种类、元素之间联系方式和系统整体的变化模式的单一或稀少,如物理系统中的晶体和理想气体往往被看作是简单的。反之,如果系统的组成元素、联系方式或变化模式具有较大的异质性或多样性,且这种异质性和多样性无法加以归约,则我们可以认为该系统是复杂的。这样,我们不妨把复杂性简单地规定为系统构成方式的较大变异性。

不过,这种基于直观的规定并非那么严格和清晰。显然,对一个系统的复杂性的刻画与我们所采取的视角和描述的方式有关。比如,对于一个随机系统,如果我们从其组成元素上考虑,由于几乎每个组元的行为都可能不

---

① 见 N. Rescher, *Complexity*, Transaction Publishers, 1998, pp2 - 3。

同,因而是非常复杂的;但从整体上看,其呈现的行为模式却是单一的,只要用很少的信息就可以描述。所以,要准确地把握复杂性的概念,我们需要进一步探究如何度量复杂性的问题。而且,如果希望理解为什么支配宇宙的基本规律是简单的,而随着它的不断演化,结构和行为的复杂性就自然地涌现出来,那么还需要考虑具有动态含义的复杂性概念。事实上,这样的复杂性概念已经分别由几位科学家先后提出。

起初,用于度量复杂性的概念是基于计算机程序的,叫算法信息量,指的是一种计算机程序的长度。算法信息量的概念由柯尔莫哥洛夫(A. N. Kolmogorov)、蔡廷(G. Chaitin)和索洛莫洛夫(R. Solomonoff)在20世纪60年代各自独立地提出并使用。他们所基于的基本思想是一样的:为了确定一个具体的信息(比特)串的复杂性,都考虑一台理想的计算机(图灵机),它具有无限的存贮能力。接着,针对这一信息串寻找一个计算程序,让该程序在这台理想计算机上运行至打印出这个信息串,然后停机。一个能够生成该信息串的最短程序的长度就是它的算法信息量。不过,这个度量复杂性的概念其实与我们通常所说的物理系统的复杂性没有多大关系,因为就算法信息量来说,一个完全随机的系统的复杂性是最大的:我们找不出任何规律来压缩表征它的信息串的描述。但从我们日常的认识看,这种完全随机的系统的复杂性反而是很低的,比如说处于布朗运动的理想气体。

事实上,决定一个实际系统复杂性的恰恰是那些非随机的方面。鉴于此,著名的理论物理学家盖尔曼提出了有效复杂性的概念。有效复杂性是一个度量系统复杂性的更为准确和有用的概念,主要用于描述一个系统的规则性方面。我们知道,每个物理系统都与可用来描述其物理状态的信息数量相关联。这样,度量一个系统有效复杂性的基本方法是把这些信息分成两个部分,即描述系统规则性方面的信息和描述系统随机性方面的信息,而需用于描述一个系统规则性的信息量就是它的有效复杂性。[①]

这里,我们可以就一个系统的有效复杂性和算法信息量作些比较。如果一个系统或信息串是完全随机的,比方说由一只猴子在打字机上胡乱敲

---

① M·盖尔曼:《夸克与美洲豹》,杨建邺等译,湖南科学技术出版社,1998年,第49页。

击而成的符号串,那么它的算法信息量就达到最大值。但是,由于这样的符号串没有任何规则性可言,因此它的有效复杂性却为零。另一个极端的情况是描述系统的信息串是完全规则的,比如说全由 A 组成,则它的有效复杂性也是非常低的,几乎接近于零,因为"全为 A"的信息非常之短。这样看来,一个具有很大的有效复杂性的系统,它的算法信息量"既不能太高,也不能太低。换句话说,系统既不能太有序,也不能太无序"①。

近几十年来,复杂性科学的研究表明,有效复杂性是一个刻画系统复杂程度的重要和有用的概念。而且,在对系统复杂性起源的研究中发现,当一个自组织的系统处于有序和无序之间的混沌边缘状态时,很有可能涌现出新的性质和现象,如物理学家巴克(P. Bak)等人创立的自组织临界理论就对这个过程进行了描述和解释。②

不过,有效复杂性的概念侧重的是对一个系统或信息串的静态的刻画,而没有顾及一个物理系统如何从简单的规则性开始,结果却演化出极为复杂的结构和行为所经历的过程的困难程度,也就是说,没有顾及一个系统的有效复杂性增加的动态方面。为了弥补这一不足,就需要考虑产生有效复杂性或有序信息的量与产生这些量所付出的努力之间的关系,以便更好地来把握复杂性的含义。事实上,在 20 世纪 80 年代早期,物理学家贝内特(C. Bennett)为了刻画计算的复杂性,就提出了一个考虑到信息与付出这两个方面的概念。贝内特将对一个信息串或数据集的最似真说明等同于能产生该信息串或数据集的最短程序,然后,考察这一程序的计算复杂性。他把从运行该程序开始到产生信息串所需的付出叫做"逻辑深度"(logical depth)。逻辑上深的信息串具有更为复杂的结构或行为,故从最短的程序出发就需要花费更多的时间去计算这些结构或行为;反过来,如果用于说明一个系统的最短程序需要花大量的时间去计算其结构或行为,则表明该系统在逻辑上是深的。比方说,"打印 10 亿个 1"不需要做多少计算,表明它在逻辑上是浅,相比较而言,"产生 π 的前 10 亿位"就需要花费多得多的计算时

---

① M·盖尔曼:《夸克与美洲豹》,第 58 页。

② P. Bak, *How Nature Works*. Springer, 1996, pp52-80.

间,因而在逻辑上更深。

贝内特的“逻辑深度”涉指的是比特串、计算机程序和逻辑运算。为了能够更好地刻画一个物理系统的复杂性量度,洛依德和黑茨(P. Heinz)随后提出了一个与逻辑深度相对应的具有物理意义的新概念——“热力学深度”(thermodynamic depth)。它被看作是一个物理系统的基本性质。这样,并不像贝内特用最短程序产生信息串作为最似真的说明方式,洛依德和黑茨直接考察一个物理系统的结构或行为得以自身产生的方式。他们认为,衡量产生一个已知的物理系统的特别有用的资源是熵:熵可以作为随机的、废弃的信息的度量,而负熵则是结构化的、有用的信息的度量。因此,一个物理系统的热力学深度等于生成该系统的有用信息或负熵所付出的计算量。[①]

在对复杂性的概念和度量作了这样一番阐述后,我们回过头来探究起初十分简单的宇宙为什么会演化出越来越复杂的景象这一自然的最大谜团。自从20世纪80年代以来,一个试图在科学认识的意义上来揭开这个谜团的新兴学科出现了,通常称为复杂性科学。它的基本任务是要发现并刻画不同类型的复杂性,探寻不同复杂系统的共同性质和规律,弄清产生复杂性的内在机理。迄今为止,虽然尚无关于复杂性的一般理论,但已经在一些领域取得了重要的进展,如霍兰(J. H. Holland)提出的用于描述复杂适应系统的回声模型和巴克等人为解释复杂性起源所创立的自组织临界理论。不过,这些理论主要是从某些具体的现象或模型着手,如巴克等人是通过研究沙堆模型来揭示自组织过程中新的规律和特性如何涌现,因而所提出的理论和思想并不足以为理解宇宙复杂性的起源提供一个统一的本体论框架。

如今,在计算主义的新视野下来重新审视宇宙复杂性的起源,我们发现,至少原则上已经能够解开这个宇宙之谜,或者说为解开谜团指出了更有可能成功的新方向。事实上,从洛依德和沃尔弗拉姆等人近年来出版的著作中可以找到部分答案。

洛依德认为,宇宙的计算本性的主要结果是它自然地能生成像生命这样的复杂系统。理解这一点的关键在于宇宙是一台普适的量子计算机,而

---

① 见 S. Lloyd, *Programming the Universe*, pp190 - 193。

基本的物理规律虽然在形式上是简单的,但是由于它们具有计算上的普适性,因而就能够产生复杂的景象。

在大爆炸的最初阶段,宇宙的状态是极其简单和对称的,或者说得更具体一点,起始只有一个处处相同的可能状态。由于只有一个可能的初态,这时的宇宙所包含的信息量就是零比特,而它的逻辑深度或热力学深度、有效复杂性都为零。那么,宇宙中的复杂性究竟是如何起源的?洛依德认为,需要的东西有两个:一是一台计算机,另一个就是一群"猴子"。为了明白这一解释的含义,洛依德把传统的猴子在打字机上敲击字母的比喻转换成了它们在计算机上输入符号,并借助这个生动的比喻来说明宇宙中复杂性的起源。

在西方的科学文化中,猴子打字的故事非常著名。这个故事主要是为了说明完全随机的行为产生十分有序的结果的可能性有多大。故事有不同的版本,其中一个是这样的:假定一只猴子站在打字机旁敲击各个键,而每个符号和空格被敲击的可能性是相等的,问题是在一定的时间内猴子打出莎士比亚的全部著作的可能性有多大。显然,如果一定数量的猴子中每只都打出足够多的页数,那么所有这些片断包含莎士比亚著作中的一个连贯段落的概率是非零的,但却小到可以忽略。按照盖尔曼的说法,"即使全世界所有的猴子花一万年的时间,每天各打字 8 小时,打出的文章包含佛里奥版本的莎士比亚著作中一个连贯的部分的概率也是可以忽略不计的"①。

洛依德注意到,如果宇宙的复杂性仅仅是由随机性产生的,那么不管有多少有序和复杂行为已经显现,接下来所要发生的将依然是偶然的。这就是说,不管一只猴子可把《哈姆雷特》打到何处,接下来的一次键击很可能还是一个错误。正因为如此,当伟大的物理学家玻尔兹曼试图用偶然的统计涨落来解释宇宙复杂性的起源时,就遇到了几乎无法克服的困难,因为这样的统计涨落完全是随机的,类似于猴子以等可能的方式在打字机上敲击。不过,在洛依德看来,玻尔兹曼的思想中包含着真理的瑰宝,这就是,宇宙在最基本的层次的行为确实是随机的,因为在那里,有无数的"量子猴子"在不

① M·盖尔曼:《夸克与美洲豹》,第 48 页。

停地敲击。但是，这些量子猴子并非是在打字机上而是在计算机上敲击。

想象一下猴子正在进入一台计算机打字，计算机转而以某种合适的语言解释猴子打的是什么并加以实现。这样一来，虽然猴子仍然以随机的方式打进一串串符号，但却有可能在计算机中产生短的、看似随机的计算机程序。根据现代的算法信息理论，只要猴子进入计算机打字，就存在着一个几乎能产生任何计算形式的合理概率。而随着这些简短的程序在计算机中运行，就可以生成复杂的结构和行为。这就是说，如果猴子不是在打字机上敲击，而是进入计算机敲击，虽然所输入的符号串本身依旧是随机的，但在计算机中却有可能变成能够执行的程序。在前面，我们已经介绍过沃尔弗拉姆等人的发现，即十分简单的计算机程序就能够产生复杂的结构和行为。这说明了，一旦所生成的简单程序得以运行，复杂性就可能自然地涌现。

洛依德认为，这个关于猴子进入计算机敲击的比喻可以用来合理地解释宇宙中的复杂性的起源。对于宇宙而言，这台计算机就是宇宙本身，而程序化宇宙的猴子则由量子力学的规律所提供，因为这些规律内在地是随机的。因此，虽然宇宙作为量子计算机在最基本层次上的动力学是很简单的，但它却以量子涨落的形式充满着“量子猴子”。正是在这些“量子猴子”的作用下，宇宙一步步地被程序化，而随着一些程序的运行和冻结，各种复杂的结构和行为便涌现出来。①

可以看出，在洛依德所提出的关于复杂性起源的解释中，支配宇宙的最基本规律是量子力学的规律，而正是这些规律的随机性导致宇宙的程序化，这就是说，宇宙中复杂性的起源是其本身规律的不确定性的结果。这样看来，如果复杂性的起源要得到合理的解释，那么关于宇宙的决定论的观念就必须被抛弃。但问题是，宇宙中复杂性的涌现是否一定要有这些“量子猴子”的作用？难道一个没有上帝掷骰子的世界就必定是简单的？从前面所述的沃尔弗拉姆关于元胞自动机的研究结果看，答案似乎是否定的。

在沃尔弗拉姆的计算世界中，十分简单和确定的程序在演化过程中可

---

① 洛依德关于宇宙中复杂性起源的这一解释的详情，可见 S. Lloyd, *Programming the Universe*, pp195－203。

以呈现出不同的现象或行为。根据沃尔弗拉姆等人的研究,即便是最简单的元胞自动机也能够产生复杂的模式和行为,而且这样的元胞自动机在计算上是普适的。因此,如果宇宙是一台巨大的计算机,那么为了生成复杂多变的结构和行为,它在最初和最基本的层次上并不一定是非决定论的。尽管量子力学为我们所揭示的世界图景是非决定论的,但是它本身和复杂性的起源都没有排除支配宇宙的最基本规律是决定论的这样一种可能。事实上,当代一些非常著名的物理学家正试图透过量子力学所揭示的微观层面,在更基本和更小的尺度上寻找支配宇宙的决定论规律。比如,近年来,著名的理论物理学家、诺贝尔奖得主胡夫特(G. 't Hooft)就一直致力于建立适于在普朗克尺度下描述和解释物理现象的决定论的理论。在他看来,在这样极其细小的尺度下,支配宇宙的规律和初始状态是确定的,而在目前量子力学所描述的情况下所出现的不确定,恰恰是一些原始信息丢失的结果。有趣的是,在胡夫特所提出的新理论中,最基本的因素就是信息和信息处理(计算)。当然,像胡夫特这样的基于决定论思想的新理论还有待于进一步发展和检验。因此,在最基本的意义上宇宙究竟是否为决定论的依然是一个谜。①

不过,对合理地解释宇宙中复杂性的涌现而言,基本的物理学规律究竟是决定论的还是非决定论的其实并不重要。只是如果宇宙像元胞自动机那样,单凭决定论的规律和确定的初始条件就能够生成复杂的模式和行为,那么加之"量子猴子"这个随机的因素,宇宙必然涌现出各种各样的复杂现象就更加可以理解了。

一个具有重要哲学意义的问题是,倘若宇宙在最基本的层面上果真是一个由简单确定的一组规则和初始状态所支配的计算世界,那么是否就意味着还原论将最终取得胜利。

在当代的哲学和科学基础领域,还原论与反还原论之间一直存在着激烈的争论。不过,倘若想对还原论进行辩护或拒斥,就需要对还原论的含义

---

① 胡夫特这方面所做的工作,可见 G. 't Hooft,"Determinism Beneath Quantum Mechanics", *arXiv:quant-ph/0212095/v1*, 16Dec 2002。

和主张作比较清晰的界定,否则争论将失去意义。我们认为,首先要在还原方法和还原论之间作出区分。还原方法是把整体或系统的上层分解成部分或下层加以研究,从而达到对整体或上层的认识。对于科学地认识世界而言,它是必要的:没有还原方法,实际上也就取消了科学。而还原论则是一种哲学的主张,认为还原方法对于认识世界不仅必要而且充分,就是说,如果能够把握一个整体的各种部分以及它们之间的联系,或者把握了构成宇宙的最基本层次的规律和条件,则我们至少在原则上就能达到对整体的特性甚至整个宇宙的认识。

然而,随着现代科学的发展,人们越来越感到,要认识宇宙中的复杂系统的现象,尤其是那些整体上或上层所涌现出的特性和模式,单靠运用还原方法是不够的。可以说,20 世纪下半叶兴起的复杂性科学,在很大程度上就是为了突破还原方法的局限。而在哲学和其他人文科学领域,则出现了反还原论的思潮。有些人一开始就认定我们所处的世界是一个不可分割的整体,因而声称不仅还原论是不对的,连还原方法也是无效的。对他们来说,要真正把握宇宙的真谛,就必须采取整体论的立场,即直接对整体进行认识,或由整体来达到对部分的认识。

那么,对于还原论与反还原论之间的争论,上述基于计算或信息流的观点对宇宙中复杂性的起源所作的解释,是否可以帮助我们化解这场争论,或者辨明争论双方孰是孰非呢?回答应该是肯定的。

化解或解决还原论与反还原论之争的一个基本前提:首先明确究竟是针对哪种意义上的还原论。在哲学和科学基础问题的讨论中,还原论可以分为本体论的和认识论的。本体论上的还原是关于对象的,就我们所面对的宇宙而言,那便是认定宇宙中的各种复杂现象归根到底由一组简单的物理规律(或规则)和初始条件所生成。根据大爆炸理论,宇宙开始时就处于这样一种简单的状态。因此,从本体论上说,如果我们承认宇宙是始于大爆炸,则它是完全可以还原的,而且如果起始的规律和条件是确定的,它的演化也是决定论的。

在此,我们可以假想有这样一位具有智能的超级观察者,他几乎在宇宙大爆炸之初就已经出现,并且一直注视着宇宙这台巨大计算机的运行过程,直到今天。那么,对于这位超级观察者而言,尽管宇宙起始的规律和状态是非常简单的,但随着它运行这些程序并不断地生成新的子程序(假定在“量子猴子”的作用下),他将发现宇宙中千姿百态的复杂景象一幕幕相继地涌现出来,其中也包括我们人类的起源和文明的产生,而这一切对他来说是那样的自然和不可避免。于是,从这位超级观察者的角度看,整个宇宙确实是由一组简单的规律和确定的初始条件所生成的,因而,从本体论上说,一切复杂现象都可以还原,宇宙里面没有新东西。

还原论的另一个意义则是关于对象的表述的,也就是认识论上的。我们人类在认识世界的过程中形成了关于不同层次的对象的各种科学理论。认识论上的还原论就是认为关于上层或系统的理论(原则上)可以完全归化为关于下层或子系统的理论。具体地说,生物学的理论可以还原为化学的理论,而化学的理论最终可以由基本的物理理论来完全说明。根据这种认识论上的还原论,如果我们最终把握了基本的物理学理论,那么位于上层的其他理论就(原则上)都可以从这些基本的物理学理论推演出来。

然而,如果把宇宙看作是一台计算机,则沃尔弗拉姆等人所研究的结果表明,我们试图运用认识论上的还原去达到对于宇宙复杂性的把握实际上是不可能的。首先,人并不是上述所设想的那位超级观察者,恰恰是宇宙中复杂系统演化最晚近的产物,因此,当我们出现在宇宙中时,所面对的就是这台巨大的计算机已经运行了大约 137 亿年所生成的图景。这幅图景纷繁复杂,但却是我们认识宇宙的逻辑起点,别无选择。所以,当我们试图理解宇宙的复杂性的由来时,就只能从事一项无比巨大而艰难的“逆向工程”,其目标就是去探寻支配宇宙的初始程序和状态。然而,我们在第二章最后一节中已经论证过,实施这样一种“逆向工程”在认识论上是不可能完备的,我们只能依靠所创造的各种科学理论去猜测和把握实在的不同层次和它们的复杂性。所以,即使在不同层次的理论之间可以达到一定程度的还原,或者说原则上可以这样做,但就我们的认识而言,实际上无法实现完全的还原,也就是说,认识论上的还原论只不过是一种理想。

第四章　生命的本质

在前一章中，我们描述了一幅实在世界的计算图景。在这幅图景中，宇宙被看作一台巨大的计算机，起初它所处的状态和运行的程序是简单的。随着宇宙的不断演化，其内在的计算本性注定了它会呈现出愈来愈复杂的现象，而计算的普适性又保证了计算的过程能够发生在不同的尺度上，从而形成各种不同层次的新型组织和结构。

终于，在这些新型组织和结构中，涌现出了一种叫做“生命”的新现象。这种现象与宇宙中其他纷繁复杂的自然现象相比似乎更加丰富多彩，也更为奇特。如今，依仗大爆炸理论，我们可以说对宇宙的起源有了较好的理解，但是，关于生命的起源却还没有一种令人满意的具有共识性的解释。

然而，如果认定实在本质上是计算的，那么生命的起源和特质也应该能够从计算的视角获得合理的解释。近几十年来，生命科学（尤其是计算生物学、生物信息学和系统生物学等新兴学科）的发展表明，从信息处理的观点来理解生命现象和生物的进化看来是一种最恰当的认识方式。

第一节　什么是生命

也许我们可以坦然地持有这样一种信念，即在浩瀚宇宙的其他地方，肯定还存在许许多多有生命的实体，它们可能与我们地球上的生物极为相似，也可能颇为不同。但是，就目前的认识而言，我们知道地球上的自然生命现象是独一无二的。这种唯一性一方面赋予了包括我们自身在内的芸芸众生以特殊的意义，另一方面也给我们认识生命的起源和本质造成了极大的困难，因为我们无法通过实际的比较来研究形成生命的条件究竟是不是非常独特的。

自从20世纪80年代以来，人工生命作为一门新兴学科的出现似乎为我们破解由唯一性所造成的难题提供了一条新的进路。不过，在揭示人工生命的认识论和方法论意义之前，我们想先来看一看在生命科学和哲学领域，人们究竟是如何来定义和把握生命的。

界定生命的基本任务是找出所有具有生命的实体的共性，这样就可以把生物与非生物区别开来。乍一看，要完成这种任务并没有多少困难，因为直观上我们似乎都知道生命现象与非生命现象是有明显差别的，并且在现实生活中我们也能够相对容易地辨认出什么是具有生命的生物，什么不是。然而，事实上，要清晰地把握所有生命现象的共性非常困难，甚至可以说是不可能的。究其原因，不仅仅是由于地球上生物的种类极其丰富或表现上千差万别，更重要的是随着我们科学地认识生命现象的深入，发觉生物与非生物的界限变得越来越模糊。当然，这并不表明我们就不能在生命与非生命的实体之间作出相对的区分。

这里，首先需要指出的是，生命是一个功能而非实体的概念，有生命的实体我们叫做生物或生物体。因此，要定义生命是什么，重要的是要确定究竟是什么样的功能特征的刻画能够在生命与非生命之间作出（至少是相对的）区别，而能实现这些功能的实体则可以依据所刻画的特征来确定。这样,在界定生命的含义时,作为实体的具体生物的类型便不具有关键性。事实上,通常我们在理解一个动物或者植物是否为“活”的时候,虽然离不开对实体的考虑,但实体的物质组成却不是决定性的。比如说,考虑一条正在河里游动的鱼,每个人都会认定这时候它是“活”的或者说有生命的。如果你用鱼杆把它钓上岸,并且放置在干燥的地面上,那么它蹦不了多久就会死去,于是,它的生命过程就结束了。但是,至少在它结束生命的一段时间内,它的物质组成并没有什么变化。当然,生命与生物这两个概念是密不可分地交织在一起的,由选定的生命的功能特征所划分出的实体应该能与人们对生物的直观概念相吻合,或者从科学上看具有分类的合理性。

基于这样的理解,一条界定生命的比较直观和有效的途径是寻找并刻画出能够将通常认为是生物的实体与非生物的实体加以区分的一组功能特征。从方法上说,这是一种现象学的描述,传统上对生命的定义就是借助这种方法来实现的。由于生物种类繁多,具体表现出的功能特征也不尽相同,所以究竟选择哪些特征作为生命的定义在一定程度上是主观的。不过,在一般的情况下,生命科学领域的研究者还是能够对表征生命的主要特征大致上形成共识。在这里,我们不妨来看看一位有代表性的生物学家关于生命的观点。

寇休兰德(D. E. Koshland Jr)是一位著名的美国生物学家,曾长期担任《科学》杂志的主编。他认为,尽管对生命的概念难以下严格的定义,但是,我们可以通过给出一个生物为“活”的七个主要的特征(或条件)来界定生命的含义。这七个特征是:(1)生物具有一个一代代复制自己的程序。该程序描述构建生物的组元和各个组元之间发生的过程。这些过程即是在生物体内发生的新陈代谢反应,且能随时起作用。在大部分生物中,这个生命的程序被编码在 DNA 中。(2)生物在环境中随外界的变化而一步步地适应和进化。这个过程通过变异和自然选择直接与生命的程序相关联。该特征使得生命形式在环境中逐渐改变而得到优化。(3)生物趋向于复杂和高组织化,最重要的是具有被划分的结构。机体内所出现的化合物通过代谢作用形成具有特定用途的结构。细胞和它们的各种细胞器是这样的结构的实例。细胞也是生命的基本功能单位。在多细胞生物中,细胞通常被组织成器官,创造更高层次的复杂性和功能。(4)生物具有新陈代谢的功能。也就是说,它们具有从环境中获取能量的能力,能够把能量从一种形式转换成另一种形式,并用于自身的生长和繁殖。(5)生物具有再生系统,以取代本身遭受损伤的部分。这种再生是部分的,或者能包括一个完全的取代。完全的取代是必要的,因为部分取代并不能阻止整个生命系统的功能态随时间不可避免地下降。(6)生物通过反馈机理对环境刺激作出反应。来自环境的供给能够引起生物以行为、代谢和生理变化的方式发生反应。对刺激的反应行为增加了生物生存的机会。(7)生物能够把大多数代谢反应隔离在特定的通道中。这种隔离主要是通过生物大分子(如酶)的专一性来实现的。[①]

可以看出,我们在现实中认定为有生命的生物几乎总是具备上述的这些特征或条件。然而,这样一种通过罗列特征来定义生命的方式存在着明显的缺陷或不足。首先,生物的特征多种多样,选择哪些和选择多少特征作为界定生命的依据具有主观性,与选择者所采取的视角、知识背景甚至个人的偏好相关。比如,一位从事细胞研究的生物学家可能更倾向于强调新陈代谢等方面的动力学功能,而一位生物信息学家则更可能认为生命的特征就是处理信息以及与此相关的条件(如复制)。第二,罗列的特征往往并不由处于同一层次的实体所具备:有些是相对于生物大分子的层次而言的,如生命的程序,有些是从细胞的层次来看的,如代谢反应,而有些则是整个生物的特征,如对环境的适应性。这样一来,不仅难以把握生命的本质特征,而且究竟何种层次上的实体是生命的承担者也变得模糊不清了。第三,寇休兰德所列举的特征,单独地看,其中有些并不是生物的特性,事实上是一些非生物的自然系统或人工系统所共享的,比如,转换能量的形式可以由人造的机器来完成,甚至程序的自复制也可以由如今的计算机来实现。第四,这些特征彼此之间并不是独立的,往往具有依存性。就是说,有些特征更为基本,如自我复制的程序,而其他一些特征的存在则在很大程度上是由这种程序决定的,如生物的再生能力。因此,虽然在实践中人们可以依据所罗列的特征,综合起来去识别并界定哪些为具有生命的生物,但是,作为对生命

---

① 见 http://www.sciencemag.org/cgi/content/full/295/5563/2215。

本质刻画的方式就显得不那么合适了。

于是，有些生物学家另辟蹊径，希望通过找到最能刻画生命现象的本质特征来回答生命究竟是什么的问题。20 世纪 70 年代以来，曾经有两种具有重要影响的观点：一种是由著名的进化论学者道金斯所主张的，另一种则由神经科学家马图拉纳（H. Maturana）和瓦若拉（F. Varela）共同提出。

道金斯是一位达尔文进化论的坚定支持者和捍卫者。早在 20 世纪 70 年代，他以达尔文的进化论作为出发点，并借助分子生物学的理论对生命起源和遗传机理的考察，提出基因不仅是遗传和变异的基本单位，也是自然选择的基本单位。在 1977 年出版的《自私的基因》一书中，他详细地阐述了这种基因选择观。在道金斯看来，生命从本质上说是具有复制能力的基因被自然所选择的过程，他把这类具有复制能力的基因叫做复制子（replicator），这样，生命就是越来越有效的复制子的自然选择。尽管道金斯起初并没有明确主张那些原始的具有复制能力的基因分子是有生命的，但却认定它们是各种生物的缔造者。

在后来发表的一系列著作中，道金斯进一步发展了自己的思想，更为明确地指出自我复制的能力是生命的本质特征。例如，在《伊甸园之河》一书中，他开宗明义地写道："当跳跃的原子小球偶然撞在一起时，组成了一种具有某种单纯特性的物体，重大的事件在宇宙中发生了。这种单纯的特性，是指这种物体的自我复制能力，即这些物体能够利用周围的物质，把自己再一模一样地'拷贝'出来，在这个过程中偶尔也会出现有某些小缺点的'复制品'。在这次发生于宇宙某处的独一无二的事件之后，随之而来的便是'达尔文的自然选择'，于是，在我们这个星球上出现了一幕奇特华丽的表演，我们把它称为'生命'。"①

道金斯关于生命的观点中，有两个方面值得我们注意。第一，他界定生命的特性所采用的是一条还原的进路。通过还原，认定生命的本质体现在生物大分子这一层次上，具有复制能力的基因才是进化中的真正实体，而更高层次上的生物组织则是派生的和过渡的。也许有人会据此对道金斯的观

① 理查德·道金斯：《伊甸园之河》，王直华等译，上海科学技术出版社，1997 年，第 1 页。

点提出批评并加以拒绝，因为，在许多人看来，生命现象如此纷繁复杂，运用还原的方法是无法把握生命的本质特性的。不过，我们认为，道金斯运用还原的方法来揭示生命的本质特性，无论从科学上还是从本体论上来说，都具有很强的合理性。从科学上看，一方面现代分子生物学告诉我们，地球上所有的生物，不管是单细胞生物还是人类，具有共同的物质基础，即包括 DNA、RNA 和蛋白质在内的生物大分子，而这些大分子以及它们之间的耦合确实会呈现出其他物质系统所没有的特性；另一方面，生物进化论表明，复杂的生物系统是由简单的生物系统长期进化而形成，因此，从最原始的生物中去认识所有生物物种的共性是一种方法论上的合适选择。从本体论上看，我们在第三章末尾曾经论证过，只要承认宇宙具有一个不断演化的历史，那么，本体论上的还原论就是可行的，也就是假如能够从起始的状态出发，我们就能够依据宇宙演化的规则重新生成如今所见的种种景象。这样，道金斯从考察生命起源时的情景来理解生命的特性便具备了合理的本体论依据。

第二，道金斯在看待基因的时候，并不注重它们的物质构成，而是注重那种自我复制能力。那么，这种复制子究竟复制的是什么？一个几乎显然的回答是复制信息。所以，他认为，生物的进化过程是一条在时间中流淌的 DNA 之河，“它是一条信息之河，而不是骨肉之河。在这条河中流淌的，是用于建造躯体的抽象指令，而不是实在的躯体本身。这些信息通过一个个躯体，并对其施加影响；然而信息在通过这些躯体的过程中却不受躯体的影响”[①]。从这里可以看出，道金斯所理解的生命本质中，信息和信息处理的观点成为最基本的思想，而且，信息被看成了附生于却不能还原为物理性质的因素。这样，他一方面隐含地假定了生命是一种涌现现象，另一方面也认可了生命概念本质上是信息的。因此，道金斯的观点在一定意义上可以认为是一种计算主义的生命观。

由于道金斯的着眼点是生物大分子，所以自我复制就成为一个突显的特征。通常，人们会把“自我复制”不经意地等同于“自我繁殖”，可事实上情

---

① 理查德·道金斯：《伊甸园之河》，第 6 页。

况并非如此。自我复制是针对生物大分子而言的,我们说 DNA 进行自我复制,而自我繁殖则一般指的是细胞的生长和分裂这一更为复杂的过程,既包括大分子的复制,也包括细胞本身产生部分和自我维持。因此,如果把理解生命的着眼点放在细胞层次上,所能认识到的突显特征就会发生改变,比方说人们更可能注意到的是生命的新陈代谢特征。这就引向了马图拉纳和瓦若拉关于生命的观点。

马图拉纳和瓦若拉都是具有世界影响的智利籍的神经科学家,并且都是在哈佛大学取得博士学位。目前,马图拉纳还在智利继续从事认知方面的生物学研究,而瓦若拉已于 2001 在法国巴黎病故。在 20 世纪 70 年代初,他们为建立基于生物学上的认知理论,提出了一个生命的一般和抽象的定义。

他们认为,生命的本质特征是自创生(autopoiesis),从字面上说,“autopoiesis”所意指的是自我产生或自我制作。运用到阐述生命的本质上,这个词是关于自我确定和循环的生物组织,而这种组织有一个不断产生、变换和摧毁其本身的组元并且具有边界的动态网络。一般来说,自创生系统并不是根据它们的组成元素(组元)或这些组元的性质,而是通过组元所实现的过程和过程之间的关系(即组织)来定义的。于是,马图拉纳和瓦若拉把自创生系统(或机器)定义为:“产生组元的组元生产(变换和摧毁)过程的网络,这些组元:(1)通过连续不断的相互作用和变换再生产生它们的过程(关系)网络,(2)把它(该机器)构成为一个空间中的具体的统一体,其中,它们(组元)通过规定作为这样一个网络所实现的它的拓扑域而存在。”①

在马图拉纳和瓦若拉看来,生物就是这样一种具有自创生的组织。虽然形成这种组织的物理组成在物质和能量方面相对于环境是开放的,但组织本身却是封闭的,因而只能参照其自身的内部关系和过程加以刻画。他们认为,基本的是生命组织作为统一体的自主特征,而自我繁殖、自我复制和进化等是在物理空间中的自创生系统的派生现象。这样,他们拒绝那种把遗传和生物信息看作是内在于生物的基本因素。因此,与上述的道金斯的观点不同,马图拉纳和瓦若拉所提出的描述生命现象的组织理论并没有

① 转引自 M. A. Boden, “Autopoiesis and Life”, *Cognitive Science Quarterly* 1, 2000, pp117 - 145。

采用复制、编码等信息和信息处理的概念，本质上是一种非表征的自组织动力学理论。

我们认为，马图拉纳和瓦若拉关于生命的自创生观点，从整体上刻画了生命作为功能组织的新陈代谢特征，故由此而建立的组织理论适用于对生命系统的动态过程进行现象学上的描述，而作为对生命本质的解释性理论却存在着严重的不足。第一，他们所提出的生命定义，实质上也是基于功能特征，而对于由什么物质材料和物理结构来实现这样的功能组织则不加考虑，所以是一个非常一般和抽象的定义。这样的方式从表面上看似乎更能把握生命的本质，但容易产生的问题是，存在着一些满足这种定义的系统，而通常我们并不认为它们就是生命系统或生物，比如，一些无机化学的系统、企业组织甚至整个社会。因此，如果把在物理空间中的自创生作为一个系统是生物的必要和充分条件，那就违反了人们的日常直觉。第二，如果不考虑构成一个自主生物的内部组元的性质和行为，就难以理解它为何能够具有这样一种自创生的特征，也就是说，理论本身将缺乏足够的解释力。也许有人会说生命的这种特征是整体的、不可还原的。但是，我们在前面已经论证过，哪怕是为了认识一个复杂系统的整体特征，运用还原方法虽然不一定充分，却是必要的，否则实际上取消了对系统的科学认识。第三，马图拉纳和瓦若拉拒绝运用信息概念来刻画生命的特性。如果坚持这样一种态度来认识生命系统，那就等于剥夺了分子生物学家和生物信息学家的工作语言。可事实上，信息或计算的语言在当代生命科学中不仅得到广泛的、自然的使用，而且这种使用又是那样富有成效。因此，即使信息或计算的语言起初具有较强的隐喻性，但随着时间的推移，隐喻的痕迹也已明显减退，或者说这些隐喻已经成了“死隐喻”。这样看来，他们拒绝运用信息概念作为刻画生命本质的态度，将不会得到大多数生物学家的响应。事实上，马图拉纳和瓦若拉关于生命本质的观点尽管具有新颖性和概括性，却并没有成为一种主流的主张。

因此，在探讨生命的本质特性时，不应该回避信息概念以及与之相关联的其他概念和思想。基于这样一种态度，我们更倾向于运用道金斯的思路来把握生命的本质。不过，道金斯的学说存在着一个难以认同的主张，即认为生命的本质就体现在基因的复制和对其的自然选择之中，而更高层次的生命组织只是为自私的基因的生存和传递而服务的过渡载体，是一种派生的副现象。之所以难以认同，主要的原因在于地球上所有的自主生物都以细胞的形式生存，因此，在界定生命的本质时就不应该不考虑细胞所具有的特性，而这恰恰是马图拉纳和瓦若拉想强调的。

那么，是否存在这样一种可能性，即可以把上述两种关于生命的观点置于一个更为基本的框架下来考察，从而达到两者的整合呢？回答是肯定的。这就是关于生命的计算主义框架，而依据便是计算的普适性。这种普适性允许我们可以在生物大分子和细胞这两个关联的层次上来统一地把握生命的本质特性。

也许有读者会产生这样的疑问：既然从计算主义的视角看，宇宙中的一切皆为计算，那么，认为生命是一种计算或一个信息处理过程不就变成陈词滥调了吗？这里，关键之处在于，主张生命是计算并不意味着这种计算与我们人造的计算机或其他非生命的系统所进行的计算在性质上没有什么差别。为了把握体现生命本质的计算与其他计算究竟有什么不同，我们需要先来考察一下当代生命科学中人们是怎样从计算或信息处理的观点来认识生命现象的，以及由此而获得的富有成果的新发现。

第二节　生物的计算机器

自从1953年沃森和克里克等人揭开DNA分子的结构之谜后，对生命的理解发生了革命性的变化。人们发觉，当把认识生命本质的视线投到像DNA这样的生物大分子上，运用信息或信息处理的语言显得那样自然和不可抗拒。如今，只要翻开任何一本分子生物学或基于分子生物学所撰写的专著和教科书，你就能感受到这种自然性和不可抗拒性。

DNA（脱氧核糖核酸）是我们这个星球上几乎所有自然生命的共同和主要的物质基础，这已经成为一个不容辩驳的科学事实。从组元和结构上看，

DNA 是由核苷酸链接而成的双螺旋体,其中核苷酸由糖、磷酸和含氮碱基组成,而含氮碱基是携带遗传信息的亚分子结构,且有四种:腺嘌呤(A)、胸腺嘧啶(T)、鸟嘌呤(G)和胞嘧啶(C)。在双螺旋体中,碱基位于内侧,并且 A 一定与 T 配对,G 一定与 C 配对。

生命的遗传信息就存储在由相互配对的碱基所形成的序列中。重要的是,在认识遗传信息如何表达和复制时,我们不必考虑这些化学分子的具体组成和结构,而只需抽象地关注它们表征信息的能力。这样,碱基 A、T、G 和 C 就像字母表中的字母,而所形成的序列则是由这几个字母所写成的指令集。由于这个序列可短也可长,所以几乎可以用任何希望的方式来书写,这就能很好地说明 DNA 灵活多变的特性。

我们知道,DNA 的一个基本功能是进行自我复制。复制的基本方式是先把原来的双链解开成为两股单链,然后以每股单链作为模板,依据碱基配对的法则去合成另一股单链。这样一来,就可以得到与原来那条双螺旋体具有相同信息的两份拷贝,而每份拷贝中各有一股出自原来的双螺旋体。可以看出,当用这样的方式来认识 DNA 的复制过程时,我们实际上是把它看作一个计算的过程。在这个过程中,遗传信息进行了传递和保存等操作。所以,在计算的观点看,DNA 是一种不断地复制信息的分子机器。

在 DNA 中所存储的信息有一个重要特点,这就是它以"数字"的方式存在。与通常所使用的计算机代码相比,DNA 的代码不是二进制而是四进制的,即有 A、T、G、C 四个符号。然而,由于这四个符号要以互补的方式相配对,所以实际也只有两个独立的符号。既然基因实质上就是具有遗传效应的 DNA 片断,因此,正如道金斯所说:"基因代码完全像计算机的机器代码一样。除了专业术语不同之外,分子生物学杂志里面的每一页都可以换成计算机技术杂志的内容。"由于信息是数字式的,所以 DNA 复制的保真度极高。"DNA 符号的复制,其精确度可与现代工程师们所做的任何事情相媲美。它们一代代被复制,仅有的极偶然的差错只足以引起变异。在这些变种中,那些在这个世界上数量增多的编码组合,当它们在个体内解码和执行时,显然能自动地使个体采取积极步骤去保持和传播同样的 DNA 信息。我们——一切有生命的物质——都是存活下来的机器,这些机器按照程序的指令,传播了设计这个程序的数据库。"①

DNA 的这种以数字的方式存储和复制信息的特性具有极其重要的科学和哲学意义。就科学意义而言,这一特性的揭示,不但使得我们能够更好地理解生命现象的内在本质,而且可以帮助我们去追溯生命起源和生物进化的脉络,因为数字式的生物遗传信息才具有很强的稳定性。而假如采用的是模拟式的信息存储方式,则复制的内容就更容易受到环境的干扰而发生退化。正因为如此,如今在包括人类的起源在内的诸多关于生物进化的研究中,基于 DNA 的分子生物学证据开始扮演越来越重要的角色。从哲学上看,一方面 DNA 信息的存储和处理方式既从一个侧面印证了宇宙结构的离散性,也可以说是对当代计算主义的有力支持;另一方面也表明了有生命的物质与无生命的物质之间并没有不可逾越的鸿沟,"关于生命核心的数字革命带来了许多结果,其中最重要的是,它给活力论者关于'有生命物质与无生命物质有极大区别'的观点以致命的最后一击"②。

不仅如此。认识到 DNA 信息的这种数字或计算特性已经为生命科学、生物工程和信息技术打开了一个极其深广的研究和应用前景。由于 DNA 信息的数字式和复制过程的计算性,生物大分子的运作方式就与我们人类所发明的(数字)计算机的运作方式之间建立了自然的关联。这种关联的一个非常重要的结果是为生命现象的研究提供了计算机这一强有力的工具,从而催生出了计算生物学和生物信息学等新兴学科。

这里,我们不妨简要地叙述一下 DNA 计算的产生过程。一般认为,利用生物的 DNA 来进行计算最早是由美国生物数学家和计算机科学家阿德勒曼(L. Adleman)在 1994 年作出的。20 世纪 90 年代初,当阿德勒曼从计算机密码学转向生物数学时,发现生物学的研究方法与他以往所了解的已经有很大的不同:不再只是在显微镜下找东西,而是既运用包括计算机在内的大量先进的仪器和设备,也运用不少数学的工具。于是,他开始阅读分子生物学的书籍,结果越读越感受到 DNA 的复制与计算机的计算过程之间那种惊人

---

① 理查德·道金斯:《伊甸园之河》,第 16—17 页。

② 同上书,第 15 页。

的相似性,“DNA 的复制是图灵机的一个生物学版本”①。基于这样的认识,他开始建构利用 DNA 来实现的计算。1994 年,他成功地在实验室中演示了 DNA 计算,用于解决计算机科学中有名的推销员旅行问题,从而开创了一个计算的新方向。

不过,尽管 DNA 具有自我复制的计算能力,但单凭这种能力本身并不足以刻画生命的本质。事实上,在一定的条件下,有些化学过程就能够体现出自我复制的能力。美国的当代理论生物学家考夫曼(S. Kauffman)为了说明生命现象起源的必然性,就曾经运用计算机实验手段论证过,虽然单个分子的自我复制几乎不可能,但如果存在一组聚集在一起的能互相复制的分子,则通过循环而实现自我复制的过程就几乎变成不可避免。他的基本思想是这样的:倘若分子 A 直接复制出分子 A,那也许只是惊人的巧合;但如果分子 A 产生出与自身不同的另一种分子 B,就不足为奇了,因为这是分子的固有性质。接着,分子 B 又产生另一种分子 C 或者同时产生 C 和 D。由于分子的种类是有限的,因而经过一段时间的化学反应后,就会出现重复的现象,比方说,A 生成 B,B 生成 C,而 C 反过来生成 A。考夫曼把由此而形成的网络叫做“集体自动催化体系”,并且据此认为:“生命,从根本上讲,并不依赖于沃森-克里克碱基对的花招儿,也不依赖于任何其他特定的模板机理。生命,从根本上讲,存在于多种分子集合起来时那种催化闭合的品性。孤立时,任何种类的分子都是死的。合起来,一旦达成催化闭合,那个集体的分子系统就是活的。”②

这样,在考夫曼看来,生命是一个自催化的过程,而活的生物就是一个有能力催化自身而维持和复制的化学物质系统。我们认为,他的这种基于自催化过程的分析之意义在于,表明了自我复制的能力并非是 DNA 的特质,而是一类化学系统的共性。但是,他由此而得出结论却并没有把握生命的实质。这是因为,固然生命从化学层面上看是一个自催化的过程,但它不仅仅是这样一个过程;生物是一个化学物质系统,但不仅仅是这样一个系统。

---

① T. Siegfried, *The Bit and the Pendlum*, New York: John Wiley & Sons, Inc., 2000, p96.

② 斯图亚特·考夫曼:《宇宙为家》,李绍明等译,湖南科学技术出版社,2003 年,第 61—62 页。

这如同我们有时候说人是一种动物，而显然，人不仅仅是一种动物。虽然考夫曼的主张使得生命的出现比我们通常想象的要容易得多，但却没有告诉我们生物与其他具有自催化能力的化学系统究竟有什么重要的差别。

由此看来，为了更好地认识生命现象，我们不能仅仅停留在自我复制能力的考虑上，也不能把生命仅仅理解为是一种化学现象。在以上的阐述中，我们着重关注的是 DNA 的复制能力，而没有对以下两个方面展开分析：一方面是 DNA 的自我复制并不能孤立、单独地完成，必须有包括多种蛋白质分子（酶）的参与才能得以进行；另一方面就是 DNA 所具有的另外一个基本功能，即“指导”蛋白质的合成。要揭示生命的特性，就必须对这两个方面加以研究，因此，我们需要把目光投向一个更为复杂的实体——细胞。

通常认为，生命功能的基本担当者是细胞，因为只有细胞才能真正自主地来实现各种生命活动，而更低一层的生物大分子（如病毒）并不能单独完成这些活动。因此，如果想把握体现生命的计算过程究竟具有什么样的特质，就应当从细胞的角度来加以认识。有趣的是，随着分子生物学的创立和发展，人们越来越意识到，把细胞看作是自然生成的（生物）计算机也许最贴切不过了。在一个细胞中，各种大分子之间的相互作用固然是一个物理或化学的过程，但如果从计算的视角看却更能够揭示其本质特征。对于细胞这台计算机而言，充当“硬盘”的正是 DNA，它不仅存储着复制自身的信息，也包括控制蛋白质合成的指令。

在此，我们可以看一看 DNA 的指令是如何控制蛋白质的合成的。这些指令以 DNA 碱基序列的形式存放在细胞核中，而蛋白质的合成场所则是细胞核外的核糖体，所以，必须有一种载体将指令信息传送到核糖体中。这是由另一种核酸即信使 RNA（mRNA）来实现的，它在这个过程中扮演“可移动盘”的角色。mRNA 也是由四种碱基组成的序列，与 DNA 不同的是其中的 T 被另一种略有差异的尿嘧啶（U）所取代了。在一些蛋白质的帮助下，DNA 中的指令以三联体（即每三个碱基组成一个密码子，共 64 个）的方式被拷贝到 mRNA 中，再由后者传送到核糖体中。蛋白质的合成还依赖于另一类 RNA，即转移 RNA（tRNA）。这种 tRNA 分子呈一定的形状，在它的一端连一个氨基酸，另一端有一个未配对的核苷酸三联体——反密码子，用于把 tRNA

连接到 mRNA 上。蛋白质合成的过程大致如下:一个核糖体在一端连接在一个 mRNA 分子上,读取那个分子编码的遗传信息的前三个碱基,然后从细胞质中活跃的化学物质场中选择具有能与这三个碱基配对的反密码子的 tRNA,并通过氢键的帮助连在 mRNA 上。在核糖体和 mRNA 拥有的 tRNA 的另一端,有一个由 mRNA 的三联体碱基所确定的氨基酸。接着,核糖体读取下一组三联体碱基,排列出对应的 tRNA,而其所连的氨基酸沿着第一个氨基酸排列下去,于是两个相邻的氨基酸在酶的作用下连在一起,并从 tRNA 上脱离。被释放的 tRNA 在细胞质中寻找另一个氨基酸,而核糖体沿着 mRNA 移动,读取下一组三联体碱基并重复整个过程。当一个核糖体读到 mRNA 的信息的末尾,它就释放出(输出)一条由氨基酸所形成的多肽链(蛋白质)。该多肽链在酶的帮助下折叠成一定的构形,从而使得它具有特定的性质和功能。

每一个懂得一些计算机工作原理的读者,看到以上的描述,几乎难以拒绝这样一种信念:在合成蛋白质的过程中,细胞就是一台计算机。也许有人会说,计算机处理和输出的是信息,细胞合成的是蛋白质,而蛋白质是一种"物质",所以,虽然两者从形式上看具有相似之处,但实质应该是不同的。这种看法存在着一个不同层面之间的概念误置或混淆的问题。当说计算机是处理信息的机器时,其实并不是从物理(硬件)的层面上看的,因为如果从物理层面看,计算机输出的应是电流;而说细胞输出蛋白质,却是从物理的层面上看的,因为从信息的层面看,细胞输出的就不是作为"物质"的蛋白质,而是由肽链生成的构形(信息)。因此,如果从信息或计算的层面看,细胞就是计算机的一类"版本"。

DNA 指导蛋白质的合成过程中,每一步都离不开已经存在的蛋白质的参与和作用。实际上,在细胞这类生物计算机中,充当逻辑元件和信息传递线路的正是各种各样的蛋白质,由它们所形成的回路不仅可以完成 DNA 的复制、自身的合成和代谢过程,而且能够对来自细胞外界的信息作出实时计算而使得细胞的各种功能得以现实。

由于组成蛋白质的氨基酸有 20 多种,它们类似于一张字母表,可以形成数量极多的多肽链,而这些多肽链又可以通过折叠、盘曲等方式形成各种各样的构形,因此,蛋白质是一类十分易变的生物大分子,其特定的、精确的构形决定能实施什么类型的化学过程。于是,两个可能的构形可以实现计算机语言的1和0。比如,对一种蛋白酶来说,1表示酶是激活的状态,反应进行;0表示不激活的状态,反应停止。这样,酶就能给细胞提供基本的计算操作。从原则上讲,任何一个将输入信号转换成输出信号的蛋白质都等同于一个计算或信息携带单元。一旦以这样的方式来看待一个活细胞中的蛋白质,就会发现基于它们的生化通道正在执行各种简单的计算任务,包括放大、整合和存储信息,例如,通道中的酶"读"基质的浓度并产生一个相应的输出(产物)。

当细胞的内部和外部环境影响蛋白质的浓度和活动时,这些蛋白质就会记录并临时保持环境的信息,因此,它们在细胞中扮演了常规计算机中随机存取记忆(RAM)的角色。由于大量蛋白质分子之间可以高度关联,它们就能像神经网络那样进行信息的传递、变换和存储,从而使得细胞能够通过监视和对环境变化作出实时的响应而达到维护和生存。为了对蛋白质的这种信息处理能力有更直观的认识,我们可以来看一看蛋白质在细胞中充当信息接收器(receptor)的机理和行为。

在一台个人计算机中,激活一个程序的信息一般来自于外部,如点击鼠标;类似地,在一个细胞中,激活计算过程的信息一般也来自外部——通过由蛋白质所组成的"端口"进入。外界信息通常以分子的形式到达,而一个细胞的周围可以充满这样的分子,如荷尔蒙和神经递质。那些由蛋白质组成的接收器往往只接受特定形状的分子。当正确信号刺激一个接收器时,它就进入行动状态。一旦捕获细胞外的信号分子,接收器就改变其位于细胞内侧的形状。这种形状的改变又引起内部其他相关的蛋白质状态的改变,从而激发决定细胞该如何行动的程序(物理层面上看是一系列化学反应)。就是说,整个由蛋白质组成的回路能够计算各种情况下细胞的反应:细胞外膜中自接收器开始的信息可以导致把蛋白质分子送入细胞核,结果这些分子可以激发DNA去指导产生新的蛋白质,以对来自外界的信息作出反应。当外界的信息改变时,细胞的反应(输出)也改变。以这样的方式看,显然,细胞的机理和行为方式与我们所用的计算机有许多共性。[①]

由此看来,把细胞看作计算机不仅仅是一种隐喻,它们实际上就是一类计算机。在这类计算机中,DNA 作为硬盘,所存储的信息被用于去激活所有的程序,而蛋白质既充当 RAM 的角色,也通过形成各种具有开关的回路来运行这些程序。在细胞合成蛋白质的过程中,一个基本的特质为,生成的产物是在 DNA 的控制下实现的。这意味着在 DNA 中所存储的信息是表征的,或者更明白地说是"关于"蛋白质的。另一方面,在外界信息的作用下,一个细胞内部的蛋白质分子或它们形成的回路的状态就会发生相应的改变,于是这些状态就将表征或记录来自外界的信息,因而也是"关于"其他东西的。我们认为,这种原初的"关于性"对于认识生命的本质和意义具有非常重要的意义。不过,在探究和分析这些意义之前,我们还需要对生物的进化过程作一番考察。

第三节　进化作为计算

我们从哪里来?显然,这是一个具有非常深刻的科学、哲学和宗教意义的问题。尽管在古代文明中,曾经有一些思想家试图通过自然的普遍演化来说明包括人类在内的生物的来历,如古希腊的哲学家阿那克西曼德就大胆地猜测人是从鱼变来的,但是,在相当长的历史时期中,关于人类和其他生物起源的问题则主要是由神话和宗教来回答的。这样的回答虽然可以使得信仰者在心理上获得一定的满足,但是其实质是拟人化的,因而从理智上讲并没有多少说服力。

随着近代科学的兴起和发展,人们对包括生命世界在内的自然界的认识方式发生了一个革命性的变化,即摒弃了拟人化的原始思维,取而代之的是自然主义的态度。这种态度引导人们从自然规律和自然条件来理解事物

---

① 上述三段的内容主要取自 T. Siegfried, *The Bit and the Pendlum*, pp101－107。

的运动和变化。自从18世纪后期康德-拉普拉斯星云学说形成以后，包括我们赖依生存的地球在内的太阳系便有了一个起源和演化的历史图景。之后，科学的迅速发展一方面揭示出自然界中事物之间的普遍联系，另一方面表明变化或演化也是事物的普遍本性。在这样一个大的科学背景下，加之地质学和生物学等领域的一系列新发现的获得，人们开始意识到，地球上的生物都是进化而来的，我们人类也不例外。①

随着生物进化的思想越来越得到科学事实的确认而变得流行后，一个自然而生的基本问题是，这种进化究竟是如何发生和为什么会发生。要科学地回答这个问题不仅需要在智力上作出巨大的努力，更要具备理智上的勇气。这是因为，在当时西方的文化背景下，任何一种试图回答进化问题的科学假说，都会与《圣经》所主张的上帝创造世界和人的教义相冲突。庆幸的是，到了19世纪初，科学和哲学已经强盛到可以不顾宗教的教义而捍卫自己的主张的程度。于是，关于生物进化的理论出现了。其中，有代表性的是1809年法国博物学家拉马克提出了基于获得性遗传的系统的进化理论，而革命性的事件则是1859年达尔文的《物种起源》的出版。在这部巨著中，达尔文详细地论证了在自然选择的作用下，从最简单的细菌一样的生物何以能够逐渐进化出缤纷复杂的生物世界。②

自从达尔文的生物进化论问世以后，人们开始广泛地接受生物进化和进化导致生物的多样性的基本观点。但是，在之后相当长的时间里，关于生物进化的机理的许多方面却一直存在着争议。这些争议包括进化变化的内在原因是什么，物种是如何产生的，以及进化过程究竟是渐进的还是间断的，等等。20世纪早期，由于由孟德尔所开创的遗传学的重新发现和随后的迅速发展，从遗传和变异的角度来理解生物物种的产生成为可能，于是，达尔文的进化论与遗传学实现了综合，从而形成综合进化论(新达尔文主义)的新范式。而日后分子生物学的诞生又进一步强化了这一范式，至今它在

---

①　“演化”和“进化”所对应的英语单词都是“evolution”。在汉语中，“演化”一般是针对整个自然界而言，而“进化”则用于生物界。在本书中，我们遵循这一习惯用法。

②　更准确地说，应该是达尔文和华莱士在1858年各自发表了关于生物进化的自然选择理论。

生命科学领域依然居于主流的地位。

综合进化论的基本主张:生物进化是遗传变异的自发产生和随后在种群中通过自然选择或遗传漂移固定变异的结果。在这种主张中,遗传变异的发生出现在基因这一层次上,且虽然变异带有一定的偏向,但总体上看是随机的,而由环境等因素所选择的基本单位则是种群。所谓种群,是指"生活在一定地区的某一物种中所有具有潜在相互交配能力的个体所组成的共同体"①。从综合进化论看来,生物进化应该理解为每一个种群中的个体经历的从一代到另一代所发生的遗传更新。于是,建立在综合进化论基础上的种群遗传学成为研究个体的表现型的适应进化、基因序列的进化和物种形成过程的自然框架,并且在实际解释各种生命现象和生物进化的多样性等方面取得了许多成功。

然而,综合进化论从产生之日起就一直受到来自生命科学内外部的质疑和挑战。概括起来,这样的质疑和挑战主要集中在两个方面。一是落实到生物表现型进化的具体模式(如间断模式)、发育进化的约束或对变异的约束、进化的方向性和表现性的稳定性等方面,基于综合进化的种群遗传理论并不能给出合适的描述和解释。例如,个体的发育并不总是允许那些选择所偏好的表现型。事实上,由遗传变化所产生的变异的表现型范围会受到生物发育系统的本性的约束,以致选择通常并不能产生表现型的戏剧性重组;相反,在发育作为一个整体的情况下,一个相对小的遗传变异可以导致很大的表现型的变化和很迅速的进化。另一种挑战则更具哲学甚至宗教意味,那就是认为单凭基因变异和自然选择无法令人满意地解释地球上生命现象的复杂性和生物所具有的目的性行为,因而需要诉诸所谓"智能设计"(Intelligent Design)假说。根据这一假说,为了说明复杂的自然生命系统的多样性和目的性特征,只有假定在自然定律和偶然性以外,还存在能够操作物质和能量的具有心智或其他智能形式的设计者。应当指出的是,当代主张智能设计假说的人主要来自于科学共同体内部,他们之所以作出这一主张在于认定:基于综合进化论对生物进化的解释是不充分的。同时,他们

① 恩斯特·迈尔:《进化是什么》,田洺译,上海科学技术出版社,2003年,第70页。

认为智能设计假说是一种具有解释力和满足可检验性要求的科学假说,并非是一种宗教。

我们认为,存在这两方面的挑战并不意味着就需要放弃综合进化论范式,但确实有必要对遗传、变异的机理以及它们与自然选择的关联作出更为本质性的理解。而达到这样一种理解的关键就是把生物进化看作一个计算的过程,从而可以用计算的思想来重新认识生物进化的实质,并化解针对综合进化论的质疑和挑战。

针对上述的第一类挑战,德国理论生物家斯塔德勒(B. M. R. Stadler)等人指出,原因是由于"选择只有在一种新的表现型借助于变异机理产生和达到后方可决定其命运。表现型并不能直接以遗传的方式改变,而是通过遗传突变和在发育中的结果而改变,所以,表现型的可达性(accessibility)是由基因型-表现型的映射来决定的:它决定了表现型如何随基因型而改变"①。基于这样的认识,他们提出生物进化是由两种映射所构成的轨迹,并给出了形式描述。第一种映射是 $g_n(g_{n-1}, t)$,即在离散的时间 t 内,对每一点 g_n 赋予一个(离散的)基因型;另一种是 $f_n(f_{n-1}, g_n)$,即对每个基因型赋予一个表现型。映射 g 描述时间和基因型之间的一对多的关系,而映射 f 则描述基因型和表现型之间多对多的关系,两者可以由接受环境或随机的输入所限定。可见,这样一种形式描述把生物的进化划分成 DNA(g 映射)随时间的变化和生物体的生长发育(f 映射)两个部分。不过这两个部分并非是独立的,而是通过 g 映射紧密地联系起来,因此,这是一种以映射的形式刻画生命如何随时间进化的一般观点。斯塔德勒等人借助对生物进化的这种形式描述,着重从计算的角度对生物体的表现型如何随时间进化作了分析。从他们所建立的计算模型已经得出的结果表明:如果考虑到生物进化中的两种映射过程,并进而对映射机理进行分析,就可以发现,对综合进化论所提出的第一类质疑可以消除,当然这也表明对它所主张的基本观点要作相应的

① B. M. R. Stadler1 and P. F. Stadler, The Topology of Evolutionary Biology, *http://www.bioinf.uni-leipzig.de/Publications/PREPRINTS/03-003.pdf*, *p2*.

修正。①

不过,从哲学、宗教乃至整个人类文化而言,理性地对待来自智能设计假说的倡导者所提出的质疑和挑战也许更有意义也更为重要,因为如果正如这些倡导者所言,包括人类自身在内的生物是某种智能活动的产物,则我们关于世界的基本图景就将发生根本性的变革。鉴于此,我们下面将着重论证生命的计算观如何可以有效地回击智能设计假说的挑战。

美国生物学家梅菲尔德(J. E. Mayfield)在几年前注意到,既然达尔文的进化论范式可由计算机科学家认作是算法的,因而催生出像遗传算法和进化计算等解决计算问题的新进路,那么,反过来就有可能从计算的角度来重新理解生物进化的本质。为此,他采纳了斯塔德勒等人把生物进化描述为由两种映射所形成的观点,并着重分析 g 映射在进化中所扮演的角色。梅菲尔德认为,对进化计算来说,映射 f 可以涵盖任何能够被描述为计算的过程,但映射 g 却并非如此。经过详细的论证,他得出这样的结论:"只有当 g 属于一类特殊现象,即叫做'带有选择的迭代概率计算'(IPCS),并且当选择是基于多个进化实体之间的竞争和相互作用时,这个过程才可称为生物意义上的进化。"②

如果把梅菲尔德得到的结论看作是一个关于生物进化的恰当理解,则生物的进化便总是能够描述为计算。为了说明这一理解的合理性,我们不妨扼要地看一看他对此所作的论证。

论证从一个众所周知的前提出发,即 DNA 的核苷酸序列里所编码的信息在生命过程中起着决定性的作用。因为 DNA 信息以离散形式编码并且所有序列的变化都是离散的,所以就可以用计算的术语来描述 DNA 序列随时间的变化;因为 DNA 的变化机理至少部分是随机的,所以合适的计算类型必须是概率的;因为旧的 DNA 序列为新的 DNA 序列提供起点,所以合适的计算过程必须是迭代的。这样,一个作为计算的 DNA 进化的模式为:

---

① 见 B. M. R. Stadler1 and P. F. Stadler, The Topology of Evolutionary Biology, *http://www. bioinf. uni-leipzig. de/Publications/PREPRINTS/*03 - 003. *pdf.*

② J. E. Mayfield, Evolution as Computation, *http://www. public. iastate. edu/ ~ jemayf/homepage. html*, p5.

图 4.3.1

不过,单独的一个 DNA 的进化模式并没有刻画整个生物的进化,它实际上只是位于生物进化模式中一个(关键的)子程序(只考虑了映射 g)。所以,如果要描述生物的进化,就需要引入选择因素对生物体的表现型的作用。这样,一个更为一般和整合的进化模式将是:

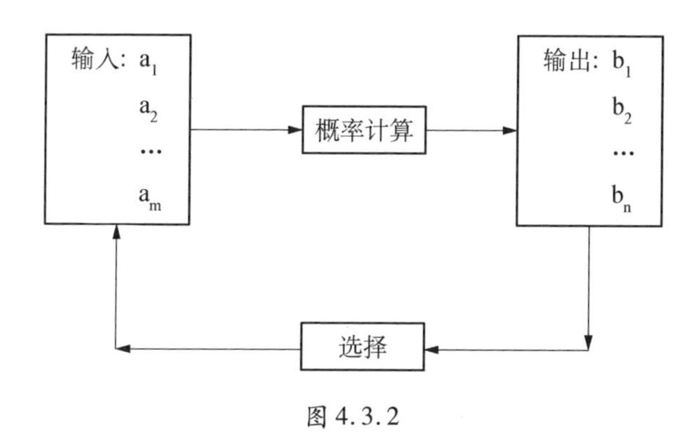

图 4.3.2

梅菲尔德把这类计算叫做"带有选择的迭代概率计算",并且认为它的一个典型特征是,与非随机的选择相组合的随机输入能够增长地生成非随机的输入。也就是说,对于这类计算而言,虽然起始的输入(或状态)是随机的,但在相对确定的选择标准的作用下,所产生的输出(作为再输入)能够降低随机性而达到一定程度的有序性。如果结合计算机科学中运用遗传算法和进化计算解决问题的实践来看,这类计算可以显现出种群和进化遗传学家所熟悉的各种现象,如错误的突变、进化的稳定性和革新的产生。①

这个过程中显然包括 DNA 的进化,而选择实际上起着信息处理的作用。这个简单的结论从科学和哲学上看具有很深的意蕴。它表明,活的生物体

① 见 J. E. Mayfield, Evolution as Computation, *http://www. public. iastate. edu/ ~ jemayf/ homepage. html*, pp15 - 16。

中的信息保存下来复制更多的生物体，所以，DNA 不仅存储关于个体的信息，而且还是进化中经过选择的记录。也就是说，位于现代生物体（包括人）核心的是一个运行了 30 多亿年的迭代计算程序，而由它所传递的 DNA 信息是一条未被中断的河流，一直延伸到生命的起始。一旦我们达到这样的认识，就自然能够理解，至少地球上所有的生命是彼此相关的，而我们人类虽然是这个进化链上晚近出现的一个特殊环节，却仍然只是生物大家庭中的一员。

在这样一种生物进化的计算框架中，我们关注的是生物体中的 DNA 如何在计算过程中实现进化，但根据综合进化论，自然选择是在种群的个体层次上发生作用的，这里似乎存在着某种不一致性。然而，这只是一种表象，因为在个体层次与 DNA 层次之间并不存在不可逾越的界线：生物体繁殖，其 DNA 复制；生物体死亡，其 DNA 亦瓦解。这样，即使选择从现象上看是在生物体层次上操作，但在生物体选择和 DNA 选择之间存在着本体上的依赖性。所谓本体上的依赖性，是指 A 的存在绝对离不开 B 的存在，因而这种联系比因果联系更强。[①] 因此，对于生物进化，不管是从生物体层次上还是从 DNA 层次上来考察，所获得的基本认识应该是一致的。

现在进一步来分析梅菲尔德的带有选择的迭代概率计算是否能够合理地描述所有那些可视为生物进化的过程。可以看出，如果在这种迭代概率计算中，作为选择的环境因素是固定的，则它用于刻画的生命世界将是相当平凡的，因为迭代的结果会收敛到一个相对于固定的环境而言是最优的解。这种情形体现的是一般工程师的工作程序：在固定的规则下寻找问题的最优或最合适的解。在目前的计算技术中所运用的遗传算法和进化计算，实际上是在作为环境的标准（目标）确定的前提下，利用遗传机理来寻找优化的问题解。因此，为了刻画生物世界的多样性和复杂性的递增，就必须考虑自然选择中的实际环境。

生物进化中的选择是环境的函数，而对于一个生物体来说，实际的环境除了能符合个体生存的物质条件外，还取决于其他亦进化着的个体（包括同

---

① 因果联系中作为原因和结果的事件或实体是可以分别存在的，故是一种偶然的联系。

一种群和不同种群)。因此,如果选择更多地是基于多个进化实体之间的竞争,则所生成的结果将会比环境固定时所生成的结果更具有生物学上的意义。因此,梅菲尔德认为,一个有吸引力的可能性是把迭代概率计算所带有的选择看作是基于多个进化实体之间的竞争。基于这样的考虑,他就把生物进化的实质视作基于进化实体之间的竞争的迭代概率计算过程。

我们认为,虽然梅菲尔德所给出的生物进化的定义显得有些抽象,对于刻画生物的实际进化过程或许还比较宽泛,但是,根据他的定义并结合关于宇宙中自然系统的计算的一般观点,就不仅能够克服综合进化论所遇到的许多具体困难,更重要的是可以有效地回击智能设计假说的倡导者所发起的挑战。

智能设计假说的拥护者向综合进化论发难的主要理由之一是,单凭生物体基因的随机突变和自然选择,无法合理地解释地球上原初十分简单的生命形式何以能在相对有限的时间(比如35亿年)内进化出像我们人类这样具有高度复杂结构和行为的生物。这是因为,假设随机突变加自然选择就是生物进化的动力因素,则经过简单的数学计算就可以发现,即使把进化的时间考虑为35亿年,能够进化出高等动物的概率也几乎接近为零。一般认为,一个事件发生的概率如果小于$1/10^{150}$,那么该事件实际上就不可能出现。因此,倘若生物进化只是基因的随机突变在自然条件下的选择过程,则就无法合理地说明为什么会进化出高度复杂的生命系统。

现在,我们姑且承认这是一个来自关于进化的数学计算的质疑。但比较明显的是,对于这样的质疑,至少存在着两种可能的解决途径。一是认为上述计算事件发生概率的前提存在着对综合进化论的误解,因为在综合进化论中,基因的突变并不完全随机,而是有偏向的,此外还存在着基因漂移等其他可能导致进化呈现出一定的方向性的因素。如果考虑到这些方面,那么生物进化的速率就可能快得多,于是,关于进化的问题仍可以在综合进化论的框架内得以解决,而不必诉诸额外的力量。另一就是依据概率计算的结果断定,单凭综合进化论无法解释地球上生物的进化过程,因而需要诉诸其他的因素。根据所诉诸的因素的性质的不同,这后一条途径又有两种选择:一种是仍然采取自然主义的立场,在基因突变和自然选择之外,寻找支配生物进化的其他自然规律,比如自组织原理,以便能够合理地说明像我们人类这样的高等生物注定会在宇宙中出现;[①]另一种选择就是智能设计假说,它简单地把复杂生命系统的出现假定为是某种外在的心智或智能活动的产物。

显然,从理智和科学的角度看,智能设计假说是无法令人信服的特设性主张。首先,如果承认这个假说,那么立刻就会产生以下问题:这位或这些设计者究竟是谁?假定他或他们果真存在,那么他或他们又是来自何处?又是谁设计的?这样就会要么陷入无穷倒退,要么最终投入宗教的怀抱。其次,这种主张看起来能够做到用一个简单的假说来回答复杂的问题,而实际上拒绝了对生物进化的科学探究,让我们的理解力退回到前科学时期的水平。实际上,智能设计假说所提供的是一种拟人化的解释,而用拟人化的方式来说明生物的起源和进化正是人类原始思维的特征,虽然这样的解释多少让人在心理上获得某种满足,却不是对自然现象的科学解释。因此,在此我们拒绝对生物进化的这种拟人化解释。

事实上,从计算的角度看,这个关于生物进化的速率问题完全可以在自然主义的视野下作出恰当的解释。至于是否要在综合进化论的基础上找出另外决定进化变化的自然原理,则是一个有待进一步研究的科学问题。不过,至少在原则上,我们能够对遗传变异和自然选择的内涵作更为深入的理解的前提下来合理地化解智能设计的倡导者所提出的质疑。

在前面,我们已经论证过,作为生命的基本单位,细胞实际上就是一类生物计算机,而变异的过程则是对DNA的信息处理。我们知道,对于计算机而言,即使起始的输入是随机的,在经过一段时间的运行后,也能够产生具有一定规则的指令。而一旦这些指令得以生成,系统的有效复杂性就会增长得更快。在分析宇宙中复杂性的起源时,我们曾经介绍过由洛依德提出的“量子猴子”隐喻。[②] 因此,即使生物进化中输入的突变因素是随机的,在生物体这类计算机的运行下,产生有效复杂性的速率也会戏剧性地增加。况且,现代生物学的研究已经表明,生物体中基因的突变并不是完全随机

---

① 近十几年来,理论生物学家考夫曼等人一直在致力于这方面的工作。

② 可参见第三章第四节中关于“量子猴子”的阐述。

的,而存在着一定的偏向。如果是这样的话,上述计算高等生物的产生概率的前提就存在问题,当然,更为关键的是这种计算概率的方式没有考虑到生物体是不断计算着的进化机器。

智能设计的倡导者质疑综合进化论的另一个主要理由是认为生物体具有不可还原的复杂性。这种理由首先由美国生物化学家贝赫(M. Behe)所提出。在他看来,一个不可还原的复杂系统由对基本功能起作用的相互协调匹配的部分所组成,而如果缺少或移去其中任何一个部分将导致系统的有效功能的丧失。这里,"不可还原"的意思是系统不能化归为一个更简单的功能化整体,并由它发展成为一个更丰富的系统。基于这样的理解,贝赫等人坚持认为,生物体正是属于这种类型的复杂系统。它们的各个部分是如此精巧地互相协调地去实现整体的有目的行为,因此一定是不可还原的,也就是不可能由其他更简单的系统进化而来。这样,引入一个具有强大设计能力的设计者假说似乎变得不可避免了。①

可以看出,贝赫等人用生物体具有不可还原的复杂性来否定综合进化论的论证是无法成立的。这是因为,从计算的视角看,当下生物体之所以具有不可还原的复杂性恰恰是长期进化的自然结果。我们在前面的章节中已经阐述过,即使一个看似简单的程序,在经过一段时间的运行后,也会显现出类似于生物体的不可还原的复杂性。当直接面对这种复杂现象,我们或许会对其中各个部分的精巧安排叹为观止,从而觉得应该是不可能还原的。然而,如果我们能够顺着程序的运行来跟踪其中发生的过程,那么现象上所呈现的复杂性之谜就会消解。

在此,我们不妨从梅菲尔德关于进化的计算定义出发来考察生物体的复杂性何以会不断增加的机理。不过,在这样做时,首先需要明确什么样的度量才能恰当地刻画生物体的复杂性。显然,对于生物进化而言,用于刻画随机性的算法复杂性概念是不适用的,因为生物体的复杂性并不是随机性,而是呈现出序结构的那种有效复杂性。也就是说,直观上,这样一个复杂性的度量应该是生物体增加负熵的付出。因此,一个合适的量就是我们在上

---

① 见 http://www.asa3.org/ASA/PSCF/2001/PSCF3-01Mills.html。

一章第五节中讨论过的逻辑深度或热力学深度，因为它刻画了几乎从没有什么内部组织的输入开始到输出某种确定结果的最短计算，而计算的付出正是从某些随机的东西中产生出某些非随机的东西（负熵增加）的最短步数。现在，既然生物进化是带有选择的迭代概率计算，它们的运行就会产生计算深度。问题是，是否具有特殊的倾向创造这样的深度，从而生物体的有效复杂性得以不断增加。

梅菲尔德认为，基于这种计算而并没有产生多少深度的例子是容易发现的。例如，假如有这样一个简单的进化算法，它不允许输出的长度有任何变化并且选择偏向于零，则这个算法的迭代将很快收敛至一个全部由零组成的固定长度串。由此看来，在基于带有选择的迭代概率计算的系统中，选择标准在确定趋向时起着关键作用。所以，我们需要探究是否存在特定的选择条件能够导致系统的计算深度得以不断增加。显然，如果在特定的进化系统中计算深度得到偏爱，那么也必须由选择所偏爱。对于生物体而言，这意味着计算深度具有实现有效进化的基本优势。梅菲尔德进一步指出，"深度发生的慢增长定律提供了为什么应该如此的理由"①。

从本性上看，自然选择与生物体的生存和繁殖密切相关。为了自身的生存和繁殖后代，生物体通常要面对无数依赖于时间的挑战。环境中有许多食物，也有许多毒物和天敌，这些有利或有害的资源经常丰富到难以识别和取舍的程度，考验着生物体的反应能力。因此，时间因素在生物体的资源管理中是非常关键和宝贵的。由于生物体的反应实际上是一个计算过程，所以，一种深的反应需要更多的计算付出才能产生。这样，一种具有深度的生物体就使得大多数必要的计算预先执行并以深的结构形式得以保存。也就是说，这种结构能以事先确定的方式产生更快的深反应，与此相对照，一个浅的（有效复杂性低的）生物体不能迅速地产生深的反应。当然，在许多情况下，一个生物体对所处的环境作出快的浅的反应通常是可能的，因此，如果深的结构被偏爱，则快的深的反应（基于更多的计算）必须提供进化上

---

① J. E. Mayfield, Evolution as Computation, *http://www.public.iastate.edu/~jemayf/homepage.html*, p24.

的优势。我们知道,动物的脑和高等生物中精致的代谢网络就是深的结构实例,它们已经由环境所选择,可以提供对复杂情况的迅速有效的反应。

那么,究竟是什么类型的挑战需要生物体具有深的反应能力? 明显地是,如果来自环境的挑战是完全随机的,那么计算几乎起不到什么作用;反之,若挑战是很容易预期的,则也只需最少的计算就可以了。这表明,生物系统中之所以进化出具有越来越深的结构的生物体(种群),就在于它们本身必须面对深度(有效复杂性)不断增加的环境。对于一个生物体而言,它们所面对的环境可以认为由两个部分组成,即物理环境和由其他生物体组成的生态环境。在生物界中,生物体所经历的物理环境极大部分或者是简单的重复或者是随机的,也就是相对而言计算上是不深的,而且其深度一般来说不会改变或明显地增加。因此,如果生物体只是跟物理环境竞争,则我们不能指望会进化出深的结构。然而,如果考虑到由其他生物体所组成的生态环境,则情况就发生了实质性的变化。关键之处在于,在这个生态环境中存在着其他竞争的进化生物体。在这种情况下,每个生物体都面临由其他生物体所创造的挑战。典型地,当一个反应对这样一种挑战作出时,该反应本身也创造了对其他生物体的一种挑战,于是,一种挑战、反应、再挑战、再反应的连续不断的循环就建立起来了。这种循环根本上不同于由物理环境所建立的非循环(或循环程度很低)的挑战、反应关系。在这样循环关系中,当一个进化着的生物体对另外的生物体作出反应并同时形成挑战时,选择将总是偏爱作出更有效反应的生物体,而惩罚那些反应更慢或没有作出反应的。由于有效性的一个非常重要的方面是及时性,因此,当更有效的反应由更多的计算实现并对时间产生依赖性,这样的反应就会随时间趋向于变成具有更深的结构。另一方面,具有更深结构的生物体的反应对其他生物体而言就形成了更深的挑战,于是一个偏向深度的正反馈建立起来了。这样,从计算的角度看,由计算深度所度量的有效复杂性在生物进化系统中的增加就得到了自然和合理的解释。①

① 这一段的论述主要参考了 J. E. Mayfield 的"Evolution as Computation"一文。见 *http://www.public.iastate.edu/~jemayf/homepage.html*, pp30-36。

由此看来，只要我们对生物进化的机理从计算上加以认识，不仅能够更深刻地把握综合进化论的基本思想，而且可以很好地回击由智能设计假说的倡导者所引起的挑战。事实上，对地球上自然生命的本质和生物进化的计算解释还具有另一种非常重要的科学价值，那就是启发我们对生命的一般本性进行更深入的探究。沿着这样的思路，实际上已经形成了一门新兴的学科，即人工生命。

第四节　生命的新形式

在导论中，我们已经简要地叙述过人工生命作为一门学科产生的大致背景和日期，在这里将对其形成的历史过程、研究内容和方法进行较系统地梳理和阐述，并在此基础上揭示这种生命的新形式所蕴涵的科学和哲学意义。

我们知道，人工生命这一名称由朗顿在 1986 年率先提出，意味着它的目标是创建新的人工生物体，但这一目标并未得到所有从事该研究的科学家的认同。[①] 事实上，对人工生命作为一门新兴学科的研究对象和基本目标及其所处的地位一直存在着不同的看法。不过，朗顿为《人工生命 II》一书所作的序言中表达的观点不仅改变了他自己原先的目标，而且具有较广泛的代表性。他认为，人工生命是一个致力于理解生命的研究领域，实现这一目标的方法是抽象出生物现象背后的基本动力学原理，并在其他物理媒介（主要指计算机）中重新创建这些动力学，从而能对它们进行新的实验操作和测试。这样，人工生命除了研究地球上与我们所知的生命相关联的生物现象以外，还允许我们扩展到去研究可能生命的“生物-逻辑”（bio-logic）的更大

---

① 人工的生物体一般是指在计算机或其他非生物的物理媒介中所创建的具有类似于自然生命属性的生物、生物群落，尤其是由计算机和网络所构成的虚拟世界中的数字生物或数字生态系统。这样的人工生命体具有一定的自主性和自适应性，能在虚拟世界里为争夺资源而竞争，并实现生存和进化，结果呈现出复杂的生命现象。

领域。从学科特点而论，人工生命显然属于多学科类型。它所研究的问题不但在生命科学（尤其是个体生态学和进化论）中出现，而且有些也会由人工智能、计算心理学、数学、物理学、生物化学、免疫学、经济学、人类学和哲学等学科所研究。①

人工生命的理论焦点是生物体的一个基本特征——自组织，即从低序（在更低的层次上可以包含随机的“混乱”）中自发地涌现出更高的序并加以保持。自组织不只是表观的变化，而是基本结构的自发或自主的发展，也就是说，它导源于与环境存在相互作用的系统的内在特性，而不是由某些外在的力量或设计者所强加的。作为自组织系统，生物体的属性或功能主要由其组元之间以及与环境的相互作用所决定，这些相关的作用包括化学扩散、知觉、通信、变异的过程和自然选择等。一个核心的问题是自组织和自然选择这两种因素以什么样的方式导致生物序的产生。人工生命已做的一些工作倾向于得出这样的结论：自组织产生基本的序，而自然选择则除去不适应当下环境的模式。②

虽然人工生命作为一门学科出现不过20多年，但人类对人工的生命的向往和探索却有着久远的历史。自从人类文明出现（或许更早）以后，人们就一直希望能赋予无生命的东西以生命，这反映在古代的神话、传说和之后所创作的童话中，也体现在从古至今所制作的大量拟人化的玩具和机器里。当然，我们在此所探讨的基于计算机的人工生命，就只有电子计算机的诞生才有可能出现，故与它直接相关的历史不过50余年。20世纪两位天才的数学家、电子计算机之父冯·诺依曼和图灵最先研究了运用计算机创建人工生命的可能性。从40年代末开始，冯·诺依曼就对一台机器能否通过编程来实现自我复制的问题发生了兴趣，并且在原则上给出了肯定的回答。他在DAN的分子之迷解开前，就通过思想实验得出了：任何组成自我繁殖系统的构件，无论是自然的还是人工的，都必须具有两种不同的基本功能，即一

---

① 见C. G. Langton，“Preface”，in C. G. Langton，C. Taylor，J. D. Farmer and S. Rasmussen (eds.)，*Artificial Life II*，Addison-Wesley，1992. pp. xiii－xviii。

② 见M. A. Boden，“Artificial Life”，in R. A. Wilson and F. C. Keil (eds.)，*The MIT Encyclopedia of the Cognitive Sciences*，Boston：The MIT Press，1999，pp37－39。

方面,这种构件必须起到计算机程序的功能,是一种在繁衍下一代的过程中能够运行的算法;另一方面,它必须起到被驱动数据的作用,是一个能够复制和传给下一代的描述。冯·诺依曼甚至定义了一种普适的复制机——能够复制包括自身在内的元胞自动机,并且证明了起码有一种这样能实现自我繁殖的元胞自动机模型的存在。这表明,倘若将自我繁殖看作是有生命的物体的基本特征,那么机器也可以是有生命的。而图灵则不仅奠定了电子计算机的计算理论基础和开创了人工智能研究的先河,并且证明了具有相互作用的化学扩散梯度能使得原初的均一组织中涌现出更高层次的结构。①

现在我们知道,甚至在很简单的元胞自动机中,只要把相关的低层次规则进行多次迭代,一些高层次的序就会涌现出来。然而,这样做需要有较高性能的计算机,因此,冯·诺依曼和图灵所提出的人工生命思想只有等到他俩逝世以后许久才能继续进行理论和实验性的探索。从 20 世纪 70 年代开始,陆续有人对跟人工生命相关的元胞自动机(如生命游戏)、遗传算法等各自进行理论和计算机实验的研究,但却一直没有形成一个研究的共同体,直到 1987 年,人工生命才首次作为一个新的研究领域或学科出现。②

从方法论上说,已知的创建人工生命的基本途径有两条:通过硬件(如机器人学和纳米技术中所做的)和软件(在计算机中运行程序)。由于目前的人工生物体主要是用软件来实现的,故这里我们把注意力集中在这一方面,也就是只探讨创建数字生命或数字生态系统的方法。需要指出的是,这种通过在人工基质上建构生物现象以到达对生命理解的方法与把自然生物分解为各个部分加以研究的还原途径是不同的,因为它实际上是一条合成的途径。

人工生命的主要创始人之一雷(T. Ray)认为,运用软件技术在计算机上创建人工生命可以分成两种类型:生命过程的模拟和生命过程的例示,对应

---

① 见 S. Helmreich, *Silicon Second Nature: Culturing Artificial Life in the a Digitial World*, California:University of California Press, 1998, pp49 - 61。

② 可参见第一章第四节中有关的叙述。

的创造物可以叫做模拟生命和合成生命。生命过程的计算机模拟是通过建立所研究生物的结构或进化的计算模型,把它转变为程序并在计算机上运行,然后将获得结果与观察或实验所得的进行比较,以达到对原型——所研究的生物——的认识。在早期运用计算机模拟方法研究生命现象时,常常是通过建立支配所研究的生态系统或生物群落的微分方程来实现的。而新的自底向上的模拟方法则创造一个数据结构的群体,其中数据结构的每个实例对应于单个实体。这些结构包含确定个体状态的变量,而规则决定个体之间以及它们与环境的相互作用。一旦模拟实施,这些数据结构的群体便依据局部规则发生相互作用,结果系统的整体行为就从这些相互作用中涌现出来。第二条途径是生命过程的例示。在模拟中,创建的数据结构包含表示被模拟实体状态的变量,这样,计算机中的数据被看作是对某些真实事物(如森林)的表征。而在例示中,数据并不表示其他任何事物,也就是说,例示中的数据模式被认为是具有自身品格的生命形式,而不是任何自然生命形式的模型。因此,人工生命例示的基本目标之一是把生命的自然形式和过程导入计算机这样的人工媒介,从而产生非碳基的人工生命形式。[①]不过,在这样做时,我们需要通过研究自然生命和生物的进化来获取思想和技术手段,但并不是迫使数字媒介对自然界作出非自然的模拟。应该记住的是,这个新的例示并不是有机的,它在许多基本的方面与自然生物体不同。例如,自然生物体驻留在可用欧几里得几何学描述的物理空间中,而人工生物体则驻留在计算机存储器的逻辑空间中。

生命形式和过程例示的一个典型实例是由雷本身所创造的叫做 Tierra 的数字生命世界。雷原本是一个研究热带雨林的进化和生态问题的生物学家,多年被究竟是什么创造了地球上的生命这一问题所困扰。由于迄今地球上的生物具有唯一性,无法跟其他星球上的生物样本(如果有的话)作比较研究,因而难以发现生命的普遍特性和特殊性质。于是,他开始致力于在

① T. S. Ray, “An Evolutionary Approach to Synthetic Biology: Zen and the Art of Creating Life”, in J. C. Heudin (ed.), *Virtual Worlds: Synthetic Universe, Digital Life, and Complexity*, New York: Perseus Books, 1999, pp29 - 33.

计算机中创建另一种生命形式,终于在1990年初完成了第一个例示——Tierra。雷所创建的是一个由具有自复制能力的计算机程序形式的数字生物构成的虚拟生命世界,而计算机的中央处理器和内存组成了演化过程得以进行的物理环境。自然界中,生物在竞争食物、住所、配偶以及其他自然选择因素的作用下实现进化。那些留下众多后代的基因型随着时间的推移频繁地增加,而群体中适应性差的成员留下较少的后代,它们的基因型在数量上不断减少,直至整个物种灭绝。与此相似,在Tierra世界中,数字生物为拥有更多的中央处理器的时间(代表能量)和内存空间(代表资源)而展开竞争。这些数字生物或自复制程序不断地改变自身的进化策略以互相利用,那些能够获得更多时间和内存空间的程序可以在下一代中留下更多的拷贝,反之则会被淘汰。当雷把想象出来的一段指令长度为80的具有自复制能力的程序作为祖先放入计算机中运行后,出现了许多意想不到的结果:可以说,差不多自然进化过程中的所有特征,以及几乎与地球生物相近的各类行为,都在Tierra中显现出来。[①]

目前,在设计人工生命的过程中所用的具体方法包括运用遗传算法、进化程序和人工神经网络等方法。不过,人工生命的方法论与传统的人工智能却有许多不同之处。例如,传统人工智能基于符号处理,采用的是一种自顶向下的方法,而人工生命依赖于自底向上的途径,关注的是局部而非整体的控制、简单而非复杂的规则、涌现而非程序化的行为;传统人工智能以分离的方式研究智能的每个方面,如视觉或问题求解,而人工生命则通常考虑整个生物体或大量个体所组成的群体行为、进化或共生进化。当然,人工生命与人工智能之间有着紧密的联系,因为后者的研究对象本质上是前者的一个子类。而且,随着人工智能研究进路的多样化,研究者已经开辟出像计算智能这样的新方向,并把中心转向了对智能体的研究和开发,这使得人工生命和人工智能在方法论上正日趋融合。

在对人工生命现象以及相关的方法论问题进行了一番考察和梳理以后,我们就可以来分析它所具有的重要意义。首先,人工生命的研究为我们

---

① 见约翰·L·卡斯蒂《虚实世界》,王千祥等译,上海科技教育出版社,1998年,第174—180页。

更好地认识和理解地球上生命的起源和生物的进化提供了新的方法。我们在前面已经阐述过，在达尔文的生物进化论基础上发展起来的现代综合进化论，虽然能从遗传、变异和自然选择的角度对生物的进化和多样性作出唯象的解释，但在试图解决诸如细胞的分化和发育以及生物进化的速率等问题方面遇到了难以克服的障碍。正因为如此，便出现了像智能设计这样的特设性假说和认为自然有一种固有的、自生的趋向复杂性增加的“爱好”的内在目的论假说。

对于智能设计假说，我们已经从计算的角度出发，通过对生物进化的复杂性增加的自然解释给予了反驳。事实上，通过对人工生命的研究，我们不仅可以对生物进化是一个计算过程有更深的理解，而且能够为回击智能设计假说的挑战提供更多的证据。

如果注意到自然的生物体与人工生物体在本体论上的相似性，那么由计算机所例示的人工生物体不但可以帮助我们认识生命系统的复杂性，而且能够提供自然的生物体可有某些内在机理的存在证明。英国数学家康威（J. H. Conway）提出的“生命游戏”和上述雷的 Tierra 数字生命世界及其他一系列实例表明，即使决定人工生物体进化的规则是简单的，在一定的条件下也会显现出十分复杂的现象（如竞争、生存、寄生和灭绝等），而其中既没有一个外在的“造物主”在起作用，也没有事先设定的内在目的在驱使。这与我们在第三章第四节中关于宇宙中自然系统的复杂性起源的解释相一致。因此，至少通过类比论证说明了：在解释自然界中生物的进化时，我们不必假定存在一个外在的设计者或具有内在的目的，而完全可以从支配自然系统的基本规律的固有特性方面求得认识上的理解。因为这种证明依据的是由计算机所生成的虚拟世界中人工生物体复杂性增加这一实际存在的事实，故从本质上说，所表明的是一种实现的可能性。不过，如果我们相信实在的本质是计算，而虚拟世界是实在的计算性的一种表现，那么就能把自然生命和人工生命置于一个共同的基础之上。[①] 这样，由人工生物体所提供的存在证明就显得更加有力，同时也使得我们需要对生命的本质作出新的认识。

---

① 在第六章的第四节中，我们将对此作详细的论证。

人工生物体所蕴涵的深刻哲学意义在于，既然它们也能够表现出像自我复制和自我更新等通常认为是规定自然生命的基本特征，故直觉上我们可以认为它们是一种生命的新形式，同时也说明生命现象并非一定得依赖于碳基的生物大分子。事实上，没有任何正当的理由可断定，我们所熟悉的自然生物世界应该享有独特的本体地位，也就是说不能因为某些东西原本未在我们的经验范围内就认定它们一定是非生命的。倘若这样认为，那只是人类的自我中心主义的表现。因此，我们认为，人工生物体的出现不仅说明了非碳基的生命形式是可以真实存在的，而且表明了在人类的作用下，一个无限丰富的新的生命世界正在形成。不过，就个体或类而言，认定它是否活着或具有生命只有相对于其所处的生态系统而言才有意义。我们人类已经习惯于把自己所处的自然生态系统看成是现实的实在；而如果能从计算机和网络所构成的虚拟世界内部来看，则人工的数字生物所处的电子生态系统同样也是真实存在的。因为我们人是否活着这一问题只有对生物生态系统而言才有意义，同样，要问处于虚拟世界中的人工生物体是否自主地活着也只有相对于电子生态系统而言。由此可见，虽然人工生物体是一种新的生命形式，但并不表明它们与地球上已存的自然生物体具有完全相同的意义。重要的是，人类对生命本质和意义的认识是随着自身的进化而发展的，而人工生命告诉我们，在宇宙中，实现生命的可行方式不会只有一种。这就要求我们在对待地球上出现的新的生命形式和探索外星生物的过程中能保持更加开放的心态。

第五节　生命的计算本质

在讨论了生物体作为计算机器、生物的进化作为计算过程和生命的新形式——人工生命以后，我们就可以更为概括或抽象地来分析生命的计算本质所具有的特性。相对自然界其他的和人工所创造的计算系统，体现生命特性的计算系统和实现的计算过程既存在着一般计算系统的共性，也具有一些其他计算系统所没有或并不凸显的新特性。

一个明显的特性为，在生物体中，计算的过程是在自然选择的约束下对具有一定偏向的随机输入进行不间断的迭代。这种自然选择的因素虽然包括物理环境，而更主要的是由其他提供挑战的进化着的生物体构成。由于在这样的选择条件下，快速有效的反应是取得生存和繁殖的最根本的条件，而具有更深计算结构的生物体在这方面存在着比较优势，于是，进化的结果就倾向于这种深度的不断增加，它反映了系统有效复杂性的提高。在生物体的较宏观的层次上看，这种计算的迭代过程是通过自我繁殖实现，因此，生物体的进化计算与人类目前所使用的计算机系统的发展在方式上具有很大的区别。生物进化的这种实现形式表明，我们当下所看到的各种生物体是一个运行了数十亿年的程序。在如此漫长的运行过程中，它不断地在内部变异（随机输入）和外界选择因素的作用下得以扩展、修正和特化，从而形成了许许多多既存在联系又在复杂性和多样性方面各不相同的子程序。所以，从更宏观的层次上看，生命系统是由大量子程序相互关联所形成的巨计算系统。

不过，如果仅仅从生物体的计算进化的角度来认识生命的本质，我们所做的似乎主要是一种唯象的描述，还缺乏对生物体计算过程的内在机理的刻画。一个显然的事实是，在生物体的一代代繁殖过程中，物质的组元和能量在数量方面实际上没有任何改变，因为两者分别满足质量和能量的守恒定律。因此，虽然我们都会同意生命的存在离不开一定的物质和能量作为载体，但生命本质却并不取决于它们，而恰恰就是我们在本书中反复强调的计算或信息处理。[①] 换一句话说，生物体在生存和繁殖过程中实际上并不产生和消费物质及能量，而是不断地进行信息的创造、存储和传递。联系到我们在前面对于生物体作为计算机器的一系列阐述，就可以明了：这类机器处理的是 DNA 所携带的信息（作为输入），而真正作为输出的则是经过计算的 DNA 信息。重要的是，在这种 DNA 信息中，包含了如何构建能够实现计算

① 这里，物质和能量的概念是在传统而非计算的意义上使用的，而事实上，在目前正在发展的量子引力理论中，它们可以通过信息和信息流的概念来加以规定。

的载体(蛋白质)的指令,结果使得 DAN 的信息本身得以在新的载体上继续保存和进化。由此可见,在生物体中,DNA 信息具有一个基本的特性,即其中包含着“表征”生物体中其他部分的信息,并且可以用来“指导”这些部分的合成,而这些合成的部分又能够服务于 DNA 信息自身的处理(复制和改变)。这样,以 DNA 的信息处理为核心,形成了一个从现象上看具有自我繁殖和代谢的开放式的循环系统。如果与其他物理系统或人工的计算系统作比较,则可以发现,这种通过生物体内一个组成部分去表征并指导(作为指令)其他组成部分的建构和重构的方式能够很好地刻画生物体作为计算系统的特质,因此也就揭示了生命的计算本质,即对具有表征性和指令性的信息的自我复制和更新。

用这样的方式来理解生命的本质,我们就能够对生命的定义和生物世界中发生的许多现象有更好的认识。从 DNA 信息所具有的表征性和指令性出发,我们便可以回过头来对马图拉纳、瓦若拉和道金斯所提出的生命定义进行统一地处理。由于生命活动是由自主的生物体来承担的,故从这一层次上加以认识,马图拉纳和瓦若拉所看到的就是生物体的那种自创生过程,并且在这个过程中代谢的功能得到了凸显;而道金斯的复制子观点则强调的是 DNA 这一更基本层次的生命特质。可以看出,着眼于生物体的角度再来看 DNA 在整个自创生的过程中所扮演的角色,就能够明白两种不同的生命本质的定义其实并非是不一致的。不过,从根本上说,由于道金斯的观点直接着眼于 DNA 的复制和进化,所以更容易领悟到生命的本质特性。但是,由于他采用了比较极端的还原立场,而不是将生物体置于整体的视角下来分析 DNA 所起的关键作用,也就是说没有采用整体前提下的微观分析方法,所以对生物体作为一个自主计算系统的认识就欠缺了,结果对生命本质的理解就显得不够系统和全面。与此相对照,马图拉纳和瓦若拉的生命定义虽然考虑到了生物体作为生命的承担者的整体特性,但是由于没有把握这样一个生物体在自创生过程中所“创生”的内容的实质,所以,作为生命的定义就缺少了一个最基本的特性。而我们上述的关于生命本质的理解,可以说既概括了两种定义的长处,又克服了其中存在的问题。

在理解生命本质时,凸显生物体的 DNA 信息的表征性和指令性,并考虑到生物体在其他进化实体的选择作用下计算深度不断增加的过程,具有非常深远的意义。首先,DNA 信息的这种表征性和指令性是"关于"蛋白质的,而一个事物的表征是关于另一个对象时,在当代的心智哲学中通常认为该事物具有某种意向性。这样看来,如果能够从体现生命本质的信息的特性来审视人类心智的意向性的起源,并回溯这种性质如何一步步随着生物体的计算深度的增加而自然地在人类身上涌现出来,我们或许就能够解开困扰当代心智哲学家的一大难题。[①] 第二,如果我们从信息的表征性和指令性来衡量人工生命,就可以发现,那些人工生物体也具有这样的性质。因此,相对于计算机或网络所构成的电子生态系统而言,这些人工生物体也可以看作是具有生命的系统,至少是类生物体。不过,假如它们所处的选择环境的计算深度较浅的话,那么能够进化出的结构的有效复杂性将也是浅的。第三,更为重要的是,随着生物体进化的计算过程在选择因素的作用下产生越来越深的信息结构,DNA 序列和它所提供的指令的有效复杂性也不断增加。这种复杂性的一个具体表现是由细胞作为基本计算单位的生物体的功能性组织呈现出分层结构,而且这样的结构具有系统性,从而为生物体产生更有利于在进化中获得优势的新的功能提供了可能。在这些新功能中,包括也许只有我们才具有的意识。这正如哲学家丹尼特(D. Dennet)所言:"这些非人的、不反思的、机器人似的、无心灵的分子机械的小碎片,正是所有自主性的最终基础,因而也是这个世界上的意义与意识的基础。"[②]

总之,在当代计算主义的视野下,丰富多彩的生命世界实质上也是一个不断进行着信息的创生、复制、交换和选择的计算世界,只是其中所发生的计算过程呈现出了自身的特性。这些特性使得生命世界这个巨计算系统在进化中不断增加深度,而由此所产生的后果是生物体呈现出新的功能结构和有目的的行为,并最终进化出具有心智的我们。

---

① 在下一章中,我们将详细讨论这个问题。

② 丹尼尔·丹尼特:《心灵种种》,罗军译,上海科学出版社,1998 年,第 17 页。

第五章　心智之谜

在这个星球上,“我们”无疑处于一种非常特殊的地位。尽管随着科学的发展和人们认识的不断深化,那种建立在宗教和原始思维之上的人类中心主义一次又一次地受到打击,但却并不否认这样一个事实:人类这一物种具备所有其他物种所没有的一些特性,而正是这些特性使得人类在适应自然环境以及与其他物种的竞争中处于明显有利或占优的地位。毋庸说,在这些特性中,重要的莫过于我们会运用符号语言,我们具有思维能力,我们能够把认知获得的结果外化等,而这一切概括起来表明:我们具有心智或心灵,或更确切地说是具有包括意识在内的心智。[①]

不过,虽然每一个健全的人都熟识,自己能够感知外部信息并作出反应,能够体验内心的活动,并对这些活动的结果进行反思,但是,心智究竟是什么?它与身体是什么样的关系?它是如何产生又是如何进行运作的?面对这些问题,恐怕每一个人又会感到茫然,于是便产生了所谓的心智之谜。可以想见,自从人类拥有自我意识的能力以后,对心智之奇妙的惊叹和好奇

---

① 本书中所使用的“心智”一词,对应于英语中的“mind”。在我国哲学界,许多人把“mind”译作“心灵”,但是由于“心灵”一词目前在汉语中有多种不同的用法,为避免混淆,我们不采用这一译法。

恐怕一直存在。而自从人类迈入文明社会后，对心智之谜的理性探究就已经开始，这从古希腊或我国差不多同时代的圣哲们的哲学论著中可见一斑。然而，尽管一代代哲人试图解开这个困扰着人类自身的谜团，却一直收效甚微。对于我们每个人而言，自己的心智活动可以直接体验，但却无法直接感受他人的内心活动，这似乎更进一步强化了心智之谜的神秘性和不可理喻性。

只有到了20世纪中叶，由计算机所引发的计算和认知革命才给揭开古老的心智之谜带来了曙光。现代的电子计算机不仅为人类认识世界提供了强有力的研究工具，而且产生了一系列新的思想和概念框架。结果是，人工智能、认知心理学和认知神经科学等学科诞生了，相应地，传统的心智哲学焕发出新的生机。

第一节　心身问题

此刻，冬日柔和的阳光刚刚撒到大地上，我正坐在桌上电脑的屏幕前，思考着该如何简略而又清晰地阐述"心身问题"。突然，身边的电话铃响了，我的脑子里快速一转：谁大清早就找我？便拿起话筒。原来是办公室的小张提醒我，下午在数十公里外的新校区有个会议，是学习和领会一些文件的精神，要准时参加。回到座位上，我又开始琢磨起"心身问题"来。蓦地，我感觉到喉咙在隐隐作痛。噢，大概是昨日在阴冷的细雨中行走着了凉，犯上感冒了。心想：也许吃点感冒药有点用处。噢，街路对面那家药房可以买到常用的感冒药，于是，我便起身往楼下走去……

这里，笔者之所以写下一段显得有些烦琐的个人日常生活描述，是想唤起读者注意这样一些明显的事实：作为人，我是一个有心智的主体，是一个多种多样的心智状态的"拥有者"，包括听、看、思考、记忆、相信、希望和感到疼痛等；而他人也相信我能学习和理解由符号所表达的意义（文件精神）。当然，如果你能静下来思索一下你的某个生活的片断，同样也会发现你是一个有心智的主体,是一个各种心智状态的"拥有者"。也就是说,我们都是有心智的。至于其他动物,像猩猩或狗,我们通常也倾向于它们具有某种心智,而那些很低等的动物(如昆虫)恐怕很难说它们也有心智了。不过,认定一种生物是否具有心智是一个非常棘手和困难的问题,也许在有心智与没有心智之间压根儿就没有什么明确的界线。在此,我们不准备继续探究这个问题,只要认定我们人是有心智的就够了。①

那么,我们说人有心智究竟意指什么?从某种意义上看,要回答这个问题似乎并不困难,因为我们每个人都对自己的心智状态有着直接的体验。当一个人具有心智的时候,通常具体地意指他或她能思维、记忆和知觉,有信念、意图和愿望,还有体感和情感,等等,所以,心智可以被看作是由这些因素所构成的一个集合。然而,从另一种意义上看,这是一个极难回答的问题。困难所在是由于虽然每个人能够直接体验自己的心智状态,却好像没有一种可操作的方法来获得对心智本性的理解。

为了明了这种困难性,我们不妨将对心智现象的认识与对物理现象的认识作个比较。对于自然界中各种物理系统的属性、发生的过程和事件,我们已经有了物理学、化学和生物学等相当成熟的自然科学理论。这些理论不仅能够充分地解释各种各样已经发生的自然现象,而且也可以成功地预言尚未认识的新现象。诚然,在物理的实在世界中,仍然存在着许许多多自然之谜有待于我们去揭示,但不容否认的是,科学的探究已经让我们对包括自己的身体和大脑在内的物理系统的运作过程有了越来越多的认识。虽然这种认识并不完备,但我们至少已经有了一些概念和理论去把握自然的本性或揭开自然之谜。与此相对照,我们并不能以理解物理系统的方式来理解心智状态,因为物理状态是公共可认识的,或者说可由第三人称加以研究,而心智状态却缺乏这种公共可达性,即它是私人的。更进一步,虽然我们知道感觉一阵疼痛或思考一个智力游戏问题所具有的那种体验,但这似乎并不能告诉我们产生体感或思考时心智活动的内在机理,也无助于理解心智活动与身体之间究竟存在着什么样的关联,因为凭借我们的体验根本

---

① 关于这个问题,有兴趣的读者可以阅读丹尼尔·丹尼特的《心灵种种》。

不能达到身体的物理层面。

于是,便产生了心智之谜。而在传统的心智哲学中,构成这个谜团的中心问题一般叫做心身问题。简单地说,心身问题是指心智现象与物理(身体)现象的关系是什么。不过,作为一门哲学学科的基本问题,它通常看作是由一束问题所构成的。至于具体包括哪几个子问题,不同的哲学家在表述上往往不尽相同,但总的来说实质上是一致的。在这里,我们将采用英国哲学家马斯林(K. T. Maslin)对这一问题的表述。①

马斯林认为,心身问题可以看作由三个子问题构成:(1)心智、心智状态和事件的本性是什么。这是一个关于心智地位的本体论问题。在问及该问题时,所要回答的是心智及其状态究竟由什么构成。对此,可能的选择有三种,即要么认为心智的就是物理的,要么认为心智不依赖于物理的身体而自主地存在,还有就是认为心智的和物理的源于某种更基本的东西。(2)心智的体验必定是作为某人或某存在物的体验而存在吗?直觉上,体验总是有一个拥有者或主体。问题是究竟谁能充当拥有者,他或它是位于心智体验之上还是其中。(3)心智状态如何与物理状态相关联。该疑问可以认为是隐含在前面两个问题中,因为它预设了心智状态或其拥有者是与物理状态或物理客体相区别的,而且它本身又是由两个方面构成的,即心智状态如何在物理的身体中得到体化,心智状态的改变如何引起物理状态的改变等。

回答上述三个问题(尤其是第一个问题)存在着多种不同的选择,比如说可以对某一问题或问题的某些方面作出肯定的回答,而对其他问题或方面作出否定的回答。于是,在传统的心智哲学中,形成了求解心身问题的多条不同的进路,而每一条进路又产生了相应的学说或体系。在上述的问题以及对它们的说明中,我们含糊并交替地使用了心智、心智状态和心智属性等概念,不过,倘若想要划分并阐述各种求解心身问题的学说,就有必要在本体论上对这些概念进行分析。

根据我们的研究,心智哲学中的绝大部分学说可以借助两个维度加以

---

① K. T. Maslin, *An Introduction to the Philosophy of Mind*, Blackwell Publishers, 2001, pp3－7.

区分:一个是实体维度,另一个是属性维度。如果允诺心智是一个与物理实体相分离并能够独立自在地存在的实体,那就形成了实体二元论,反之,就是实体一元论;如果允诺存在着两类不可相互归约的属性(即心智的和物理的),那就形成了属性二元论,否则便是属性一元论。把这两个维度结合起来考虑,我们大致上就可辨认心智哲学中的主要学说并加以区分。

在求解心身问题的诸学说中,实体二元论的历史最为悠久,而且一直延续到今天。在西方哲学史上,这种主张已经出现在柏拉图的哲学中;而近代,率先明确、系统地阐述和论证实体二元论的则是笛卡儿,故这种观点通常称作笛卡儿的二元论。根据实体二元论,我们的大脑或身体的物理机理原则上不能解释心智和心智状态的存在;取而代之,我们每个人具有一个非物理的实体,即心智实体,它可以独立于任何物理实体而存在,是我们的心智活动的拥有者或承担者。当一个人活着的时候,这个心智实体依附在他的身体里,并且对身体施加作用,或反过来受到身体的影响;一旦死了,它就与身体相分离。可以看出,实体二元论自然地后承属性二元论,因为实体的类型不同,就表明它们的属性不同。在笛卡儿看来,心智与身体在属性上存在着很大的区别:心智是非广延的、不可分割的,具有意识的特征,而物理的身体则是广延的、可分割的,没有意识的特征。

笛卡儿的实体二元论以及其他的变种比较符合人们关于心智以及它与身体之间关系的常识。从基于常识的民间心理学看,认为一个人是由身体和心智两种不同的实体组成似乎显得很自然。想一想这样一些经常可以听到的话:“我内心想跑得更快,可我的身体不听使唤”“你的身体没有问题,可你的心理倒有毛病”,就会发现,其中隐含地假定了心智和身体是可以分别存在的。另外,实体二元论的观点对于大多数宗教或信仰来说也显得很有意义。如果确实存在着可以与身体相分离的心智或灵魂,而构成一个人的正是这种心智或灵魂,那么,死亡就不是人生的结束,只不过是实现形式的改变。

然而,这种实体二元论的观点存在着无法克服的困难。既然心智是一个没有广延的非物理实体,它何以能与物理的身体发生相互作用?笛卡儿在论述他的二元论时就遇到了这个问题。尽管他花了大量的精力试图克服这个困难,但终究未能成功。更为重要的是,神经科学的发展越来越清楚地表明,大脑承担着心智活动的功能,一旦它受损,心智就会改变甚至缺失,因此,心智并不能作为一个独立的实体而存在;而从生物进化论的角度看,心智的产生和进化存在着一个程度不同的谱系,而并非是要么全有要么全无。所以,实体二元论的主张与当代科学之间存在着明显的冲突。正因为如此,现在已经很少有严肃认真的心智哲学家坚持这种传统的实体二元论了。

与实体二元论针锋相对的主张是心物(或心脑)同一论。从哲学背景看,这种学说是唯物主义在心智哲学中的具体体现。根据心物同一论,并不存在一个与物理实体相分离的心智实体,心智态其实就是大脑的物理态,因此,它是一种实体和属性的一元论。需要说明的是,同一论者主张心智态同一于大脑态,并非指两者在意义上是同一的,而是指称的同一。这类似于"启明星"与"长庚星"的关系:前者出现在清晨东方的天空中,而后者出现在傍晚西边的天空中,故两者的意义是不同的,但我们知道,它们却指称一个共同的对象——金星。不过,在没有进行实际的天文观测之前,我们并不能通过概念的分析来确定启明星与长庚星其实是指同一颗星。类似地,同一论者认为,心智状态同一于大脑状态并非是一种分析的真,而是一种偶然的同一,也就是说不能通过概念的分析实现还原,而需要诉诸经验的研究。因此,心智态可还原为物理态是一种本体论上的还原。

依赖于对"态"的不同解释,同一论有两种基本的形式,即"类型-类型"同一论和"特型-特型"同一论。类型-类型同一论中的态是"类型态",而特型-特型同一论中的态是"特型态"。粗略地说,特型是类型中的具体事例,如"类型-类型"中有两种类型——类和型,而每种类型各有两个特型——类类和型型。类型-类型同一论主张,心智态的每一类型同一于大脑的物理态的一给定类型。一般认为,这种主张太强,因而它没有给心智态的多重实现留下余地,所以,同一论者更倾向于采用特型-特型相同一的立场。根据特型-特型同一论,在每一时刻,出现一个例示的心智态,必也出现一个例示的物理态,并且心智态的例子就是物理态的例子,但所例示的物理态并不一定属于同一类型。比方说,假如大脑中 C -纤维的激发是产生痛感的物理态,则如果在某一时刻我的大脑中的 C -纤维激发,我就有痛感;但我有痛感,并不一定是 C -纤维激发,也可能是 D -纤维激发。这就是说,与类型-类型同一论相比,特型-特型来得更弱,它允许多重现实。

在解决心身问题方面,心物同一论具有不少优点。首先,对于心物同一论者来说,困扰二元论的心身相互作用问题被彻底消解了。既然心智态与物理态是同一的,那么所谓心身之间的因果性其实就是物理-物理的因果性,这样,既消除了心智与物理实体如何作用的问题,又满足了因果联系在物理世界中的封闭性。第二,这种主张可以帮助我们很好地理解为什么大脑的变化对心智会产生直接的影响,以及为什么大脑的复杂性与心智能力的发展是同步的。第三,主张心物同一对于从事认知神经科学的科学家来说是很有吸引力的。既然在本体论上心智态可以还原为大脑的物理态,那么通过对大脑状态的研究来认识心智不仅是可能的,而且在一定意义上也是充分的。第四,心物同一论与二元论相比无疑更简单,而通常符合简单性原则的假说更易得到人们的青睐。

但是,这种心物同一论却面临一系列的挑战和质疑。首先,心智的一个基本特征是体验和感受具有私人性和直接性,而物理的属性或过程却是公共的和间接的,因此从认知上说两者之间存在着难以弥合的裂口。另一方面,在理性的心智活动中,一个理性的人和他人需要把愿望、信念和意图协调为一致的整体,而构成这种心智约束的规则和物理的规律似乎是完全不同的。既然如此,何以能够建立着那种本体论上的还原关系?第二,同一性的陈述是对称的,即如果 A 同一于 B,则 B 就同一于 A,这样便无法论证 A 实际上是 B,而 B 实际上不是 A。如果将这种对称关系用于说明心智态与大脑的物理态之间的关系,我们就会得出一个看上去荒谬的结论:心智态实际上是大脑的物理态,而大脑的物理态实际上也就是心智态。要消除这种荒谬,也许我们借助于进化论的考虑,可以确立物理态在本体论上的优先性,但却不能避免主张存在心智和物理两种基本属性的属性二元论。第三,同一论者主张心智态(或属性)与物理态(或属性)的同一是偶然的,需要通过经验才能发现。然而,当代美国著名的逻辑学家和哲学家克里普克(S. Kripke)论证说,如果作为一个偶然的事实,心智态是大脑的物理态,则两者必然是同一的,就是说心智态必然是物理态。这种必然性是关于对象的而不是关于表述的,因而是一种本体论上的同一。比如说,虽然水是 H_2O 由经验所发现,但它们之间是必然同一的,即水 = H_2O,而这种同一性可以从关于对象的完全物理描述中推演出来。问题是,在心物同一论中,心智态与物理态在意义上是不同的,因而前者并不能从完全的物理描述中推演出来,这意味着心智态与物理态之间并不是必然的同一。例如,可以设想,有痛而没有 C -纤维的激发,或反过来有 C -纤维的激发而没有痛。[①]

与心物同一论存在联系而具体主张又不同的另一种学说就是分析行为主义。它的基本主张:关于一个人的心智或心智态的陈述在经过分析后可以等价地转换成关于他的现实或潜在的公开行为的陈述。因此,与心物同一论一样,它是一种还原的主张,不过,并不是将心智态向大脑的物理态作本体论的还原,而是还原为人的行为。需要注意的是,分析行为主义者所要还原的是陈述的意义,也就是说他们认为关于一个人的心智的陈述和行为的陈述在意义上是相同的,而这可以通过分析获得。可见,分析行为主义的主张与同一论是不同的,因为后者认为心智态与物理态的意义不同而是指称相同,故无法通过分析而需借助经验方可确认。

心智哲学中的这种分析行为主义可以说是逻辑实证主义和心理学行为主义的产生和发展的结果。在现代西方哲学中,20 世纪初兴起的逻辑实证主义无疑是最有影响的哲学运动之一。主要是基于对当时以相对论和量子论为代表的物理学革命的哲学反思以及对流行的形而上学体系的不满,逻辑实证主义者提出了一个陈述是否为科学或认识上有意义的划界标准,即意义的可证实性原则。根据这个原则,凡是关于世界的陈述(或命题),若要具有认识意义或是科学的,则必须原则上可以在经验中获得证实,也就是说可以被经验证明为真。如果将这个原则运用到关于心智的陈述上,就会发现它们是没有意义的,因为这些陈述是针对具有私人性的心智,故无法用第三人称的方式在经验中得到证实,除非它们能够转化为关于行为的陈述。哲学上的这种逻辑实证主义观点对于心理学产生了很大的影响。由于一个

① 克里普克曾对此有十分详细的论证,有兴趣的读者可以阅读他的著作——索尔·克里普克:《命名与必然性》,梅文译,上海译文出版社,2001 年,第 84—132 页。

人的心理状态和活动是不可观察的，所以，根据意义的可证实性原则，如果心理学要想成为像物理学那样的硬科学，就应该只关注可以经验检验的行为，而放弃对不可观察的心理状态和过程的描述和解释。于是，在20世纪50年代，心理学中的行为主义开始兴起。行为主义者只通过刺激-反应的方式来研究动物或人的输入、输出行为以及它们之间的关系，并否认关于心智的陈述具有科学的意义。这种行为主义的心理学研究进路转而又对哲学中的分析行为主义的形成和发展提供了经验科学方面的背景。

在求解心身问题方面，分析行为主义的主张具有自身的优点。首先，它避免了心身相互作用的问题，因为对于这种主张而言，心智并不引起行为，其本身就是行为，这样，所谓心身相互作用其实是身体的行为之间的联系。第二，这样一来，以往笼罩在心智上面的种种神秘性就消失了，剩下的是身体的内在的物理状态对各种行为模式负因果的责任。第三，传统心智哲学中的他心问题被消解了。所谓他心问题，简单地说，就是如何证明这样一个普遍的信念，即他人如同我们自己一样具有心智。如果按照分析的行为主义，关于心智的陈述就是关于行为的陈述，而一个人的行为是公开可观察的，所以这个普遍的信念只需通过行为就可确立，而并非是一个无法解决或难解之谜。不过，虽然有这些优点，分析行为主义的主张却存在着一系列严重的问题。比如说，直觉上，分析行为主义对心智态的主观内部特性的否定令人无法接受。常识提醒我们，我们对自身的状态具有体感，我们可以在内心可视化关于某些事物的体验，而这样的可感受性无法用行为的陈述加以解释。还有，分析行为主义要求把关于心智的陈述意义上等价地还原为关于行为的陈述，而要成功地实现这样的还原的必要条件是，关于行为的陈述不能包含或预设关于心智的词汇，否则就会出现恶性循环。可已有的研究表明，要满足这个条件事实上是不可能的。当然，如果更直接地主张心智即行为，则倒可以避免这种由还原引起的困难，但随之而产生的问题是该如何解释行为，结果又不得不借助于心智态的陈述。正因为存在这些以及其他难以解决的问题，加之逻辑实证主义和心理学的行为主义的衰落，致使分析行为主义在心智哲学中也没能取得主流的地位。目前，拥护者已很稀少。

除了以上介绍的几种主张，还有属性二元论和非常规的一元论等学说。然而，所有这些学说都不能令人满意地解决心身问题，而且往往由于与现代自然科学的发展不相关或不协调而未能在心智哲学以外显现出增殖力和影响力。为了克服这些学说遇到的困难，并在人工智能和认知科学的驱动下，于20世纪60年代中期，一种求解心身问题的新学说——计算功能主义诞生了。时至今日，在心智哲学中，它虽然也受到来自多方面的挑战，却依然处于主流的地位。不过，在系统地阐述计算功能主义之前，我们首先需要对导致人工智能和认知科学产生的基本假说进行阐述和分析。

第二节　认知的计算假说

从20世纪40年代后期起，通过程序的存储控制而实现普适计算的计算机开始获得广泛的应用。这些应用的一个显著特征是突破了原来意义上的计算概念（即数值计算），结果计算变成了对任何符号的形式操作，相应地，计算机也显现出以往只有人类才具备的处理符号能力。另一方面，我们在第二章中已经指出过，图灵在20世纪30年代所做的开创性工作表明普适图灵机的存在，而随后所发明的普适计算机在一定意义上可以看作是前者的物理实现。在这样的技术和科学的背景下，一个具有深远科学和哲学意蕴的问题就自然产生了：计算机能像人那样思维吗？

第一个明确、系统地阐述和分析这个问题的恰好是计算理论的开创者和最早的电子计算机设计者之一——图灵。1950年，他在国际上最有影响的哲学期刊——《心》——上发表了《计算机器和智能》这篇划时代的论文。在文中，图灵指出，要问机器是否具有智能或能不能思维，首先应当解决的是究竟何谓智能。为此，他提出了著名的“图灵测试”，并以此给出一台机器是否具有智能的操作定义。图灵测试的基本思想是这样：假设在一个屏幕后面有一台机器和一个人，而在屏幕前面则有另一个作为询问者的人（他不能看到幕后的情景）；如果这个询问者不断地向幕后的两个对象提问（通过传输装置)，却始终无法分辨哪个是人，哪个是机器，则表明该机器具备了人一样的智能或可以说它能够思维。图灵认为建造这样的计算机器是可能的，并且在文章中对可能产生的种种质疑进行了剖析和反驳。

图灵的这篇文章可以说拉开了人工智能作为一个学科诞生的序幕，而1956年在美国的达特茅斯学院所举行的那次夏季学术讨论会，则通常认为是该学科诞生的标志。①

那么，究竟什么是人工智能？这并不是一个容易回答的问题。部分原因在于人工智能是一门综合性很强的学科，与数学、逻辑学、认知心理学、计算机科学和技术的许多分支乃至哲学都存在着密切的关联，而且所包含的研究领域几乎涉及智能的所有方面，结果来自不同背景的研究者往往会对人工智能的对象和目标具有不同的理解。不过，尽管在人工智能领域中，不同的研究者对本学科所要达到的具体目标在理解上不尽相同，如有人倾向于对智能本质的纯粹探究，而另一些人则更侧重于工程的考虑，以建构有用的智能系统为己任，但这一共同体核心的多数成员对人工智能的基本目标在认识上还是一致的，那就是通过建构智能系统而理解智能，尤其是理解人类级的智能。就理解智能这一基本目标而言，人工智能理应被看作是一门经验科学。然而，与其他学科相比，人工智能作为一门科学所运用的方法却是非常独特的。通常，经验科学是在预设研究对象存在的前提下，运用观察和实验等手段获取关于对象的经验事实，并依仗人的创造性思维提出假说或理论以解释和预言经验事实。人工智能则不同。它并不着眼于对实际存在的智能系统的直接研究，而是试图通过建构人工的智能系统以达到对这些系统(包括自然和人工)及其行为的理解。由于建构人工的智能系统是一个技术创造的过程，其方法和产品本身往往可以为人所用因而具有实用价值，故人工智能又常常被认为是一种技术。正是以这样一种独特的方法，人工智能的具体目标得以有机地统一，且在学科性质上表现出既是科学又为技术的两重性。同时，这一特质也迫使人工智能研究者不仅要对付自然界的复杂性，还要处理人工系统的复杂性。

---

① 可参见第一章第三节中有关的介绍。

从人工智能发展的早期历史轨迹中,我们可以看到心理学和逻辑学对它的广泛影响。两者从一开始便导致人工智能的不同研究途径,即以西蒙和纽韦尔为代表的心理主义途径和以麦卡锡为代表的逻辑主义途径。心理主义的途径认为,人的大脑是智能活动的物质基础,因此,要揭示人类智能的奥秘,也许最终需要弄清楚大脑的具体结构。但是,如果假设人的智能活动是一个信息处理或计算的过程,而一个物理符号系统对于实现智能既必要又充分,则就可以在较高的层次上实现人的智能,这样,就可以撇开大脑具体的物理结构和机理来理解包括人在内的智能。逻辑主义的途径认为可以通过模拟人脑的功能来实现人工的智能,即通过计算机程序的运行,在效果上达到与人的智能行为相同或相似,其核心思想就是智能本质上是形式可计算的。可以看出,这两条途径虽然在出发点上并不相同,但是对于智能本质的假说则是相同的,即包括人在内的智能活动实质上是一种计算,并且对它的研究可以与具体的物理实现相分离。这一假说构成了人工智能的哲学基础。当我们把它与认知科学的基本假说统一起来考虑时,就是通常所称的认知计算主义的基本主张。

基于这种智能的计算观,早期人工智能主要集中在思维的推理机理的形式化和具体实现方面,且在数学和逻辑定理的自动证明、自然语言的机器翻译和下棋程序的研发等方面取得了一些成功。值得一提的是,从 1957 年开始,纽厄尔、肖(Shaw)和西蒙等人开始研究一种不依赖于具体领域的通用解题程序(叫做 GPS)。他们相信:通过研究和总结人类思维的普遍规律,并在此基础上建立一个通用的符号运算体系,就可以做到对于输入的任何智能问题,这个体系便能给出一个满意的解答。这就是说,虽然人们并不知道符号化的信息在大脑中如何存储,如何被比较或联结,但是计算机程序却能对符号结构进行操作,达到对人的思维的近似甚至逼真的描述。他们猜想启发式规则很可能是人类求解智能问题的核心,因此在后来发展的 GPS 中使用了启发式程序这样的弱方法。这个计划持续了十几年,所开发的程序虽然能够解决一些简单的智力问题,但是一旦问题的复杂性增大,就马上变得不再适用。事实上,这样一个万能的推理体系至今也没有创造出来。之所以失败的一个重要原因是人们在实际解决问题时,并不仅仅是依据抽象的推理规则行事,很大程度上还取决于已有的知识、所处的情景和人所具有的其他非形式推理的能力。

针对建立通用求解问题程序所遇到的麻烦,考虑到人类在解决问题中需要运用已积累的知识的事实,从20世纪70年代开始,人工智能的研究在一定程度上转向了对具体知识的处理、表示和运用,结果出现了“知识工程”这一新领域,并在开发以知识为基础的专家系统方面获得了不少成功。不过,没过多久,人们就发现,要实现像人那样的智能需要浩繁的知识,而其中最难对付的是常识。在日常生活和工作中,人们可以运用所积累的常识来有效地解决各种各样的智力问题,但要把这些常识赋予计算机却发现比登天还难,一个几乎不可逾越的关口就是如何将常识形式化。

在人工智能发展的初期,由于在一些主要依赖于形式推理的领域的成功,研究者们曾作出许多乐观的预言,认为在不远的将来机器的智能就能够达到甚至超过人的智能。然而,随后的研究表明,要实现一般意义上的人类智能远比想象的困难和复杂,每走一小步都得付出极其艰辛的努力,而且即使考虑到知识的因素,也仍然没有取得实质性的进展。于是,大约从20世纪70年代中期起,来自人工智能外部的质疑声变得响亮起来,而在内部,那种乐观的情绪也趋于消退。

在这样的背景下,一些人工智能的学者开始反思此前从事研究所遵循的范式。这个范式的核心思想为,智能就是知识基加推理工具,或是对知识的形式处理。如今,通常将基于这一范式的人工智能称作传统人工智能。可以看出,早期的人工智能研究强调的是逻辑推理的重要性,而打出“知识就是力量”的研究者则强调知识的重要性,但范式的核心思想却没有动摇。鉴于在这一范式指导下去从事解题活动遇到了几乎无法克服的困难,一个自然而又勇敢的选择就是放弃传统的人工智能范式而另辟蹊径。到了20世纪80年代中期,随着传统人工智能范式的局限性日益暴露而出现信任危机,加之微电子技术飞速发展、计算机得以广泛普及和大规模并行处理技术开始产生,结果人工智能的研究进入了一个相对“革命”的时期。于是,一些新进路、新方法被提出,如基于行为的人工智能、进化计算,一些原有的途径重新变得活跃,如人工神经网络。

基于行为的人工智能是在以美国麻省理工学院的布鲁克斯(R. D. Brooks)为代表的一些人向传统范式发起挑战的背景下产生的。布鲁克斯认为,如果人工智能的中心目标是理解行为的智能,那么就没有必要像传统人工智能那样把研究知识和概念化置于核心地位,因为大多数智能行为能够用仔细协调的控制系统以简单特定的方式相关联而产生。而传统人工智能那种认为认知技能可以与机体相分离的观点,则是错误地预设了真实世界是很简单的,因而能够通过实时地建构世界模型的方式去表示它。但实际情况并非如此。我们面对的是一个因果联系密布的世界,在这当中真正的成功不是靠实时地建构、计算和更新世界模型,而是借助于协调感知系统和相关行为的变化来达到。于是,布鲁克斯等人提出了基于行为的人工智能。这条新途径的目的,从科学的角度看是理解人类的认知过程,而从工程的角度看则是建造完全自主的运动机器人(自主体),它们能在真实世界中与人类共存,能被人类看作是有自己权利的智能实体。为此,与传统人工智能仅仅把自主体看作是简单或抽象的模型世界中的解题者不同,基于行为的人工智能要求自主体必须处于真实的环境中,把世界作为自身最好的模型,并能对感知的输入作出实时的反应。与此相应,自主体必须是一个带有感知器和效应器的物理系统,因为只有这样才能有效地适应真实世界并为内部可能存在的符号系统确立意义奠定物理基础。这样的自主体的智能则由其各组元及其与环境之间的相互作用的动态过程来决定,故是一种突现的属性。基于这一基本思想,布鲁克斯等人首先设计了类似于昆虫的自主体,它是一种由一些相对独立的功能单元组成的分层异步分布式网络。他们的思想和实践获得了很大的成功。这样的自主体虽然没有人那样的推理和规划能力,但在适应复杂环境的能力方面却大大超过已有的其他机器人。①

与基于行为的人工智能一样,进化计算真正受到人们的重视同样是20世纪80年代以后的事。面对复杂的自然界,生物体成功地达到自适应并且得以进化的能力给人以启迪,于是便有了利用进化的机理和自然法则来解

---

① 见R. D. Brooks, Intelligence without Reason, in *IJCAI* - 91, *pp.* 569 - 599; Morgan Kaufman Publishers, Inc., 1991。

决复杂问题、产生新的更好的进化计算方法。它采用相对简单的编码技术来表示各种复杂的结构,并通过对一组编码表示进行遗传操作和优胜劣汰的自然选择,以此来指导学习和确定搜索的方向。这种计算具有自组织、自适应和自学习的特征,故能够根据环境的变化来自动地发现其中的特性和规律。而进化计算采用种群搜索解空间内多个区域的方式和独立种群可以各自演化的特征,又使得它具有本质的并行性,因而特别适合大规模的并行处理。目前,进化计算包括几个不同的分支,主要有遗传算法、演化策略、演化规划和遗传程序设计。它们虽然在算法实现方面略有差别,但都是借助生物进化的思想和原理来解决问题。这种利用进化、通过计算来获得智能的方法已经在机器学习、过程控制和工程优化等许多方面取得了成功的应用,并且成为建造具有智能的软件代理人的有效方法。

从历史的角度看,人工神经网络甚至比作为一个学科出现的传统人工智能还来得早。1943 年,美国的神经生理学家麦克坎劳珂(W. McCulloch)和数理逻辑学家匹茨(W. Pitts)就提出了首个神经网络的数学模型。在他们的模型中,神经网络由神经元和这些单元之间的突触这两部分组成,作为结点的神经元由突触彼此关联起来。在 50 年代中后期,有人试图将人工神经网络的思想用于模拟人脑的学习功能,提出了叫做感知机的神经网络学习模型。由于思想比较新颖,与人脑的学习机理似乎也很接近,所以,曾经激起一股研究的热潮。然而,没过多久,一些研究者便发现,这种感知机的学习能力十分有限,而且认为其中存在的缺陷是难以克服的,加之当时传统人工智能的范式的出现和初战告捷,人工神经网络的研究就受到了冷落。直到 1982 年,美国物理学家霍普菲尔德(J. J. Hopfield)开创性地把统计物理学的思想用于人工神经网络的建模,并发现了广泛应用的前景,人工神经网络的研究才再次掀起热潮。

简单地说,人工神经网络就是由类神经元(结点)交织连接而成的系统,其中每个单元通过激发或抑制的方式影响其他单元的活动。典型地,一个人工神经网络是一种分层的构架,包括输入层、内部表征层(或叫做隐藏层)和输出层。内部表征层的一个单元可以接受来自输入层的多个单元的信息,当这些输入单元的信息基于权重累加到某一阈值时,就处于激发状态并可向输出层的多个单元发送信息。这样，与传统人工智能采用显式的符号表示知识和推理规则不同，人工神经网络中知识和规则是通过分布的方式隐含地以激发的模式存贮在网络之中，而且同一网络可存贮各种激发模式而互不干扰。以这样的方式来表征知识和规则看起来更接近于人脑运作的机理，所以，以人工神经网络为代表的联结主义通常看作是不同于传统人工智能的一种新范式，甚至更有人认为这种新范式对认知计算主义构成了巨大的挑战。

这里简要介绍的基于行为的人工智能、进化计算和人工神经网络无疑突破了传统人工智能的思想框架，但这是否就意味着已经或正在颠覆认知计算主义这一“范式”？对此，近十几年来，国外的人工智能、认知科学和哲学等界的学者展开了热烈的讨论和激烈的争论，而且在国内的学术界也激起了一些反响。[①] 基于在前面对计算主义和认知计算主义的阐述，可以看出我们对此的回答是否定的，也就是说没有颠覆。不过，在给出详细的正面论证之前，我们需要先对认知科学的产生和发展状况进行一番考察。

如今，认知科学这一名词已经在许多介绍科学前沿研究的书籍或期刊可以见到，甚至也经常出现在大众媒体上。然而，究竟什么是认知科学？要给出一个确切的回答恐怕是非常困难的。通常认为，认知科学是对人的心智或认知的研究，但问题是以人的心智作为（主要）研究对象的学科还有心理学、认知神经科学和心智哲学，如果从科学的目标上说也应包括人工智能，所以，单凭研究对象并不能界定认知科学以及说明它产生的原因。实际上，人们是把认知科学当作一门交叉学科，即是心理学、语言学、计算机科学、人工智能、哲学、人类学和神经科学等学科相交叉形成的一门新兴学科。那么，这个“交叉区”又是什么？

事实上，我们在导论的第三节中就已经指出，对心智的理解是一个超越了任何已有学科范围的任务，但这一问题又与许多学科（如心理学、人工智能和哲学）有着内在的关联。这就决定了认知科学是一门交叉学科。形成

① 见刘晓力《认知科学研究纲领的困境与走向》《中国社会科学》2003 年第 1 期，第 99—108 页。

这个交叉区域的特征就是从事研究的人们操着共同的语言,而这种共同语言的基础就是认知科学的基本工作假说,即认知是计算或信息处理,它能够用表征(目标、信念、知识和知觉等)和对这些表征实施的操作来解释。这个工作假说提供了共同的语言规范,使得来自不同学科的研究者之间能够进行交流,即使他们以往接受训练的领域各不相同。而这个工作假说正是认知计算主义的基本主张,它规定了认知科学领域的研究者的基本任务就是探究在人类心智中发生的表征和计算的具体类型、机理和形式。

在认识和实践中,对于复杂系统行为的完全解释通常要求在几个不同的层次上展开,而高层次的结构一般不同于甚至不相似于更低层次的结构。可以看出,认知科学的工作假说实际上预设了在人的大脑或整个躯体这样的复杂系统中,存在着一个相对自主的可以描述和解释认知的中间结构层次。我们知道,就计算机而言,基本的硬件层次并不适合理解它的行为的复杂性;类似地,虽然人脑的功能从本体论上说由生化过程所决定,但这并不会使认知科学和心理学失去价值。由此可见,认知科学之所以作为一个相对独立的学科而产生和发展,很大程度上在于上述基本工作假说得以确立。

在认知科学领域,虽说绝大多数人赞同"认知或心智就是计算"这一口号式的纲领并在其指导下从事常规研究,但对它的基本内涵却并没有形成完全一致的看法。究其原因,主要是由于认知科学家来自于不同的领域,他们往往从自己专业的角度来理解或阐述心智、认知和计算这些概念的含义。不过,对于大多数认知科学家来说,计算一开始就等同于信息处理(或加工),这样他们对认知计算主义的描述强调的是心智的信息处理能力,而信息的语义把心智与世界联系起来。当然,直接采用认知的信息处理观的不仅是认知科学,还有认知心理学。与认知心理学有所不同的是,认知科学家倾向于建构各种计算模型来理解人类的认知过程,并喜欢由计算机程序来表述认知理论,而认知心理学更侧重于设计和实施各种实验来研究人类或其他动物的认知行为和过程。但是,由于两者在研究对象和基本假说上的雷同,加之同一位研究者既可以进行建模,又可以运用实验方法,结果,认知科学与认知心理学在许多情况下事实上变得难以区分。鉴于此,我们在探讨认知科学的基础和问题时,通常也就包括了认知心理学。

从与其他学科在思想上的关联程度看,认知科学与人工智能之间的关系最为密切和特殊。一方面,两门学科的大多数研究者对认知本质的理解是相同的,即都把认知或智能看作是一种计算。这是认知科学和人工智能得以产生和发展的本体论前提,没有它,研究者将失去基本的认识框架。另一方面,虽然就科学的目标而言,人工智能研究者所要达到的与认知科学家所追求的相重叠,但前者更注重的是运用工程的手段建构具有智能的人工系统,并不直接研究人的心智和智能行为。因此,人工智能在实践中是一门综合性很强的技术,它更接近计算机科学和工程(事实上通常看作是后者的一个分支),而认知科学则以人的心智作为直接的研究对象,故更接近心理学和神经科学等自然科学的学科。这两方面的关系产生了一些有趣的结果。既然两者在基本目标上重叠且在认知本质的理解上趋同,加之认知科学作为独立的学科产生之前,人工智能已经率先出现并取得了一些成功,于是,认知科学家就可以直接移植或借鉴人工智能已有的概念和方法,来建构认知的计算模型和理论。事实上,认知科学中的许多概念和思想是来自早期人工智能的研究成果,如语义网络、框架、问题空间和启发式方法,等等。反过来,由于自然智能并非是人工智能研究的直接对象,而当属认知科学等学科的范围,这样,当人工智能研究者建构人工的智能系统需要知识来源时,一种方便且可行的做法就是从以自然智能为直接对象的学科中寻求事实依据和有用的理论、方法。例如,目前人工智能中关于学习算法的研发和情感计算等方面的研究就吸收了认知科学(和认知心理学)的已有成果。

从哲学层面上看,上述的这种交互关系事实上成了认知计算主义的强化剂。这表现在,人工智能领域的研究者可以借助认知科学或认知心理学关于人类认知的计算研究来论证:人工的智能是能够通过建构计算的程序或构架来实现的;同样,认知科学家又可以利用人工智能方面所取得的进展来证立:人类的认知是一种计算。这种相互印证的方式显然会强化作为两个领域基础的认知计算主义的主张,但这样做的风险是,如果一个领域的新发展表明认知的计算假说是成问题的,就有可能对另一个领域的基础构成威胁。这种情况实际上已经出现在关于人工智能和认知科学的哲学争论中,起因主要就在于人工智能的新发展(上面介绍的基于行为的人工智能和联结主义等)似乎正在颠覆传统人工智能所确立的符号处理范式。如果确实如此,就人工智能而言似乎是一件好事,因为它有可能在关于智能的新的假说下获得新的发展,而对于认知科学来说,则问题就严重了:没有这一研究纲领,在很大程度上它便失去了存在的理由,因为这一交叉学科的产生和生存正是以预设"认知是计算"为前提的。

所幸的是,人工智能中出现的新进路和新学派事实上并没有动摇认知作为计算这个认知计算主义的基石,充其量只是表明原来人们对计算的表述不准确或不完整或存在着误解。在传统人工智能中,计算通常抽象地理解为符号的形式(显式的)操作,而实际上,任何一种计算都是一种具体的过程,与实现的物理系统不可分离。在布鲁克斯所主张的基于行为的人工智能中,假设了最基本的智能是自主体与环境的相互作用,而从我们在第四章中关于生命本质的论述中可以看出,这种相互作用恰恰是一个信息的接收、处理和输出的计算过程。至于联结主义的主张,则更没有构成对认知计算主义的挑战,因为人工神经网络的运作过程本质上就是一个个算法的实现,而且已经证明,它的计算能力也没有超过普适图灵机的范围。与传统人工智能所不同的是,这些计算并不是在显式的符号层次上描述,而是隐式地体现在亚符号层次上。因此,我们认为,人工智能的新发展实际上并没有真正对认知计算主义的核心思想构成威胁。

事实上,不管是对人工智能还是对认知科学,认知计算主义都是一个强有力的研究纲领的内核。由于我们探究的目的是顺着自然进化的轨迹探索心智之谜,所以将关注的重点放在认知计算主义对认识自然的心智所具有的科学和哲学意蕴方面。毫无疑问,正是由于认知计算主义的出现,才真正打开了人类科学地探索心智之谜的大门;而对心智哲学来说,它所带来的就是目前仍然处于主流地位的计算功能主义。关于认知计算主义的科学意义,我们将在下一节专门阐述。因此,接下去先来看一看计算功能主义在当代心智哲学中充当了什么样的角色。

前面已经提到过,针对各种求解心身问题的传统进路遇到不可克服的困难,通过吸收计算机科学技术、人工智能、认知科学和认知心理学等产生的新思想,大约在20世纪60年代中期,功能主义开始兴起,并迅速在心智哲学中取得了优势地位,且一直保持到如今。

功能主义的基本主张:心智是功能,或心智态就是大脑的功能态。为了阐明这一主张的基本涵义,我们首先需要对一个概念问题作些说明。

在关于自然类的概念中,通常可以辨认出两种不同的概念类型,即物理类和功能类。一个属于物理类的对象是依据其所组成的物质组元以及这些组元之间所形成的结构(服从自然规律)来确定的,如,原子由原子核和电子组成,遵循物理的规律,所以,“原子”是一个属于物理类的概念;而一个属于功能类的对象则并不是依据其物质组成而是由其所起的作用或担当的角色来确定的,如“手表”就是一个属于功能类的概念,凡是戴在手腕上且能够报时的装置都叫手表,而用不着去管这种装置是由机械零件还是电子元件组成的。

那么,心智属于哪一类?显然,对于功能主义者来说,它是一个属于功能类的概念。在日常的用语中,功能一般指的是一个事物所起的作用或承担的角色,而有什么样的功能则主要取决于事物的构成方式,或从系统的观点看,取决于构成系统的组元、组元之间的联系(结构)和系统所处的环境。功能的一个基本特征是具有多重可实现性,即同样一种功能可以在多个不同的物理系统中实现。这一方面意味着功能一方面可以与所实现的物质构成相分离,另一方面说明任何一种功能又离不开某种具体的物理实现。这一特性对于理解心智的功能主义主张是十分重要的。

对于功能主义者来说,思想、信念、愿望和体感等心智态并不取决于物理系统(如人脑)的内部组织,而是这种组织的功能,更具体地说,它们是由系统的感觉输入、其他的心智态和行为的因果联系所决定的。不过,由于对心智功能的认识所依据的视角不同,造成功能主义内部对心智态的意义以及其与物理态之间的联系等方面在理解上存在着差异,结果出现了分析功能主义、心理功能主义和计算功能主义等不同的子学说。

分析功能主义是为了克服分析行为主义和心物同一论所存在的困难而提出的。前面我们已经讨论过,分析行为主义者试图把关于心智的陈述的意义等价地还原为公开行为的陈述的努力无法实现,心物同一论者又因为主张心智态和物理态意义上的不同,而不得不假定心智是认识上不可还原的原初属性,结果对心智的物理主义观构成了威胁。分析功能主义者一方面主张心智态的意义可等价地还原为功能态而不是行为,这样就可以避免分析行为主义遇到的一些困难;另一方面,他们承认关于心智的概念(如思想、信念和痛)虽然不能用物理科学(如物理学、神经生理学)的语言实现意义等价的替代,但是,只要功能描述保持心智概念的意义,则心智态就可以通过考察一个系统是否具有能够充当相关功能角色的内部状态和过程而加以辨认。由于充当功能角色的是输入、内部状态和输出行为之间的因果联系,所以这种解释与物理主义相容,从而化解心物同一论所遇到的挑战。

心理功能主义主要是源于对认知心理学和认知科学的目标及方法的反思。针对心理学中的行为主义只诉诸行为或行为倾向而出现的问题,认知心理学家和认知科学家主张:关于行为的心理学理论要具备合理和有力的解释能力,就必须考虑心智状态和过程及其复杂性。不过,他们认为,认知系统的心智状态和过程虽然依赖于具体的物理实现,却是高层次的功能现象,而认识这些现象的一个基本出发点就是采用心智的信息处理观。可见,认知心理学和认知科学一开始就预设了心智是一种功能,而对这一预设的哲学阐述就是心理功能主义。根据功能主义的一般主张,我们能够得出,心智功能的刻画可以与所实现的物理载体相分离而进行,但作为认知心理学的哲学基础,心理功能主义需要明确主张的是,究竟人的什么物理构成使得心智功能被实现?对此,心理功能主义者给出的回答是,心智功能在大脑和中枢神经系统的生物过程中实现。这样,虽然对心智功能的分析可以在高层次上展开,而且这些功能并不还原为使得它们成为可能的物理构成并可以在不同的物理构成中多重现实,但需要阐述担当功能角色的因果机理,也就离不开探究神经生理的详情。心智的这种既依赖具体的物理构成又不能还原为后者的关系就是通常所说的附生(或随附)[①]关系。对于所有的功能主义来说,弄清这种附生关系的含义和实质是一个重要而又困难的问题。在后面的论述中,我们将会更详细地讨论这个问题。

---

① 我们这里所说的“附生”对应于英文中的“supervenient”。国内不少学者把这一英文单词译成“随附”。

计算功能主义则是由计算机和人工智能的思想所催生的。最早的版本由美国哲学家普特南(H. Putnam)在20世纪60年代中期提出,其基本思想直接来源于计算机的理论成果。他认为,心智与其物理实现之间的关系类似于计算机的程序与所实现的硬件之间的关系。由于计算机的程序可以由机器表来描述,而所谓机器表,就是一个规定有穷的输入、可能的内态和输出的指令集,因此,普特南主张,任何具有心智的生物都能够看作是一台(有限状态的)计算机,而心智则由机器表或程序构成。这种主张通常叫做机器态的功能主义。① 需要说明的是,在理论计算机科学中,借助机器表描述计算机程序意味着对计算概念的理解是形式的,也就是把计算看作是形式的符号操作。这样的理解对于刻画人的心智来说似乎是不够的,因为我们知道,心智具有关于世界的内容。正是这一点,已经引起了许多人对计算功能主义的质疑或拒绝。我们将在本章第四节中详细讨论这个问题。这里只想预先指出,只要能够按照本书中所阐述的关于计算的思想来理解,那么,由此而引起的对计算功能主义的质疑是可以化解的。

现在,我们来看一看上述的三个子学说之间的关系。可以发现,从根本上说,这些主张不仅在基本观点方面是一致的,而且是相互支持的。分析功能主义通过主张心智词汇可以意义等价地还原为功能的描述,一方面避免了行为主义和心物同一论所遇到的一些困难,另一方面也给心理功能主义和计算功能主义解决了同样面临的意义问题。心理功能主义虽然强调心智是高层次的现象,但它主张应当关注这种功能在大脑和神经系统中所体化的机理。如果把这种观点与计算功能主义结合起来分析,就可以发现,仅仅对计算作抽象理解的机器态功能主义是有缺陷的。不过,考虑到在心理功能主义和实际的计算实践中,计算是具体的信息处理过程,那么,不仅机器态功能主义的缺陷将得到克服,而且心理功能主义和计算功能主义的观点也会趋同。

当然,采用计算功能主义的表述,把心智看作计算,心智态看作计算态,

---

① 见 H. Putnam, "Psychological Predicates", in W. H. Capitan and D. D. Merrill(eds.), *Art, Mind and Religion*, Pittsburgh: Pittsburgh University Press, 1967, pp37-48。

从内容上看将比其他两种表述更加丰富。这是因为,如果坚持计算功能主义,那就等于主张心智不仅是一种功能,而且是一种计算功能。这虽然是一种更强的主张,但从认识论和方法论上看显得更有意义。具体地说,采用计算功能主义,首先是可以把它与人工智能和认知科学中的认知计算主义紧密地联系起来,从而形成一种关于心智的统一的哲学基础。这样,心智哲学的研究就可以从当代人工智能和认知科学的研究中汲取科学的营养,同时,对心智概念和理论的批判性或建设性的哲学分析也有助于科学家更好地把握心智现象和本性。二是与其他求解心身问题的进路相比,功能主义具有许多优势,比如抛弃了二元论的非物理的心智实体,避免了行为主义的错误,排除了心物同一论遇到的一些困难。而如果进一步采取计算功能主义的立场,则不但保留了这些优势,而且能够更好地回击或消解反对功能主义的许多论据。

不过,在进一步展开哲学的讨论之前,我们想先来分析本节中所阐述的心智的计算观究竟能够对科学地研究心智带来什么样的有意义的洞察。

第三节　认知的计算原理

显而易见,在本书所阐述的计算主义的一般框架下,如果我们只是简单地主张心智是一个计算系统或认知是一种计算,则不过是一个依赖具体论域的平淡无奇的本体论假说。这与上一章中论证生命的计算本质时遇到的情况相类似。因此,为了让这个假说具有更多的科学内涵,必须在具体研究认知系统的计算特性的基础上建构起关于认知的计算理论,而这就是认知科学家的基本任务。

在认知科学中,认知作为计算的假说实际上与另一个基本的预设相对应,即假定在大脑中存在着一个(相对)独立的组织层次,在这个层次上发生的计算过程就是认知活动。一旦采用了这样两个基本的前提,再考虑到关于大脑的机器隐喻——普适计算机,认知科学家就能够与计算机处理信息的过程作类比，从而发现建构认知的计算理论的一条有用的进路。在目前的认知理论中，许多概念和思想正是来自这种计算机隐喻。

一台普适计算机虽然从最基本的层次上说是一个物理装置，但是它之所以能够称为“计算机”而不是一堆硅原子的集合体，却是由于它能够运行各种软件来处理信息。重要的是，当人们运用计算机处理信息时，一般来说没有必要知道具体的物理实现过程，而只需考虑相对自主的软件层次，这实际上就是计算功能主义的思想来源。由于在计算机的软件层次上，发生的基本过程就是数据（或信息）的表征和对这些表征实施的操作，这样，从大脑的计算机隐喻出发，认知科学家就可以把目标定位于探究人的认知系统的具体的表征类型和操作机理，并在这些具体研究的基础上建构认知理论或模型。

另外一个来自计算机隐喻的重要思想就是认知构架（Cognitive Architecture）。在计算机科学中，计算机构架是一个非常重要的概念。它刻画程序运行的计算机系统，从性质上来说是功能性的，规定了程序设计者可用的相对固定的计算资源，并间接地反映计算机的物理属性。若把大脑的运作与计算机的运作进行类比，一个自然的结果就是假定大脑也具有一个类似的认知构架。目前，认知科学中的大多数工作是围绕着这两个方面展开的，即探索具体的计算机理和建构一个统一的认知构架。

现实的情况是，虽然多年来认知科学家和认知心理学家作了大量的努力，但是由于人类认知现象和认知系统的复杂性，一种基于计算框架下可获得公认的认知理论还没有完全建立起来。当然，这并不是说在理论建构方面认知科学家和认知心理学家没有取得什么成就。事实上，目前存在着多个已获得一定成功或有前途的方案，由人工智能的创始人之一、认知科学家纽韦尔所建立的认知模型——Soar——就是其中非常著名的一例。不过，由于本书的目的并非是专门阐述具体科学的成就，在这里并不准备花时间详细介绍这些方案。有兴趣的读者可以参阅有关认知科学或认知心理学的书籍。[①]

---

① 如 J. Friedenberg and G. Silverman, *Cognitive Sciences*, Lodon: Sage publication, 2005。

我们想着重来探究这样一个问题:将人类的认知现象基于计算主义的框架下,究竟能够得到哪些有科学意义的一般洞察。为此,首先有必要对当代科学哲学中关于科学理论的认识功能的研究结果作些简要的阐述。

近代科学的发展大大地提高了人类认识自然现象和把握自然规律的能力,同时也不可逆转地改变了人类进化的轨迹。面对科学所爆发出的巨大力量,人们又反过来对科学本身进行理性的思考,以期弄清它何以具有这般神奇的力量和可能产生的后果。于是,针对科学本身的反思出现了,其中一个重要的视角就是对科学理论进行哲学的分析,因为近代科学的一个基本特征就是以理论的形式来表达知识。这种反思性的努力导致现代科学哲学的兴起和发展。经过差不多一个世纪的发展,科学哲学已经成为整个哲学体系中重要而又具有特殊地位的子学科。

科学哲学中一个基本的问题是弄清科学理论的认识功能。简单地说,这种认识功能体现在两个方面,即运用理论对自然现象进行解释和预言。由于从基本的逻辑结构上看,科学预言是一种潜在的解释,所以,在科学哲学中研究理论何以具有这些认识功能的具体机理时,通常侧重于科学解释。20世纪初形成和发展起来的传统科学哲学,主要是将物理科学作为科学的典范来加以考察。在这样的一种背景下,一些科学哲学家发现,科学理论从形式结构上看是一种假说——演绎系统,而构成假说的主要是全称规律(一般是适合于一定范围或论域的)。因此,基本的解释模型应该体现从全称规律陈述到关于现象的陈述的推演关系。

这样一个解释模型首先由哲学家亨普尔(C. G. Hempel)等人提出,通常叫做D-N模型。在这个模型中,解释是从全称的规律陈述加上单称的条件陈述逻辑地推演出被解释陈述(待解释的现象)的过程,可以举个简单的例子来说明这样的解释是如何进行的。在冬天,当气温下降到摄氏零度以下时,通常池塘或河面上就会结冰。那么,冰为什么是浮在水面上?根据D-N模型,要解释这一现象,首先就要寻找规律。我们知道与这种情况相关的规律是阿基米德的浮力原理和力的平衡原理,但仅仅有这些规律是不够的,必须加上有关的条件,在这个例子中条件就是水和冰的比重。如果知道了这些规律和条件,我们就可以演绎地推出冰必定浮在水面上,而不是沉在水底下。

对于经典物理学而言,D－N 模型被认为是一个比较典型的解释模型,虽然并不一定适合所有的解释情形。在传统的科学哲学中,这种基于规律的解释模型被认为是科学解释的典范。然而,近半个世纪以来,科学的版图大大地扩展了,科学研究的重心也已由物理科学转向了以研究生命和心智现象为主的生命科学、心理科学和认知科学。这时,科学哲学家们发现,对这些学科来说,科学家用来解释现象的模式并不符合 D－N 模型,因为在这些领域中,一般来说没有像构成物理理论那样的全称规律。

研究结果表明,在这些以复杂的生命和心智现象为对象的学科中,科学家实际上采用的是另一种解释模式,即机理解释。这种解释现象的模式并不是基于全称的规律陈述,而是依据一个系统所具有的特定的组成部分、这些部分的组织结构或发生的过程来说明系统所呈现的功能或现象。从问题的结构上看,机理解释是要回答一个具体的系统如何运作,而不是从一般原理到特殊结果的推演。例如,在神经科学中,科学家想要理解信号是如何在神经元之间传递的,就倾向于机理解释。他们的任务是要弄清神经元本身的组成部分和各个部分之间的联系,神经元之间的连接方式,实现信号传递的基本通道及其性质,等等。如果把这些方面都搞清楚了,神经科学家就会认为已经解释了信号如何传递的问题。再如,在认知科学中,如果目的是要求解释记忆是如何发生的,那么认知科学家就会去探究大脑的哪些部位负责记忆(如海马区),信息是如何输入、编码、存储和输出的,把相关的部位和具体处理信息的过程描述出来,记忆如何发生也就算解释清楚了。

其实,这两种解释现象的模式并非不相容,而往往是互补的。即使在以规律或原理解释为主的物理学中,事实上也存在着主要用于机理解释的理论。比如说,热力学是原理性的理论,而统计物理学则是一种诉诸基本组成部分(分子)和它们之间的联系的构成性理论,所以运用它所作的解释就是机理的。

实际上,究竟采用哪种解释模型往往与所要认识的对象有关。如果一种现象的发生受普遍规律的支配且能发现这些规律,则采用规律解释模型就显得比较合理。因为这样的解释不但能够提供更强的逻辑力量,而且符合人们追求世界统一性的基本目标。然而,如果我们面对的是具有很强个性的复杂系统,比如生物和认知系统,则采用机理解释似乎显得更为合适。因为在这种情况下,普遍的规律或许难以发现,或许即使已经揭示,但由于无法与所要解释的具体现象之间建立起有效的推演关系,实际上也就变得不那么可行。

不过,问题是如今的认知科学家普遍地采用机理解释模型,是否就意味着支配认知系统的普遍原理或规律不存在,以致对所有认知现象都不得不诉诸机理解释。我们认为,回答是否定的。事实上,当认知科学家们埋头探索认知过程的具体机理时,一些试图从计算的视角来理解世界的研究者已经揭示出一些具有普适性的计算原理,而这些原理加上一定的限制条件后就能够转换成认知系统的基本原理,并可以用它们来解释认知系统的许多特性或现象。

接下去,我们就来做寻找有可能成为认知原理的探索性工作。思路的基本出发点如下:假定心智是一个计算系统这个本体论的命题得以成立,那么,认知系统就也该满足关于计算的普适原理。这种普适的计算原理究竟有哪些仍是一个需要进一步探索的科学问题。不过,至少有一些具有相当普适性的计算原理已经提出。我们认为,其中特别有意义的就是在本书第二章中已介绍过的三条原理,即物理的丘奇-图灵原理、计算等价原理和计算的不可归约原理。下面,我们来探究这三条原理如何能够转化为关于认知的原理。

从内在的逻辑结构出发,我们首先需要分析的是计算等价原理。在第二章中已经指出,这条原理由沃尔弗莱姆率先提出并作了详细的阐述,它表明不明显简单的系统在计算的复杂度上是等价的。根据这个原理,自然界中的许多系统,如果它们的行为和过程是属于类型(4)的模式,则在计算上就有同等的复杂程度。比如说,一片在风中晃动的树叶的运动过程与一个生物的新陈代谢过程在计算上具有同等的复杂性,也就是说都不可能用简单的公式来描述它们的行为。

尽管这个原理提出以后招来了不少质疑,但它至少在计算的层面上揭示了复杂系统的一个基本特性。也许这种计算等价的观点太强了,于是有人提出了弱一些的表述。例如,鲁科尔认为,沃尔弗莱姆的这条原理如果能作些修改并采用新的表述,则它将成为一条更为似真的自然原理。

沃尔弗莱姆的计算等价原理意味着,几乎所有复杂的计算都具有等价的复杂度。那么,所谓两种计算具有"等价的复杂度"究竟具有什么含义?鲁科尔认为,一种合理的解释是这两种计算之间能够彼此模拟。这里,"模拟"的意思是指在给定相同的输入态的条件下,两种计算能够输出相同的结果。由于从计算理论可知,基于普适图灵机的计算是复杂的,而一个能模拟普适计算的计算本身也是普适的,所以,沃尔弗莱姆的计算等价原理相当于以下的陈述:"几乎所有复杂的计算都是普适的。"①

然而,数理逻辑学家已经给出证明,存在着并不具有普适性的复杂计算,也就是说,存在着这样的计算,它们是复杂的(属于类型[4]),但并不能模拟其他任何计算。鉴于此,鲁科尔主张把沃尔弗莱姆的计算等价原理改成更弱一点的表述:"大多数自然地发生的复杂计算是普适的。"②这里不妨把其叫做鲁科尔原理。这种表述可能仍然太强,因此,鲁科尔建议进一步把它弱化成与不可解问题相关的一个假说。不过,为了寻找一条适合刻画认知系统的基本假说(原理),我们认为上述的表述已经可以作为一个恰当的出发点。

现在,我们来分析沃尔弗莱姆的计算等价原理和鲁科尔原理是否有可能转化为一条关于认知的计算原理。为了获得适合认知系统且更为似真的原理,我们希望它以存在命题的形式来表达。经验充分地表明,我们人类的认知系统不仅是复杂的而且具有普适性,而从计算等价原理和鲁科尔原理可知,至少存在着一些其他的计算系统是普适的,这样,我们就可以建议一个关于认知系统的基本假说:

存在着与认知系统具有等价复杂性的计算系统,或者说,存在着与认知过程具有等价复杂性的计算过程。

显然,这个假说是计算等价原理和鲁科尔原理的自然结果,而且由于采

---

① R. Rucker, *The Lifebox, the Seashell and the Soul*, p404.

② Ibid.

用存在命题的表述形式，其似真性就更高。为了方便起见，我们把这个假说叫做认知等价原理。

这个认知等价原理意味着，在自然界中，不仅我们的认知系统是复杂的和普适的，而且存在着其他具有同样复杂程度的计算系统，可以用来对人类的认知系统进行模拟。业已知道，如今广泛应用的普适计算机恰恰是普适图灵机的物理实现，因此，上述原理表明，运用普适计算机所执行的复杂计算，能够适用于人类认知过程的模拟。所以，认知等价原理尽管是一个本体论上的假说，却为人们运用计算机建模的方式来模拟和认识人的认知过程提供了方法论的依据。这样看来，认知等价原理是认知科学和人工智能之所以能够成立和取得成功的元原理。

第二条认知原理可以通过对由多伊奇提出的物理丘奇-图灵原理的分析获得。关于这条物理的丘奇-图灵原理，我们在第二章中曾作过较详细的介绍和阐述，为了便于阅读，在这里重述一下。原理的早期表述为："每个有限可实现的物理系统都能由一个通用（模型）计算机以有限方式的操作来完美地模拟。"后来，多伊奇在他的《真实世界的脉络》一书中，通过引入"虚拟现实生成器"的概念，提出了这个原理的不同甚至更强的版本。[①] 这里不打算述评多伊奇在他的书中所提出的新观点，因为就我们的目的而言，上述的早期表述就足以能给我们提供一条认知的原理。

不过，在这样做之前，我们最好先来考虑一个有用的类比。在热力学中，我们知道有关于热机的理想模型，即卡诺热机。通过对一种理想热机的分析，卡诺本人不仅得到了关于热机效率的公式，而且日后人们还从中发现了热力学第二定律。如果我们将图灵机与卡诺热机作个类比，就会发现情况非常类似。图灵当年所提出的图灵机恰是对人进行机械的（即不依赖直觉和创造因素）计算过程进行理想化的产物，所以它实际上是刻画认知（至少相当一部分）过程的一个理想的物理模型。正因为如此，如同卡诺的公式表明了一台热机所能具有的最大效率，丘奇-图灵论题表明了一个能行的计算系统所能具有的最大计算能力。如果认识到图灵机的这种物理意义，再

① 见戴维·多伊奇《真实世界的脉络》，梁焰、黄雄译，广西师范大学出版社，第112—115页。

结合多伊奇对丘奇-图灵论题的物理表述，我们就可以期待从中挖掘出适合于认知系统的原理。

从认知等价原理中，我们知道人类的认知系统在计算上是普适的，而所谓普适的，就是认知的计算能够模拟其他任何计算。另一方面，根据计算主义的基本主张，任何物理上可实现的过程都是一种计算。这样，从上述的丘奇-图灵原理出发，我们可以得到一个相对于认知系统而言的计算原理：

每个有限可实现的系统都能由认知系统以有限方式的操作加以模拟。

我们将把这个原理叫做认知模拟原理。需要说明的是，在多伊奇表述的物理丘奇-图灵原理中，“模拟”之前还有修饰词“完美地”。在英语中，“模拟”一词对应的是“simulation”，而“完美地模拟”则对应于“emulation”，意味着功能上的相同。作为一条认知原理，一种更似真的选择是相似而非相同，因此，我们去掉了“完美地”这一修饰词。另外，因为人类的认知不仅模拟物理系统，而且模拟其他（如符号）系统，所以，在原理的表述中，也去掉了“物理”一词。

与物理的丘奇-图灵原理一样，认知模拟原理是一个经验性的假说，因此，它的似真性需要接受经验的检验。不过，正如多伊奇已经指出过，对这样的一般原理，经验的事实只能起到确证的作用，而无法将其证伪。这是因为认知系统进行模拟的数量潜在地不可穷尽，故之前实施的模拟不成功并不能断定：不存在可以与对象的性质或功能达到相当符合的模拟。

其实，为了对基本假说或原理作出价值评价，存在着一个也许更为重要的标准，这就是一个原理所具有的增殖力。从科学哲学的角度看，所谓增殖力是一个原理以创造性的和富有成果的方式提出、解决问题和克服异例的能力，也是它是否包含富有启发性的思想，是否有可能朝尚未探求过的方向进行扩展的标志。一个原理的增殖力越强，由它发展和派生出来的理论越多，那它就越有可能成功。当然，这种能力只有在时间的推移中逐渐显现出来。人们只有在原理经受住了许多检验，且以富有启发性的新方式被扩充时，才能确认这种增殖力。不过，在接受经验或其他具体的检验之前，我们还是可以从已有的知识背景出发，运用分析和逻辑的方法对一个原理的增殖力进行一些事前的评价。

现在就来看一看,认知模拟原理能够给我们提供什么样的富有启发性的思想。首先,这个原理告诉我们,人类的认知系统具有模拟任何有限可实现的系统的能力,如果进一步假定这种能力就是人的基本认知能力,则可以推断出人的认知过程实际上是一种模拟过程。从认识论和认知科学的角度来看,这个结论蕴含着非常重要的科学意义。从认知过程的模拟观出发,我们至少原则上能够很好地理解认识世界的过程是如何进行的:一方面,我们运用自然的感官或测量仪器获取关于认识对象的信息;另一方面,我们在大脑中建构理论、模型并将它们实现为一个能够产生具体信息的计算结构和过程,并以此来模拟认识对象的结构和过程。一旦这种模拟输出的结果与运用感官或仪器所测得的信息在允许的误差范围内相一致,就可以认为我们已经获得了关于该对象的认识。由此可见,我们之所以能够认识世界的基本前提是由于我们拥有一种能模拟许许多多对象或系统的能力。对于认知科学而言,这种认知的模拟观打开了一个充满着有待探索的问题匣,例如,由于一个模拟的过程实质上是一个程序的运行,那么,这样的程序基于什么建构起来?如果获取知识或达到理解是一个模拟程序的运行,则什么样的程序是可以压缩的?什么样的是无法压缩?这些问题非常重要,因为它们涉及人们理解和掌握知识的具体机理。①

第二,认知模拟原理蕴含着一个可以将一般意义上的计算与认知的计算加以区分的十分重要的思想,即认知计算的表征性。认知作为一个模拟过程意味着认知系统所执行的计算是对所认识对象的表征。由于从计算主义的观点看,任何所需认识的系统本身实质上就是一种计算的结构和过程,所以认知系统的表征是一种计算关于另一种计算的模拟。这种模拟的似真性取决于两种计算的相似,而我们知道,经验上衡量这种相似的准则就是输出信息的一致性。这里,我们可以看出,认知计算的一个基本特性为,它是一种关于计算的计算,即是一种二阶的计算。在第二章中,我们已经指出过,幂等性是计算的一个基本属性,而认知计算恰恰是这种幂等性的具体体现。可以这么说,正是由于认知的过程是一种计算,而计算的幂等性又允许

---

① 这些都是有待日后进一步研究的问题。

认知计算通过模拟的方式去表征认知对象的计算，才使得人类认识和理解世界成为可能。更进一步，既然认知计算的模拟过程是关于认识对象的，那就可以对人的认知所具有的意向性特征作出合理的解释。

意向性是当代心智哲学中一个非常重要而又引起许多争议的概念。从词源上看，意向性（intentionality）出自中世纪的拉丁词——“intendere”，意思为“瞄准”（to aim at）。自从20世纪初哲学家布伦塔诺（F. Brentano）第一次把它作为一个专门的哲学术语使用以后，意向性成为一个刻画人的心智内容的重要概念。不过，目前并没有关于意向性的一种公认或统一的表述。通常的看法是，意向性指心智的内容是关于某种“东西”的，即关于性。显然，我们的信念往往是关于世界的状态或过程的，比如说“地球绕着太阳在转动”是我们关于地球的状态的信念，所以信念具有意向性；类似地，如果你有一个保护好地球的生态系统的愿望，则这个愿望是关于地球生态系统的，它也具有意向性。因此，意向性是我们的信念、愿望或意图的基本性质，也是我们的心智状态和事件具有内容的基本特征。一些哲学家认为，意向性是我们人的心智所特有和固有的属性，就是说其他动物没有这种属性，而人类所创造的人工系统（如书籍和计算机）也只有导出的意向性（由人赋予）。

这里，我们不打算对由此而引起的哲学争论展开分析①，而只是想提出这样一个问题：这种心智的基本属性是如何产生的。如果采纳认知的模拟观，这个问题的答案就变得显而易见，因为模拟就意味着心智的状态和过程是关于“某种东西”的。因此，我们认为，意向性并不神秘，只要系统的一个状态或过程与另一个系统的状态或过程之间具有一种“关于”关系，它便具有意向性。基于这样的理解，我们甚至可以认为生物中的DNA大分子就已经具备了某种意向性，因为它是“关于”蛋白质的合成或自身复制的。不过，DNA大分子本身显然并没有认识到这种“关于性”，所以不妨把这样的意向性叫做原初意向性。当然，我们这样说并不是认为人的意向性与DNA或生物体所具有的原初意向性之间没有什么区别。事实上，两者之间存在着一个重要的区别，而这已经体现在认知的模拟观中。与原初意向性不同，当我

① 有兴趣的读者可阅读丹尼尔·丹尼特对此的论述，见《心灵种种》，第27—43页。

们说一个人的认知过程是对于另一个对象的模拟时，我们并不仅仅确认了认知过程本身具有原初意向性或“关于性”，同时也确认了对于这种原初意向性的认识，而这种认识却是“关于”原初意向性的。这意味着，人的认知的模拟过程不但包含着原初的意向性，而且包含着更高阶数的意向性。这种高阶意向性是人的意识的重要特征。①

接下去，我们再来阐述来自计算思想的第三个认知原理。寻找这个原理的起点是由沃尔弗莱姆提出的计算不可归约性（或不可还原性）原理，即非简单系统的演化过程在计算上是不可归约的。在第二章中，我们已经介绍过，这里“不可归约”的意思是指对于这样的演化过程，为了获得演化的结果，中间的计算步骤是不能缩减或省略的。也就是说，除非我们能一步步展开中间的过程，否则不能事先知道演化的结果会怎样。当我们对“不可归约”作这样的理解时，计算的不可归约性原理实际上可以转换成一个更为明确的认识论上的原理。鲁科尔把它表述为：“大多数自然发生的复杂计算是不可预言的。”②其中，“不可预言的”的意思是，并不存在一个运行得更快的捷径计算能可靠地预言所给定计算的输出结果。

毫无疑问，人的认知系统是自然发生的最为复杂的系统，而我们又预设了这个系统所发生的过程在本质上是计算的，所以，从计算的不可归约原理和鲁科尔的表述中，我们自然可以推出这样一个结论：

复杂的认知过程是不可归约的。

尽管从一般的计算原理而言，这不过是一个自然的推论，但是落实到认知系统，却可以作为一个基本的原理性假说来看待，故我们把它叫做认知的不可归约原理。

从认知的不可归约原理出发，可以获得许多哲学和科学上具有重要价值的结果。一个非常有意义和有趣的应用是用来说明即使人的行为受确定的规则所支配，但为什么还会有自由意志。对此，沃尔弗莱姆已经基于计算的不可归约原理给出了说明。他的解释是这样的：虽然支配大脑神经元的

① 我们将在本章第五节中对此作进一步的阐述。

② R. Rucker, *The Lifebox, the Seashell and the Soul*, p414.

潜在规则(或规律)是确定的,但是由于计算的不可归约性,大脑整体上呈现的复杂行为并不能事先预知。也就是说,由于大脑系统所呈现的复杂行为与所执行的计算的中间过程相关联,而与支配系统的潜在规则之间具有一定的可分离性,这样一来,在整体上,大脑的复杂行为就不能事先确定,而这正是人的表观自由意志的来源。①

当然,假定认知的不可归约原理,并不排除我们人的认知过程在一定条件下是可以预言的,只是它对作出可靠的预言施加了很强的限制:对于复杂的认知过程,这个原理认为不可能作出精确可靠的预言。而如果一个认知过程是简单的,也就是说总是趋向于稳定的状态或表现为周期性的过程,则表明存在着一个可以压缩的计算程序来更快地预测它的结果。这表明,由于人的认知行为在许多情况下是这种简单过程的输出,所以作出精确可靠的预言是可能的;反之,如果认知的过程是复杂的,则根据上述的原理,就不可能作出精确可靠的预言。可见,重要的是判断人的认知过程究竟哪些是简单的,哪些是复杂的。这是一个需要进一步探索的科学问题。

如果把认知的不可归约原理与另外两个原理结合起来考虑,则可以引出一个在认识论上非常重要的问题,即对于实在世界中各种系统的演化过程,我们人的认知系统究竟能预言到什么程度。根据认知模拟原理,如果一个系统是有限可实现的,则原则上人的认知系统能够对其作出模拟,而根据计算的不可归约原理,如果待模拟的系统的演化过程在计算上是不可归约的,这表明它的计算复杂度与认知系统的计算复杂度是等价的。这样,除非存在着认知的模拟速度能指数级地超过待模拟系统的演化速度,否则实际上就不可能对其演化的结果事先作出可靠的预言。由于对于自然发生的许多系统来说,我们没有办法获得能够比它们的演化速度更快的模拟算法,所以对它们的可靠预言事实上无法作出。这显然对我们认识世界施加了一个很强的限制。但从另一角度来看,这种限制对人类来说很可能是一件好事。这是因为,正是由于凭借我们自身的认知能力,实际上无法对许许多多自然和社会现象作出准确的预言,所以才会有机遇,才需要我们去探索和创造。

---

① 见 S. Wolfram, *A New Kind of Science*, pp750－753。

试想一下,如果我们对自然、社会的发展和自己的人生轨迹都可事先预知,我们的生活还能剩下多少意义?

在这节中,我们主要是依据已有的计算原理,讨论了有可能成为认知的基本原理的几个假说以及认知的计算与一般的计算之间所存在的一些差别。无疑,这是一个有待进一步探索的巨大的科学和哲学课题,我们在这里只能提出一些初浅的建议并作出一些初步的分析。

接下去,我们将继续顺着认知的计算假说,来看一看它在求解心智之谜中究竟遇到了什么困难。

第四节 心智的难题

细心的读者可能已经发现,在前面的阐述中,我们并没有对心智和认知的确切含义作详细的辨析,还常常交替地使用这两个概念。现在到了对它们作一些分析的时候了。不过,需要事先指出的是,在目前认知科学和心智哲学等领域中,对于这些基本概念并没有公认的定义,而且在文献中也确实经常将心智和认知交替地使用。当然,这并不表明心智概念与认知概念之间没有区别。就一般意义而言,心智一词的含义比较多元,不过总括起来可以归纳为两个方面:一是指由个体的感觉、知觉、推理、记忆、思想、意愿等构成的集合,二是指个体的有意识的心理状态和事件。而认知则是指个体的包括知觉、推理、记忆、思维和学习的行为或过程。这样看来,心智概念在内涵上比认知概念要广,它除了包括关于认知方面的内容,还包括有意识的体验或者说意识。问题是,在人们的认知活动中,虽然对于完成一项认知任务(如做一个简单的加法运算),意识并非是一个必要的成分,但是,人的认知过程确实经常由意识的发生相伴随。因此,在实际活动中,人们往往不加区分地使用这两个概念。

然而,为了探究心智研究所遇到的困难和可能解决困难的进路,作出上述的分别是重要的。一旦我们认识到心智在内容上不仅包括认知而且包括意识,那么求解心智的难题就会自然地呈现出来。不过,在具体分析这种难题之前,让我们先来理一理通常称为心智的现象究竟有哪些基本类型以及它们各自有什么基本特征。

在各种各样的心智现象中,有些是属于认知的,如看、听等知觉,联想、心像等准知觉,判断、推理等思维活动,理解、记忆等学习行为;有些则是属于体验的,如痛、痒等体感,愤怒、害怕和嫉妒等情绪。这两种基本类型具有一些区别的特征,例如,由于认知是关于信息或知识的获取和加工,其内容涉及所认识的对象,故具有意向性,而像痛这样的体感则是即刻的个人感受,并不是关于其他什么的;由于认知包含关于对象的内容,所以评断认知过程的正确性并不仅仅取决于认知者,而体验是一种私人的感受,最终的评断权只能属于体验者本身。由此看来,人的心智现象其实是非常复杂的,表现之一就是存在着不同的类型。于是,一些哲学家认为,在认识心智和意识现象时,我们将碰到两类不同的问题,其中一类是相对容易解决的,也许单凭心智的计算假说就能够做到;而另一类则是难题,在这里,关于心智的计算主义将归于失败。

将意识问题分成"易题"和"难题"主要是由目前任教于澳大利亚国立大学的当代哲学家查尔默斯(D. J. Chalmers)作出的。查尔默斯的分类是针对意识现象的,但从论述中可以看出,他所使用的意识概念与我们这里所说的心智概念基本含义上是等同的,所以给出的划分同样适用于心智。在他看来,"意识"一词包含着两重意思。一是用于表示"辨认刺激,或报告信息,或监视内部状态,或控制行为的能力",与这些现象相联系的就是关于意识的"易题"(easy problems)。他认为,尽管对这些现象还有许多方面尚待认识和理解,但是从这种意义上讲,要理解一个物理系统是"有意识的"原则上并没有难以逾越的障碍,运用神经生物学或计算的术语就能够最终加以解释。二是用于表示人的主观体验,即"存在就是这般的东西"。[①] 当一种心理状态

① 这句话的英文为:"there is something it is like to be them",见 D. J. Chamers,"Consciousness and its Place in Nature", in S. P. Stich and T. A. Warfield (eds.), *Philosophy of Mind*, Blackwell Publishing, 2003, p103。

“存在就是这般的东西”时，它便是有意识的，这种意识的状态包括知觉体验、身体感觉、心理意象、情感体验和思想感受，等等。例如，当一个人感觉到一阵疼痛时，便存在如此这般疼痛的“东西”。对于这种主观体验，任何正常的人几乎不会怀疑其与一个系统（如大脑）的物理过程相相联，但是，“如何和为何物理过程引起体验？为什么这些过程不在‘黑暗中’发生，而没有任何体验的状态相伴随？”[①]查尔默斯认为，这是意识之谜的关键，也就是所谓的“难题”。他进一步指出，难题之所以难解，是因为这里的任务并不是解释行为和认知的功能。即使那些属于“易题”的功能都解释清楚了，仍然会留下一个待进一步探究的疑问：“为什么这些功能的执行伴随着体验？”[②]

可以看出，在查尔默斯所给出的划分中，与易题相对应的主要就是心智的认知方面，而难题则与心智的感受、体验等方面相应。如果这样一种划分确实成立，那么心智的计算假说和计算功能主义似乎就会陷入一种困境。这是因为，根据计算假说和计算功能主义，心智的状态是一种计算的功能状态，故很有可能它们只适用于求解易题而无法解释与难题相关的心智现象，因而不是解决心智之谜的有效理论和哲学主张。

在本章第二节中，我们已经阐述过，功能主义有许多优点，而没有介绍一些哲学家对它的批评和质疑。事实上，自从功能主义作为一种求解心身问题和解释心智现象的学说提出后，对它的批评和非难便一直没有中断。争论的焦点集中在功能主义（主要是计算功能主义）究竟是否能够解决心智的难题。现在，让我们来看看几种主要的反对意见。

根据功能主义，人的心智是一种功能，而任何功能上与人的心智等价的系统也就是心智系统。显然，这种主张具有强烈的“自由主义”色彩，因为它允诺了在人之外可以存在其他具有心智的生灵和人工地构建心智系统的可能性。然而，一个自然而生的疑问是，一个系统仅仅在功能上与人的心智等价就能充分地表明它们具有相同的心智吗？不少哲学家认为答案是否定

① D. J. Chamers, “Consciousness and its Place in Nature”, in S. P. Stich and T. A. Warfield (eds.), *Philosophy of Mind*, pp103 - 104.

② Ibid., p104.

的。主要的观点有两种：一种认为功能主义不能把握人的心智态的主观体验或感受性（qualia），另一种则主要是针对计算功能主义的，认为单凭程序的操作无法使得命题态度（如信念）获得内禀的意向性或真正的理解。有趣的是，心智哲学家在论证他们的这些观点时，几乎都是基于某种思想实验而展开的。之所以这样做倒可以理解，因为就每个哲学家而言，对自身的心智状态都有直接的体验，而相关的科学证据则相当缺乏。于是，展开论证的一条可行进路是凭借逻辑的力量，而思想实验在一定程度上能让这种力量得到充分的展现。这里，我们不妨介绍两个有名的而且多少与我们中国人有点关系的思想实验，从中可以领略到哲学家们是如何用这些实验来论证自己的观点的。

第一个是叫做“中国脑”（Chinese Brain）的思想实验，由当代美国著名的哲学家布洛克（N. Block）提出。他假想了一个由全部中国人通过一定的方式连接而成的系统，并借此来论证功能主义没有把握心智的感受性。之所以选择中国人来做这样一个思想实验，大概是出于数量上的考虑。布洛克设想的基本情形是这样的：假如中国政府信奉功能主义，为了造就一个像脑一样的系统，就可以给所有中国人都配备一个双向的信息收发器，并且规定每一个人获取或发送的所有指令都是通过这种收发器来实现的。自然地，这些指令可简可繁，信息的传递也可快可慢，但这些与所讨论问题的实质没有多大关系，重要的是每个人都能利用信息的接收和发送来与他人实现交往。现在假定每个中国人都正即时地利用收发器与其他人进行联络，那么，按照布洛克的意图，这种情景就可以用来模拟大脑中神经元之间的信号连接：单个神经元可以看作是一个相对简单的输入/输出装置，配有信息收发器的每个中国人充当了单个神经元的角色。对于单个神经元而言，是否输出信息只取决于输入处于激发还是抑制，以及是否达到一定的强度。类似地，也可以假定每个中国人是否发送信息只取决于收发器所获得的信息及其强度。这样，两个过程都是机械的。当然，13 亿中国人的数量与大脑中的神经元的数量相比还差得多，但对于该思想实验而言，这种差别是无关紧要的。事实上，如果需要，我们也可以假设中国人的数量有 1 000 亿或更多。这里，重要的是由这些中国人以这样一种方式连接而成的“中国脑”十分类似于一个人的大脑。

由于单独一个“裸脑”似乎难以判断是否具有心智功能，因此，我们不妨给这个“中国脑”配以能接受信息的感官和产生行为的装置。这样一来，根据功能主义，这个由“中国脑”、感官和行为装置所组成的系统在功能上就等价于一个人。但是，布洛克认为，直觉强烈地告诉我们，这个“中国脑”本身并没有主观的体验，因而上述的系统与人在性质上不同，它缺乏感受性。由此，他得出这样的结论：某些东西与人的心智在功能上具有等价性，却缺乏心智的感受性，所以，功能主义并不能真正把握人的心智特性。[①]

也许有读者会说，由全体中国人通过上述方式连接而成的“中国脑”与人脑并不相似，因为这个“中国脑”的连接方式与人脑中神经元的连接方式在时间和空间上显然有别。如果信息之间传递的距离太远或传递速度过慢，就自然不能呈现出感受性那样的心智特性了。不过，这样的回答用于反驳布洛克所得出的结论是没有多少说服力的，理由是在这个思想实验中，连接方式在时空上的差异对于结论的获得并没有实质性的影响。事实上，作为思想实验，我们完全可以将每个中国人设想成一个个“小精灵”，聚集在一个人脑大小的空间内，并以与神经元同样的方式来处理和传递信息。这样，布洛克得到结论的论证过程并没有实质的改变。

不过，我们认为，布洛克的这个“中国脑”思想实验，对于反驳功能主义的主张确实没有多少力量。原因在于，他得出“中国脑”不可能具有主观体验或感受性的理由是“直觉”，而直觉常常是不可靠的，所以单凭直觉并不能证明如此形成的“中国脑”就一定缺乏感受性。事实上，对于这个思想实验而言，一个功能主义者也可以直觉地认为，在满足所有功能得以等价体现的条件下，这个“中国脑”便自然具备了感受性这样的主观体验。该结论与布洛克所得到的在逻辑上是对等的。问题的关键是，一个物理系统究竟在什么样的条件下会或不会呈现出像感受性这样的主观体验。显然，对此，布洛克的“中国脑”思想实验并没有给出这样的说明和论证。

---

① 见 N. Block, “Troubles with Functionalism”, in N. Block (ed.), *Readings in the Philosophy of Psychology* (Vol. 1), London: Methuen, 1980。

另一个就是由当代美国著名的心智和语言哲学家塞尔（J. Searle）所提出的“中文屋”（Chinese Room）思想实验。这也许是近20多年来在心智哲学、认知科学和人工智能的哲学中所出现的最有名、最引起争议的思想实验。自从塞尔在1982年为了反驳强人工智能的主张而构想出这个实验以来，围绕它所展开的争论就几乎没有间断过。因此，在此有必要对这个思想实验及引起的争论作一些述评。

其实，塞尔提出的“中文屋”思想实验所设想的情形并不复杂。他设想自己是一个对中文一窍不通的人，被关在一间屋子里。屋子里面放在一本包含着中文字库和用英语写成的指令集的指南，这些指令的唯一作用就是能把一串中文字合乎规则地变换成另一串中文字。现在，假如在屋子外面站着一群中国人或其他懂中文的人，他们通过屋子上的一个小孔向处于屋内的塞尔传入一些用中文写成的问题。塞尔可以根据手头的那本指南决定向外界传出什么样的中文句子。由于他不懂中文，所以并不知道所传出的句子的意义。然而，对于屋外懂中文的人来说，只要塞尔的回答是根据规则生成的，就将是有意义的。

这样，对于站在屋外的中国人来说，根据塞尔的行为，可以判断他应该是懂中文的，但实际上他不懂。据此，塞尔得出结论：仅仅是行为或功能上的等价并不能把握心智的理解方面或内禀意向性。需要指出的是，塞尔当初提出的这个思想实验主要是为了反驳强人工智能的主张，即只通过运行程序就能够实现人的心智或智能。在他看来，思想实验中他所处的角色，正如程序在计算机系统中所处的角色一样。借助于这个思想实验，塞尔作出了以下的论证：仅仅通过实现程序，一台计算机并不能具有真正的思想和理解；一个真正的思想和理解具有内禀的意向性，这样才有意义；人有思想和理解能力，也就有内禀的意向性；所以，仅仅通过实现程序（功能）对于心智而言是不够的。

毋庸说，塞尔的“中文屋”思想实验和所作出的论证不仅对强人工智能的主张作出了反驳，而且对计算功能主义也是一个严峻的挑战。如果他的论证是有效的，那么强人工智能者希望仅仅通过程序来实现真正意义上的人的智能的梦想就将破灭，而对于计算功能主义者来说，就必须要能运用心智的计算理论来合理地解释人的理解能力和思想的意向性。我们认为,作出这种合理的解释是可能的。不过,在这样做之前,我们还是先来瞧瞧一些哲学家和认知科学家是如何反驳塞尔的思想实验和他的论证的。

一种反驳塞尔思想实验的常见回答是所谓"系统回答"。这种回答的要旨是,处于屋子里的一个人(如塞尔)确实不理解中文,但理解并非纯粹是这个作为规则操作者的事,因为相对于屋外的中国人来说,他实际上只是整个系统的一部分,此外还有汉字组成的"数据库"和规则集,或者还包括纸和笔这样的辅助工具。因此,虽然个人不理解中文,但在屋子外面的中国人看来,由上述这些部分组成的整个系统是理解中文的,也就是说理解能力是属于系统整体的。

然而,这种将理解能力归于系统的回答没有什么说服力。对此,塞尔本身给出的反驳就有足够的力量——"对于这种系统理论,我的回答十分简单:让这个人将该系统的所有部分都内在化。换句话说,让他记住分类表上的规则和汉字符号的数据库,并且,通过心算来代替笔算。这样,个人就体现了整个系统。系统能做的事情,个人也完全能够做到。我们甚至能够抛弃锁在房里的前提,而设想他在户外工作。同样道理,如果个人不理解汉语,那么,系统就更不理解了,因为系统所有的一切没有不装入他的脑子里的。如果个人不理解,那么系统就更没有办法理解了,因为系统只不过是个人的一部分。"①

因此,我们不得不承认:在这个思想实验中,即使是整个系统也没有理解能力。然而,这是否就提供了一个针对功能主义的反例?不见得。事实上,在塞尔的论证中,已经假定了所操作的规则纯粹是形式的或语形的。而由于心智具有语义内容,语形本身对于语义又是不充分的,所以实现的规则(或程序)并不构成心智。不过,功能主义并不是形式的"程序主义"。我们可以发现,从功能上看,上述的"中文屋"系统确实也不理解中文。整个系统并没有把其中的汉字与其所表征的东西联系起来,所以可以认为它仅仅是

---

① 道格拉斯·R.霍夫施塔特、丹尼尔·C.丹尼特合编:《心我论:对自我和灵魂的奇思冥想》,陈鲁明译,上海译文出版社,1988年,第343页。

理解汉字的组合规则，而没有理解汉字的语义内容。这样一来，从功能主义的立场看，"中文屋"系统在功能上也与理解语义的人是不同的，故塞尔的这个思想实验虽然对单凭形式程序就可以实现人的一般理解能力的观点是一种反驳，但并不对功能主义构成反例。

不过，从塞尔所提供的这个思想实验可以推出一个十分重要和有趣的正面结论，而对此，之前几乎被所有人忽视了。这个结论就是，一个人即使对所操作的对象缺乏理解，从行为上判断，仍然能够有效地执行一定的认知任务。这意味着，当一个人在依据规则进行认知活动时，并不见得非要有理解和体验等意识活动相伴随。也就是说，我们在日常的工作和生活中，很可能是像计算机一样来执行既定的程序，即个人在一定意义上确定是一台图灵机。在下一节中，我们将对这种看法提供神经生理学方面的证据。

除了这两个实验外，在反对功能主义的各种论证中，还有比如"逆谱问题""僵尸(zombie)问题"等思想实验。对于一个功能主义者来说，要反驳这些哲学家所精心构思出来的思想实验并没有多少难度，一个几乎通用的理由是这些实验所设想的情形实际上不可能发生。然而，如果功能主义或心智的计算假说要能够让人们折服，就不能仅仅停留在对各种思想实验的反驳上，而应当能够对心智的"难题"作出合理的解释，也就是能够提供心智的主观体验和理解等方面得以产生的机理说明。

我们认为，近年来引起一些哲学家和认知科学家关注的"虚拟机"思想可以具有这样的解释力，从而为解决心智的"难题"开辟了一条可行的进路。

在计算机科学中，虚拟机是一个很普通的概念，被用于多种不同的场合。例如，对于程序设计者而言，它通常是指在物理计算机上运行的操作系统中模拟出来的计算机，这种虚拟的计算机本身又可以安装自己的操作系统和应用程序；而在一个计算机系统中，它也常常指能执行应用程序的虚拟环境(如 windows 虚拟机)或完成一定任务的应用软件，这样，只要一个软件包(如字处理软件)被执行，一台虚拟机就存在。不过，计算机工程师和程序设计者一般仅仅是运用这个概念，而并不从虚拟机的特性出发对其进行规定或刻画。

我们认为，通过考察虚拟机概念所使用的不同场合的共性，可以对它作出一个工作定义,从而能够将其自然地用于认知科学和心智哲学中。基本的思路是这样的:分析虚拟机概念所使用的不同场合,可以发现它由两个主要的特性——一是模拟,所有虚拟机都是在普适计算机上模拟的产物,而且只有当一种模拟的过程实施时,相应的虚拟机才存在;二是虚拟,因为这种机器是运行于另一台宿主计算机(归根结底,可以认为运行于物理存在的计算机)之上。因此,我们可以给计算机科学和技术中的虚拟机概念下一个一般性的定义:虚拟机是在一台普适计算机上被模拟且运行的机器。

由于一台普适的宿主计算机是以程序化方式模拟出虚拟机的:它先被赋予关于虚拟机的计算描述(即程序),然后根据输入运行所描述的机器,所以,从本质上看,一台虚拟机是由物理机器或其他虚拟机所实现的计算系统。习惯上,之所以将这样的计算系统也叫做机器,很可能是为了强调它们亦是具有组元和结构的复杂系统。这些相互作用的组元的种类、数量和由此而形成的结构一起决定整个系统的功能,从而能够实现一定的目标或完成特定的任务。另一方面,之所以强调这样的机器的虚拟性,是因为它们虽然与物理机器一样真实或实在,但本身并不是物理机器,其结构和功能需要由包括物理机器在内的更低层次的机器来实现。

从上述的解释中,我们可以看出,构成虚拟机的计算具有一些基本的特征。一是计算的高阶性。由于任何计算机是一个包含多层虚拟机的系统,除了最底层的虚拟机可以认为是基于物理机而直接生成的,其他的虚拟机则建立在相对低层的虚拟机之上,所以,其中发生的计算一般说来是高阶的。二是计算的模拟性。这种模拟性并非指所有虚拟机都是在普适计算机上模拟的产物,而是指所实现的计算是关于另一个对象的;或者说得更明确一些,这些虚拟机是关于另一个系统的结构和功能的实现。例如,一台宿主计算机上所产生的虚拟计算机可以认为是对前者的结构和功能的模拟,而一个字处理软件是对人们处理文字和文本过程的模拟。三是计算的复杂性。由于虚拟机是一个具有不同的组元和结构所构成的复杂系统,或者是由多种不同的子系统所形成的系统,所以从计算上看它们将是复杂的。这种复杂性的表现之一是一台虚拟机可以有自己的虚拟客体、虚拟事件和虚拟过程,从而在一定层面上获得本体的地位。例如,在一个字处理的虚拟机中,有“文件”“表格”和“窗口”等虚拟客体,有“复制”“粘贴”“移动”等操作所形成的虚拟事件和过程。这些虚拟客体或过程甚至可以隐藏在系统内部,而没有直接的外在显现。四是计算的附生性。对于一台虚拟机,虽然我们可以在抽象的层次上对其进行描述和说明,但它的存在离不开一定的物理实现。我们在前面已经指出过,这个性质为所有功能主义的主张所蕴含。在虚拟机的解释中,附生的概念同样不可避免,这其实表明与虚拟机概念相关联的哲学主张就是计算功能主义。

由此可见,构成虚拟机的计算并不是那种无语义的、非关联的、非实时的以及与物理实现相分离的抽象计算。当一种计算是关于另一个系统的计算时,这种计算就不只是纯粹语形的,因此,一台运作的虚拟机总是包含着信息内容甚至原初的意向性。既然虚拟机是一个复杂系统,那么所发生的计算过程就不是那种线性或串行的系列,而是不同的计算客体相互作用的过程。由于一台虚拟机只有在运行时才存在和演变,所以那种非实时的计算概念是与虚拟机概念不相容的。还有,也许最重要的是,任何虚拟机的存在都离不开一定的物理载体,这样,描述虚拟机就不可能脱离具体的物理实现,也就是说,构成虚拟机的计算是真实的并受具体的物理条件的约束。所有这些都表明,与虚拟机相联系的计算概念并不是纯逻辑的抽象概念,它更能反映认知科学和人工智能的实践。

经过这样的分析,读者也许已经注意到,由这种具有丰富内容的计算所构成的虚拟机概念与我们在前面所讨论的心智概念之间存在着惊人的相似性。于是,考虑到计算机是一个包含多层虚拟机的系统,运用类比我们就可以合理地猜想人的心智可能具有类似的结构。正是基于这样的认识,近年来,在认知科学、人工智能和心智哲学中出现了一种认知计算主义或计算功能主义的新主张,即“心智就是虚拟机”或“心智状态就是虚拟机状态”。[1]

目前,这种基于虚拟机的计算功能主义主要为人工智能学者斯罗曼、克里斯勒(R. Chrisley)、舒尔茨(M. Scheutz)和哲学家普洛克(J. Pollock)、丹尼特等人所倡导。为了说明引入虚拟机的概念何以可能解决心智的“难题”,

---

① M. Scheutz (ed.), *Computationalism: New Directions*, Cambridge: MIT Press, 2002, p184.

我们在这里着重介绍一下斯罗曼和克里斯勒所做的工作。

斯罗曼和克里斯勒是英国伯明翰大学计算机系的教授,主要从事人工智能和人工智能哲学的研究。他们认为,虽然人们对究竟什么是意识并没有一种统一的认识,但意识的概念显然主要涉指由人(或动物)进行信息处理的方方面面,而执行信息处理的就是在进化过程中涌现而又在人的身体(主要是大脑)中实现的虚拟机或由多层虚拟机构成的系统。据此,斯罗曼和克里斯勒主张,人的心智状态就是一种虚拟机状态。他们把这种主张叫做虚拟机功能主义(virtual machine functionalism)。

由于虚拟机可以是一个复杂的计算系统,所以这种虚拟机功能主义允许"个体 A 在任何时候能够具有许多心智的子状态。A 的每个子状态的产生将典型地部分依赖于 A 中的某些子机理或子系统(如知觉子系统、行动子系统、长时记忆、短时记忆、目标和规划的当前存贮和推理子系统等),虽然在人中哪些状态和子系统能够准确地共存是一个经验问题"①。这意味着,如果心智是一个虚拟机系统,则它的内部就允许出现虚拟客体、虚拟过程,而且这些过程并不一定产生直接的外部效应。基于这样的理解,我们就能够解释导致"难题"的那些心智现象是如何产生的。不过,为了更好地理解心智作为虚拟机是如何运作的,一个必要的前提是需要勾画出这样的虚拟机的基本功能构架。因为只有当一个可以表征人的心智的基本构架勾画出来了,我们才能具体地说明在什么情形下人的心智活动需要主观体验的参与以及它是如何自然地产生的。

几年前,斯罗曼和克里斯勒已经勾画出了一个类人的心智系统的基本构架,见下图:

我们可以简单地分析一下这个功能构架的基本结构。从横的方面看,它由三个部分组成,即知觉层(perception hierarchy)、中央处理层(central processing hierarchy)和行动层(action hierarchy);从纵的方面看,中央处理层

① A. Sloman and R. Chrisley, "Virtual Machines and Consiousness", *Journal of Consiousness Studies* (10), No.4-5,2003, p17.

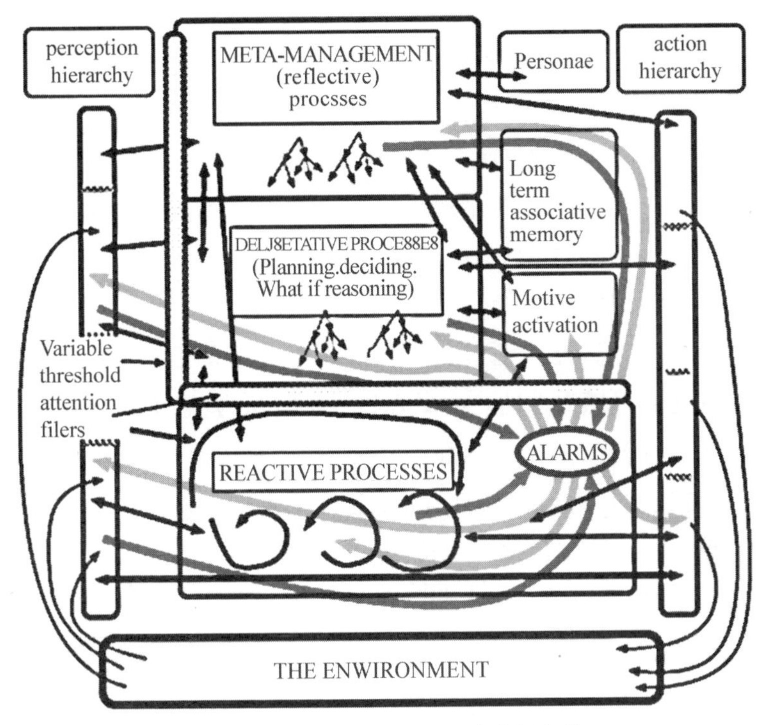

图 5.4.1　类人心智系统的基本构架①

又分成三个不同的层次:反应作用(reactive processes)、慎思作用(deliberative processes)和元管理(反思)作用(meta-management processes),与这三个部分都能发生作用的有长时记忆、联想记忆和动机激发等模块;还有一个重要的子系统是警报(alarms)系统,它可以根据从环境输入的信息向其他部分发出警示性的信息。由于中央处理层是承担心智功能的主要部分,所以有必要进一步说明一下各个子层的功能和它们之间的关系。根据斯罗曼和克里斯勒的解释,具有反应作用的子层是最古老的,一种反应机理就是在输入或内部状态的改变下产生输出或内部的变化,但缺乏显式的表征和比较的选择等更高级的认知活动;具有慎思作用的子层的机理能够对非现存的或将来可能的行动或对象进行表征、推理并在多种可能性的比较中作出选择;而元

① 取自 A. Sloman and R. Chrisley, "Virtual Machines and Consiousness", *Journal of Consiousness Studies*(10), No. 4-5, 2003, p25。

管理的机理则是生物进化中晚近的产物，它监视、归类、评价和某种程度上控制其他的内部过程（如果缺乏这种机理，那么在慎思过程中的推理和决策将是“傻的”）。这三个子层虽然具有各自相对独立的功能，但它们之间是相互关联、相互影响的。另外，每个子层与知觉层和行动层之间也存在着直接或间接的联系。结果，相对外部环境而言，整个构架形成一个能够执行各种认知和行动任务的协调系统，而内部处于高层次的子系统所具有的独立功能又产生了意识现象。

接下来，我们就来看一看，运用上述的关于心智的虚拟机基本构架是如何可能合理地解释感受性的。许多心智哲学家认为，感受性是人的主观体验的最主要特性，它是由心智内部产生的关于某种东西“就是这般”的体验。比如说，当你夜晚在大街上独自行走，注视着身旁的一块闪烁的霓虹灯牌时，就会产生关于那牌的“就是这般”的体验。不过，当哲学家们这样描述感受性时，给人的“感受”则似乎有些隐晦不清或神秘莫测。现在，如果从上述的构架出发，我们就可以发现，如果元管理的机理直接通达知觉状态，它就会产生关于感觉内容的自我监测，于是乎，也会“导致具有这种构架的机器人哲学家发现‘感受性问题’”①。因此，斯洛曼等人认为，所谓感受性实际上就是“当人或将来的类人机器人涉及内部自我观察时所涉指的东西”②。

这样看来，构成一个人心智的虚拟机系统能够涉及自己的内部状态，而依据这些状态就可以解释有关感受性或主观体验的一些观点。例如，一般认为，意识感受的基本特点是私人性和不可言喻。对此，斯罗曼和克里斯勒所作出的解释是，如果一个人 M 利用自身的元管理子系统形成关于内部监测装置所感知的虚拟机内态的概念，则这个概念就仅仅是他的组织内部感知的一种方式，这样，如果概念 C 由 M 应用于他的内部状态之一，则 C（这样的概念有时称为是因果指向的（causal indexical））对 M 来说能够有意义的唯一方法是，其与 M 的心智虚拟机内部形成的其他概念发生关联。这可以跟

---

① A. Sloman and R. Chrisley, “Virtual Machines and Consiousness”, *Journal of Consiousness Studies* (10), No. 4 - 5, 2003, p32.

② Ibid.

M 与其他人相互作用而发展出一种关于外部对象的公共语言的情形作个比较。比如,M 可以使用“红”表示有关他自己的虚拟机状态的特征的一个私人概念,或者表示涉及物体表面的一个可见属性的共享概念。这意味着,“如果两个人 A 和 B 各自用这样的方式产生了概念,那么,如果 A 使用他的因果指向概念 Ca 去思考思想‘我正有体验 Ca’,而 B 使用他的因果指向概念 Cb 去思考思想‘我正有体验 Cb’,则这两种思想固有地是私人的和不可交流的,即使 A 和 B 实际上具有完全相同的构架和有导致形成结构上相同概念集的同一历史。A 可以问‘如同我的概念 Ca 是关于我的体验,B 有关于 B 的一个概念所描述的一种体验吗?’。但是,A 不能问‘B 有类型 Ca 的体验吗?’,因为将 Ca 用到它得以生成的情景外是没有意义的,即它只是 A 的内部感官分类内部状态的概念,不能用于分类 B 的状态”[①]。这样,我们就可以理解,为什么像“感受性”这样的概念所涉及的主观体验是私人的和不可言喻的。正是由于这些概念是关于心智虚拟机的内部状态和事件的,所以问两个体验者中的感受性是否相同是没有意义的。这类似于问:两个不同参照系中的两个空间位置是否相同,显而易见,这样的问题是没有意义的。

由此可见,一旦我们运用虚拟机的观点来看待人的心智,则实际存在的心智系统中,多种子心智状态可以同时出现:有些决定认知和行为功能,而另一些则是形成“难题”的意识现象。以往的许多哲学家之所以一直被那些显得很神秘的主观体验所困惑,并且认为计算的观点不能解释这些现象,一个很重要的原因就是仅仅把心智作为一个整体看待,而没有考虑到心智系统可以是一个具有复杂组成和结构的虚拟机或虚拟机系统,因而无法理解主观体验的产生和特性。

当然,如果认为只需简单地认定人的心智是虚拟机,便能够解决关于心智或意识的所有问题,那无疑是太天真了。事实上,在前面的论述中,我们有意回避了一个非常棘手的问题:计算机中的虚拟机是附生于物理机器的,而既然心智是虚拟机,则其也应是附生于人的大脑或身体,那么,在一个物

---

① A. Sloman and R. Chrisley, “Virtual Machines and Consiousness”, *Journal of Consiousness Studies* (10), No. 4 - 5, 2003, p33.

理的脑中又何以会涌现出具有心智能力的虚拟机。显然,要回答这个问题,对于科学家和哲学家来说都将是一个巨大的挑战。值得庆幸的是,近年来,神经科学、认知科学和进化生物学所取得的积极进展至少已经为我们解决上述问题提供了一些线索。这可从下一节关于意识的新解释中领略到。

第五节 意识的新解释

在上一节中我们已经说过,心智活动除了包括各种认知过程以外,还包括造成"难题"的意识成分。尽管人在执行认知任务时并不一定有意识体验相伴,但是,倘若没有意识体验,我们的认知和其他心智活动将处于一种缺乏反思、理解和理性决策的"傻"状态。于是乎,"我们"也就不是通常认为有别于动物或自动机的"人"了。所以说,意识在人的心智活动中处于本质的地位。

一个明显的事实:一方面,因为每个人对于自身的意识活动都有非常熟悉的体验,所以意识现象既普遍又普通;另一方面,每个人只能感受属于自己的意识,结果每种意识活动都是私人的和不可言喻的,使得意识变成了一种极其神秘的现象。确实,意识究竟是什么?它是在长期的生物进化中所产生或涌现的一个自然现象,还是一种本质上不可还原的原初成分?在什么情况或条件下,一个人会处于意识状态,也就是说,什么是意识与无意识之间的区别?如此等等的问题都是非常难以回答的,甚至有人悲观地认为,这些问题是科学认识所无法企及的。

然而,近20多年来,情况已经发生了很大的变化。越来越多的神经科学家、认知科学家、认知心理学家和哲学家相信,建立关于意识的科学是可行的,并为此做了大量的探索性工作,在经验发现和理论建构方面都取得了令人可喜的成绩。产生这种变化的一个重要原因是技术的进步。功能磁共振成像(FMRI)和正电子发射层析摄影术(PET)等新技术在研究大脑神经活动过程中的应用,已经提供了许多与特定的认知和意识活动相对应的脑功能区的信息,从而为揭开心智之谜积累了很有价值的经验材料。另一个重要的原因就是,心智的计算假说和相应的计算机隐喻为研究包括意识在内的心智现象带来了新思想和新方法。在前面几节中,我们已经在这方面作了许多阐述,并且分析了引入虚拟机的概念何以能够至少在原则上解释像感受性这样涉及意识的难题。不过,心智作为虚拟机的假说对于我们认识意识现象的作用并不仅仅限于这样一种原则上或可能性的解释。事实上,有足够的理由相信,这个假说已经成为研究意识现象的科学家和哲学家建构具体的意识理论的重要基础。这里,我们想先就这一观点作些阐述,然后再回到上一节末所提出的问题上来。

认识意识现象的基本任务之一是对它的主要特征进行描述。对此,我们在前面已经做了一些工作,例如讨论了意识的私人性、感受性和意向性。除了这些之外,研究意识的科学家和哲学家一般认为意识还有自我透视性(self-perspectuality)、统一性和透明性。自我透视性是指意识体验并不作为孤立的心智原子而存在,却总是某个意识自我和主体的状态。这样一个自我可以作为透视点,使得关于世界的经验能够呈现并获得意义。当然,它并不见得就是传统实体二元论意义上的那种可以独立存在的实体,而最好理解为是能充当把握意识经验角色的组织形式。统一性与自我透视性之间存在着密切关联,因为自我就是作为一个统一的整体呈现。不过,在论及意识现象时,统一性具有更广的含义和应用范围。它指的是意识整合来自不同方面信息的功能,这在一个有意识系统和意识状态中都有具体的和形式不同的表现。例如,在视觉意识中,面对一个物体,这种统一性的表现就是把来自感官的各种信息整合起来,形成关于对象的整体知觉;又如,在理性思维中,各种信念、愿望和意图之间需要彼此协调或一致,而这就是由自我意识来实现的,否则,理性思维便无法进行。意识还有一个特征就是透明性。这种透明性表现在我们可以穿过自己的感觉经验,即有意识的知觉体验可以直接地觉知到呈现在我们面前的外在客体;也表现在有意识的思想在我们思考它们的过程中可以直接获取意义,也就是说具有语义的透明性。最后,非常明显,意识是一个动态的过程。在我们产生知觉经验的时候,在我们就某个问题进行理性思考时，总是能够感受到"意识流"的存在。[1] 有兴趣的读者，可以在自己感知外部对象或进行理性思维的过程中作些反思，体验一下这里所列举的基本特征是如何体现在意识之中的。

当然，为了科学地认识意识现象，我们不仅要描述这种现象的特征，更重要的是要能够解释它是如何发生和为什么会发生，而要做到这一点就离不开理论。从本体论的层面上说，前面讨论心身问题时所阐述的各种哲学学说，就是试图对包括意识在内的心智现象作出解释。但是，这些学说过于思辨和抽象，往往缺乏实证的依据，而且各自存在这样那样的缺陷，所以作为解释意识发生的具体机理的理论显然并不适合。鉴于此，近 20 年来，研究意识的科学家和哲学家基于经验证据，提出了一些更具解释力的具体理论或模型。目前，比较流行或有影响的具体意识理论和模型有高阶理论（higher-order theories）、表征理论（representational theories）、多稿模型（Multiple Drafts Model）等。[2] 从这些理论和模型中，我们可以充分地体会到心智的虚拟机假说的价值。

让我们先对这些理论和模型作一简略的介绍。主张高阶理论的科学家和哲学家试图借助反思性的自我觉知来刻画有意识的心智状态。这个理论的核心观点：使得一个心智状态 M 成为有意识的心智状态在于，它有一个同时发生的、非推理的高阶（即元心智）状态相伴随，而该高阶状态的内容正包含在 M 之中。这样，一个有意识的愿望就处于两种心智状态，一个是具有这种愿望的状态，另一个就是具有正处于这样一种愿望的内容的二阶状态。比如，一个人有意识地想吃苹果，则他所处的一个心智状态是想吃苹果的愿望，而关于现在正有这样一种愿望的状态就是二阶状态。这就是说，有意识的心智状态除了存在一种基本的心智状态外，还有一种关于这种基本状态的心智状态，而没有意识的心智状态就缺乏相关的高阶状态，也就不能直接和反思地觉知到它们的存在。

虽然几乎所有的意识理论都要涉及意识内容的表征问题，但所谓表征

---

① 关于这些特征的更详细阐述，可见 http://plato.stanford.edu/entries/consciousness/。

② 同上。

理论则是一种更强的观点，即认为有意识心智状态可由它们的表征属性充分地加以刻画。这样，两个所有表征属性相同的意识状态在心智方面就没有什么差别。可以看出，这种主张的力量取决于如何解释“表征属性”和“表征上相同”的观点。对此，能够作出的选择可能是多样的，比如根据表征的满足条件，像表征的强度和在时间中的稳定性。在神经系统中，表征的强度涉及一个表征所依赖的信息处理单元激活的数量和程度，因为只有达到一定的阈值，有意识的心智状态才会出现；而稳定性则是关于在一个过程中一种表征能够活跃地保持的程度，有意识的状态显然与这种稳定性的持续时间相关。所有与这些条件有关的详情和机理是目前意识的神经科学研究中很重要的方面。有兴趣的读者可以参阅有关的文献，这里不再细说。[①] 有一点需要指出，根据这种意识的表征理论，心智的表征属性已经穷尽了有意识的心智状态的所有内容。对此，目前学术界存在各种反对意见，情况类似于功能主义所引起的争议。不过，这与我们下面所要阐述的内容关系不大，也就不在这里进一步展开了。[②]

多稿模型由丹尼特在他于 1991 年发表的名著《被解释的意识》中首先提出。[③] 这个模型可以认为是基于上述两种理论的基本思想而发展起来的，当然包括不少新的观点和思想。丹尼特认为，在某一时刻，各种各样的思想或心智(或心理)内容在大脑中发生，而“心理内容不是通过进入脑中某个特别的屋子而成为有意识的，也不是通过将其转换为某种受到特别优待的或神秘的媒介，而是通过赢得与其他心理内容对行为控制的竞争，并且由此达到持久的效果”[④]。于是，“那些持续得最长的，在它们的持续中获得影响的，我们叫做我们的有意识的思想”[⑤]。由于在认知过程中，输入神经系统的信息不断改变，所以大脑中的心理内容也是处于增减、合并、修正和重写等“编

---

① 如 A. Cleeremans，“Computational Correlates of Consciousness”，*Progress in Brain Research*，150 81－98，2005。

② 可见 http://plato. stanford. edu/entries/consciousness/。

③ D. C. Dennett，*Consciousness Explained*，Boston：Little，Brown & Co.，1991.

④ 丹尼尔·丹尼特：《心灵种种》，第 118 页。

⑤ 同上。

辑”过程中，因此，并没有特定的模式和格式，而是有多个“稿子”并存。这也就是为什么这种模型叫做“多稿模型”的缘由。

从实质上说，多稿模型是一个表征理论，因为它是借助心智的内容和内容关系来刻画意识的。这个模型否定感受性的存在，并拒绝依据是否显现而在意识状态与非意识状态之间作出区分。尤其令人感兴趣的是，丹尼特抛弃了那种将自我作为一个位于大脑某处的“内部观察者”或“小矮人”的观点。在他的模型中，自我是连贯的系列记叙的涌现或虚拟的方面，而这种连贯的系列记叙由心智系统中通过内容的相互作用构成。换句话说，并不是由于存在着一个自我将各种相关的内容统一起来，恰恰相反，正是由于各种相关的内容以连贯的方式聚集在一起，才产生了彷佛存在着一个持续不断的自我的体验。由此看来，多稿模型也包含一些高阶理论的成分，因为从这样一种系列记叙所涌现的虚拟自我体验相对于心智内容的记叙就是二阶的。不过，这种自我体验与上述高阶理论中所主张的高阶性相比显得更为隐含。

细心的读者可能已经发现，这里所简要介绍的三种意识理论或模型与心智的虚拟机假说之间存在着密切的联系。事实上，所有这些显得更为具体的理论或模型的基本思想都蕴含在虚拟机假说之中，或者说是对这一基本假说中的某些观点的强化或拓展。

我们已经指出过，虚拟机的一个基本特性就是高阶性。这表现在一台虚拟机可以同时运行于另一台虚拟机之上，而之所以能做到这样是因为计算的幂等性，即计算的计算还是计算。因此，如果认定心智是一个虚拟机系统，就很自然地会推出心智的结构可以是高阶的。这意味着一个心智状态同时能够是关于另一个更基本的心智状态。如果把不同层面上所同时发生的两种心智状态统一地理解为是一种有意识的心智现象，那么，意识的高阶理论就可以认为是强化或突出了心智作为虚拟机的一个特性——高阶性，并将这一特性用于解释具体的意识现象。

在心智作为虚拟机的假说中，一台虚拟机是关于另一台虚拟机或其他系统，而这种“关于性”恰是计算的模拟特性的表现。在这种情形中，计算便具体化为对具有语义的信息的操作，而这就是意识的表征理论所突出和强调的。在表征理论中,一个显得很强的主张是意识的状态由表征的属性和内容所穷尽。我们认为,作为虚拟机的心智状态要成为有意识状态,就必须考虑到心智计算的高阶性。这是因为,从表征的角度看,这种高阶的计算就是关于表征的表征或再表征,即一种心智状态成为另一种(高阶)心智状态的表征对象。由此可见,心智作为虚拟机假说不仅蕴含着意识的表征理论的基本思想,而且可以把表征理论和高阶理论看作是从不同的侧面对意识现象的刻画和解释。

至于丹尼特的多稿模型,正是心智作为虚拟机假说的具体展开的结果。实际上,丹尼特本人是最早意识到虚拟机的概念和思想可以用于解释意识现象的哲学家之一。所以,在他的多稿模型中,前面我们所提出的虚拟机计算的几个基本特性都得到了程度不同的体现。除了计算的高阶性和模拟性之外,多稿模型所刻画的心智系统是复杂的和动态的,而自我是作为心智内容相互关联的涌现结果,因而是虚拟的和附生的。因此,如果心智作为虚拟机的假说得以成立,丹尼特的多稿模型就有一个很强的本体论基础。值得注意的是,这个模型自从提出之后,已经在意识科学和心智哲学领域产生了很大的影响。

从以上的分析中,我们可以看到,尽管目前较有影响的几种关于意识的理论或模型在解释意识现象时似乎采用了不同的主张,但是,从深层加以考察,则发现它们实际上都是基于心智作为虚拟机的基本假说或假说中的某些方面。这给我们一个强烈的启示,即有可能在虚拟机的思想以及相应的心智构架下来建构一种解释包括意识在内的心智现象的统一理论。这无疑是一个极具挑战性的艰巨的科学任务。在展开这个任务之前,看来有必要确定:将心智作为虚拟机的假说是否能够获得已有的神经和意识科学成果的足够支持。而这又使我们回到了上节末所提出的问题上。

当我们将上述的几个意识理论放在心智作为虚拟机的假说下来进行审视,就可以看出,这些理论实际上都预设了一个基本假定,即意识现象的解释可以一定程度上与所实现的神经系统的具体结构和过程相分离。然而,我们前面留下的问题表明,既然认知和意识现象的产生离不开一定的物理实现,那么,仅仅从表征层面上来加以认识将是不完全或不充分的。如果考虑到计算机系统和人脑中的虚拟机在生成方式上的差异，那么，这种不完全性或不充分性就显得更加突出。

由于计算机是一个人工系统，其中所运行的虚拟机是软件工程师和程序设计员劳作的结果，所以，这些虚拟机相对于物理的计算机而言是一种“注入”的实现关系；可对于人脑来说，心智这个虚拟机或虚拟机系统与物理的脑之间就不是人工“注入”的关系，而是一种自然发生的附生关系。诚然，我们可以合理地假定心智系统是生物进化的自然结果，但要真正理解这样一种“自然设计”过程何以可能，就必须首先对心智所实现的物理载体有一个科学的认识。这就是目前意识科学中探询意识的神经关联的基本任务。

自20世纪80年代以来，借助于实验技术和计算机模拟方法，神经科学家在研究意识的神经机理方面已经做了许多工作。他们对产生意识的大脑部位进行了测定，基本上建立起了多种关于意识的神经关联的理论或模型，如克里克和他的合作者科克（C. Koch）为解释视觉意识所提出的神经信号的同步振荡模型。[①] 不过，我们认为，对于认识心智作为虚拟机的神经实现的机理，由著名的神经科学家、诺贝尔奖获得者埃德尔曼（G. M. Edelman）及其合作者托诺尼（Giulio Tononi）所进行的研究和提出的理论可以很好地回答所涉的一些基本问题。因此，以下将主要依据他们合著的《意识的宇宙》一书所介绍的发现和理论来建立这种联系。

《意识的宇宙》是一本系统地阐述运用科学手段研究意识问题的著作。在书的序言中，埃德尔曼和托诺尼就指出，希望科学地回答这样四个问题：“1. 如果说意识是特殊神经过程的产物，也是脑、肉体和周围世界之间相互作用的结果，那么这一切是如何产生的？2. 每个意识状态都是统一而不可分的，而每个人又可以在大量不同的意识状态中进行选择。怎样用这些神经过程来解释意识的这些最重要性质？3. 我们如何能用神经术语来理解不同的主观状态，即所谓的主观特性（qualia）。[②] 4. 我们对意识的认识如何能

---

① 见弗朗西斯·克里克《惊人的假说》，汪云九等译，湖南科学技术出版社，1998年，第250—260页。

② 这里的“主观特性”就是我们前面讨论过的“感受性”。

帮助我们把严格的科学描述与人类知识和经验的宽广领域联系起来。”[1]围绕这些基本问题,他们在书中介绍了神经科学的一系列新发现,并且对此进行了许多理论的探索。我们不准备在这里对书中的内容进行全面的介绍,而只希望集中到与前面的论述有关的两个方面。

在上一节中,我们曾经讨论过,有关心智的问题可以分为两部分,即“易题”和“难题”,与前者相关的主要是心智的认知方面,而后者涉及意识。此外,我们还指出过,塞尔的“中文屋”思想实验表明,一个人完成认知操作并不一定要有意识相伴。在《意识的宇宙》一书中,我们幸喜地发现,目前关于人脑的神经解剖研究已经能为解释这些现象提供科学的证据。

埃德尔曼和托诺尼描述了大脑的三种基本的拓扑结构,并且认为这些结构对于认识脑的整体功能是至关重要的。第一种结构是“由许多分散的回路整合而成的一个大的三维网络,它构成了所谓的丘脑皮层系统”[2]。形成这种结构的大脑部位是接受感觉或别的输入的丘脑和具有许多功能分区的大脑皮层。在丘脑与皮层之间以及通过皮层-皮层纤维在不同的皮层区域之间实现叫做“再进入”的交互联结,而所谓“再进入就是信号沿双向通道传进和传出的过程”[3]。虽然在脑中并没有一个中心协调区,但数目极多的双向通路可以把发布各处的脑功能加以整合。对于丘脑皮层的这种模式,埃德尔曼和托诺尼给出了一种带有想象的描绘:“有几百个功能上有特异性的丘脑皮层区,每个区域中都有几万个神经元群,这些神经元群中有的负责对刺激的反应,其他的则作计划和执行动作;有的处理视觉刺激,而别的则处理听觉刺激;有的处理输入的细节,而另一些则处理输入的不变性或抽象的性质。这几百个神经元群由大量的会聚或发散的交互联结联系起来,这使得它们在保持局部的功能特异性的同时,又一起形成了一个统一的、内部联系紧密的网络,结果是形成了一个三维网络。因此,在网络的任何一个部

---

① 杰拉尔德·埃德尔曼、朱利欧·托诺尼:《意识的宇宙》,顾凡及译,上海科学技术出版社,2004 年,第 8 页。

② 同上书,第 49 页。

③ 同上书,第 51 页。

分中所发生的某种扰动,很快在其他各处也都可感觉得到。”[①]

第二种结构“一点也不像网络,而是一组并行的单向链把皮层和它的附器联系起来,这些附器——小脑、基底节和海马——每一个都有它自己特殊的结构”。这里,存在着一个重要的方面,即虽然这些附器与皮层之间的具体作用方式各有特点,却遵循着一个同样的组织模式:“并行且有多个突触的长长通路由皮层出发,在这些皮层附器内到达相继的一串突触中继站,最后不管它们是否通过丘脑,都再回到皮层。这种串行的多突触结构和丘脑皮层系统的结构根本不同。这种联结一般是单向的,而不是交互的,形成长长的回路,并且可能除了负责短程相互抑制的情形以外,很少有不同回路之间的水平相互作用。”[②]

第三种结构“既不像网络也不像一组并行的链,而是像一把巨大的扇子那样的一组弥散的联结”[③]。这把扇子的原点集中于脑干和下丘脑的一些特殊核团中的少量神经元,而所发出的弥散性的纤维网几乎覆盖脑的所有区域。一旦有什么重要的事件发生,这些核团中的神经元就会发放,结果引起脑中的化学物质——神经调质——的弥散性释放。这些“神经调质不仅能影响神经活动,而且还能影响到神经的可塑性,也就是说使神经回路中的突触强度发生改变从而产生适应性的反应”[④]。

现在,我们把上一节所介绍的心智的基本功能构架与大脑神经的这些基本拓扑结构之间作个比较,就可以发现两者之间存在着许多对应之处。从功能上看,第三种扇子形的神经结构充当了向大脑的其他区域发出能引起警觉的神经信号的角色,十分类似于组成心智构架的警报子系统,因此,前者可以看作是后者的神经生理基础或物理实现。

认知神经科学的研究表明,第二种拓扑结构中的核团与计划以及执行复杂的运动和认知任务有关,而串行的多突触结构的单向回路“非常适合各种各样复杂的运动和认知程序,绝大多数这种程序要求在功能上尽可能彼

---

① 杰拉尔德·埃德尔曼、朱利欧·托诺尼:《意识的宇宙》,第52页。

② 同上书,第53页。

③ 同上。

④ 同上书,第54页。

此隔离,从而保证执行的速度和精度"[1]。研究结果还表明,虽然这种结构对决定意识的内容很重要,但与意识体验的产生并没有直接的关系。由此看来,无须意识参与的认知任务的执行很可能主要是由这种神经结构来承担的,这样它就可以看作是虚拟机的功能构架中起反应和慎思作用部分的神经生理基础。同时,这也使得我们能够理解为什么在实施许多认知行为时并不一定有意识体验相伴。如果结合塞尔的"中文屋"思想实验来分析,我们似乎可以认为人脑的这部分拓扑结构是图灵机的物理实现。于是,在一定意义上,人脑确实是一台图灵机,但要注意的是它"不仅仅"是一台图灵机,因为人脑中还包含着一种更为复杂的结构,即第一种拓扑结构。

随着意识科学和脑科学的发展,一个起初多少包含着很多猜测成分的假说正在变成一个不容争辩的事实,这就是意识的产生与特定的神经元群相关联,而这些神经元群基本上属于丘脑皮层系统。[2] 假如确实如此,那么虚拟机的功能构架中起"元管理"作用的部分的物理实现就应该是上述的第一种拓扑结构。因此,当我们要理解作为心智的虚拟机何以能从物理系统涌现或附生于物理系统时,所要关注的便是丘脑皮层系统的运作方式,弄清一个动态的三维结构网络怎样才能产生意识体验。在此,我们只能坦率地承认,迄今还没有哪种理论能令人信服地解决这一难题。不过,我们认为,由埃德尔曼和托诺尼所提出的"动态核心假说",至少可以帮助我们理解作为心智的虚拟机的存在和有关的意识现象。

埃德尔曼和托诺尼认为,意识现象具有两个基本性质:"首先,意识是高度整体性的或统一的,也就是,每个意识状态都是一个统一整体,它不能被有效地分成一些独立的成分;其次,它又是高度分化性的或是多样性的,也就是有数量极大的不同意识状态,每一个意识状态都可以引起不同的行为结果。"[3]同时,他们注意到,在任一给定时刻,人脑(主要是丘脑皮层系统)中只有神经元群的一个子集直接对意识体验有贡献。由于整体性和分化性是

---

① 杰拉尔德・埃德尔曼、朱利欧・托诺尼:《意识的宇宙》,第53页。
② 同上书,第163页。
③ 同上书,第131页。

意识现象的基本性质，所以，意识只能由这种神经元群的分布性的神经过程而非局部特性来解释。为此，他们提出了一个解释意识现象的动态核心假说。这个假说先假定："1. 如果要一群神经元直接对意识经验有贡献，那么这群神经元必须是分布性功能性聚类的一部分，这种聚类通过丘脑皮层系统中的再进入相互作用在几百毫秒的时间里实现了高度的整体性。2. 为了维持意识经验，这个功能性聚类必须是高度分化性的，表现为有很高的复杂度值。"接着，进一步说明："我们把这样一种在几分之一秒的时间里彼此有很强相互作用而与脑的其余部分又有明显功能性边界的神经元群聚类叫做'动态核心'，以此来强调它的整体性以及它的组成经常在变动。"①

值得注意的是，这样规定的"动态核心"是功能性的，是基于神经元相互作用所发生的信息过程，而不是某些神经元的部位或性质，因而它的存在就在于这种过程的发生。动态核心的这一特性让我们立刻联想到前面一直在讨论的虚拟机，因为虚拟机也是功能性的，并且它的存在也取决于是否运行，也就是过程的发生。因此，我们猜想，埃德尔曼和托诺尼所说的动态核心假说是关于意识的虚拟机假说的一种具体表达。

为了论证这种猜想的合理性，我们进一步来分析动态核心作为虚拟机的满足条件。动态核心是一种功能性聚类，也就是相互作用很强的部分所形成的子集合在功能方面从系统的其余部分中分离出来而显现出整体性；另一方面，这种聚类又必须是高度分化的，从而具有很高的复杂性。由于虚拟机可以是一个有复杂的内部组元和结构的整体，所以，将动态核心作为一种特殊的虚拟机是可以容许的。不过，这并不是问题的关键之处。问题的关键在于动态核心是功能性的过程，虽然可以从信息的层面加以描述（如它的复杂度），但却离不开一定的物理实现（神经元群），所以相对于神经元群而言，它是虚拟的。这也就表明，它实际上是一类特殊的虚拟机，即作为有意识的虚拟机。

如果这个论证得以成立，我们不但可以为心智作为虚拟机的假说提供神经科学的证据，而且能够对一些看似很难理解的现象作出合理解释。例

---

① 杰拉尔德·埃德尔曼、朱利欧·托诺尼：《意识的宇宙》，第 170 页。

如,我们不仅有意识,也有关于意识的意识或自我意识,甚至还有关于意识的意识的意识,如此等等,似乎在我们的大脑中有一个个“小矮人”站在后面注视着前面的。这就是所谓的“小矮人谬误”。事实上,我们知道,在大脑中并没有这样的“小矮人”,也没有一个充当“指挥官”的实体性自我。现在,只要我们接受意识是动态核心的产物,就很容易理解为什么在一个体积很有限的大脑中能不断产生高阶的意识。这就是因为动态核心是功能聚类。尽管作为物理实现的神经元群的数量是有限的,但它们之间可以关联的“再进入”回路的数量却非常之大,因此,实际上功能聚类的模式或虚拟机的状态是潜在无限的。这样,一种聚类可以是关于另一种,于是“关于”的关系得以不断传递。

当我们对虚拟机的神经基础作了这样一种说明以后,一个自然会产生的问题是,在我们的心智系统中为什么会产生具有意识的虚拟机。从动态核心假说,我们知道,要产生意识体验,虚拟机的组元和结构都将是极其复杂的。因此,为了解释意识的起源和进化,我们也许也应该像第四章中探讨生命本质时所做的那样,用生物的心智复杂性的增加可以获得进化上的优势来加以说明。不过,目前的科学尚不能给我们提供描述和解释这种复杂性增加的具体机理。

不管最终的解释如何,复杂的意识现象已经存在,从初级的意识体验到高级的意识活动均已经被我们人类所具备。正是由于心智这个计算系统的进化和发展,使得人类创造出了辉煌的文明,而构成这些文明的要素,实质上也是一个个计算或信息流的过程。

第六章　人之进化

在上一章开头我们就指出，人类在地球上处于非常特殊的地位，而之所以如此的主要原因就在于人具有包括意识在内的心智。我们也论证了人的心智现象尽管异常复杂和难以理解，但也是生物进化的自然产物，并且原则上可以在心智的计算假说的框架下获得合理的解释。

不过，我们在进行这样的论证时，基本上是将心智现象作为个体的特质加以考察，而并没有关注人是类的存在物，即每个人都是作为社会中的一分子而存在。毫无疑问，在现实生活中，每个个体心智的发展受到其所处社会环境的影响，因而，从一定意义上说，人总是社会的人，或者说得更抽象一点：人的本质是社会关系的总和。然而，从本体论和进化论上看，个人是人类社会得以形成、存在和发展的基本元素，而且心智的运作都是发生在个体的层面上。也就是说，认知的主体、意识的主体和行为的主体都是一个个的个体，没有个体以及个体之间的相互作用，人类社会亦就不复存在。所以，当我们将整个人类作为一个系统，试图从计算的视角理解人的心智进化何以会形成如此复杂的社会组织和结构，何以会创造出如此辉煌的文化时，一个方法论上的合适起点就是个体的心智特性。

第一节　心智的外化

在地球生态系统内,各种各样的生物物种在长期的进化过程中获得了各自适应环境的特殊“本领”。作为人,我们有时会与其他高等动物所拥有的本领作比较,结果发现在几乎所有情况下,我们的自然本领其实不及某种或某些动物。比如,我们跑得没有豹子快,跳得没有袋鼠高,力气没有大象大,灵活的程度比不过猴子,还有我们也不会像雄鹰那样飞翔,等等。但是,在这个生态系统中,我们却居于统治地位,尤其是在高等动物中,我们的支配地位更显得突出,以至于几乎所有他类都处于我们或控制、或保护、或消灭之中。问题是,我们何以能拥有如此特殊的地位?答案似乎显而易见:我们有其他所有动物所不具备的那种心智能力,这种能力既包括认知也包括意识。

凭借着这种特有的心智能力,我们突破了自然本领的局限,可以“跑”得比豹子更快,“跳”得比袋鼠更高,“力气”比大象更大,“灵活”的程度胜于猴子,“飞”的高度远远超过雄鹰,等等。当然,这些仅仅是反映了人的心智功能的一个小侧面。事实上,人凭借自身所特有的心智能力,已经创造出了这个星球上原本没有的无数新鲜事物和景象,构筑起了一个极其纷繁复杂的人工世界,从而极大地改变了自身乃至整个地球生态系统进化的轨迹。然而,如上所述,心智的运作是发生在个体层面上,只有在一个个具体的大脑中或更确切地说是在一个个神经系统中,各种认知功能和意识才能实现。不过,仅仅是靠着一个个心智的孤立运作,显然所能产生的力量将是非常有限的。

在深入探究人的心智何以能够产生如此巨大的作用之前,我们不妨先来想象以下这样一种情况:

假设有这样一个人,他是一个绝顶聪明的天才。如果用计算的语言来描述,也就是说构成他的心智的虚拟机非同寻常,能够快速和大容量地表征各种信息，并迅速有效地处理这些信息，所获得的结果总是关于各种问题的最优解，因此，如付诸行动或告知他人的话，就能够产生很大的外部效应。然而，这个绝顶聪明的人在一生中尽管产生了许多伟大的奇思妙想，却从未将它们通过一定的方式让他人知晓，即使付诸行动，也仅仅是为了个体的生存，而决不让别人知道或明白这究竟是如何实现的。于是，随着他的生命的结束，由他那非同寻常的心智所产生的结果亦将随之消失。显而易见，尽管这个人拥有一个天才的大脑，但他对于人类的进化和复杂的社会文化现象的形成和发展却不起任何作用。进而，我们可以推出，即使我们每个人都是这样的天才，但如果没有心智运作结果的输出，那么，人类就不可能发生如今我们所看到的迅速进化。

由此可见，虽然人的心智能力是从自然界中提升出来，从而大大超越其他物种是其最重要特性，但实现这种超越的关键性一步是作为个体的人将自身心智运作的结果外化，即输出并记录到创造这些结果的个体之外。从心智的计算观，我们知道，作为心智的虚拟机能够有效地表征外部环境和自己的内部状态的信息，而虚拟机的运作就是对信息的操作。对于人而言，心智所表征和操作的信息是具有语义的，就是说是关于外部的自然和社会环境以及自身的内部状态，因而产生的结果便具有内容。通常，我们把这样的结果叫做知识。因此，所谓心智结果的外化实际上就是知识的外化。

要理解心智结果的外化之所以对人类而言是关键性的一步，我们来看一看有无这种外化究竟有何区别。一个不容争辩的事实是，从生物学上说，我们人不过是一种动物，或者说得更确切一些，是一种属于灵长类的高等动物。因此，我们每个人都参与生物进化，我们这个物种同样也是生物进化的主体。然而，就生物进化而言，我们与其他物种一样，其进化的速度是非常缓慢的，即只是一种缓慢的迭代进化。有理由相信，如今生活在这个世界上的我们，与几万年前我们的祖先相比，在生理上并不会有什么实质性的差异。由此看来，人类之所以得以迅速进化，并大大超越其他动物，并不在于它的生物进化，而是出于另外的原因。事实上，这个原因就是心智的外化所导致的，因为这种外化使得人开始了一种新的进化方式，即文化进化。从此，人成为两种进化的主体。一方面，我们与其他动物一样，是生物进化的主体,因而也遵循生物进化的法则;另一方面,我们也是文化进化的主体,而迄今为止,未曾发现有任何其他动物分享了人类所具有的这种进化方式。所以,可以说,人的文化进化是与其他动物最显著和最根本的区别。

为了进一步说明心智结果的外化何以导致人开始文化进化,我们有必要对其中的实现机理作深入的分析。首先,让我们来看一看人并没有外化心智结果或知识的情形。撇开各种宗教的观念,我们每个人都应该承认,人不仅是自然界的产物,而且从根本上说就是自然界的一部分。不过,为了系统地分析人在自然界中的地位,我们需要把人作为一个类从自然界中分离出来加以考虑。于是,我们就可以分析人类与自然环境的关系。这里,“自然环境”指的是自然界中与人类存在联系的其他事物的总和。这样,人的进化就是两种相互作用的结果,一种是人与自然环境的相互作用,另一种就是人类内部个体与个体之间的相互作用。用图表示,则有(图6.1.1):

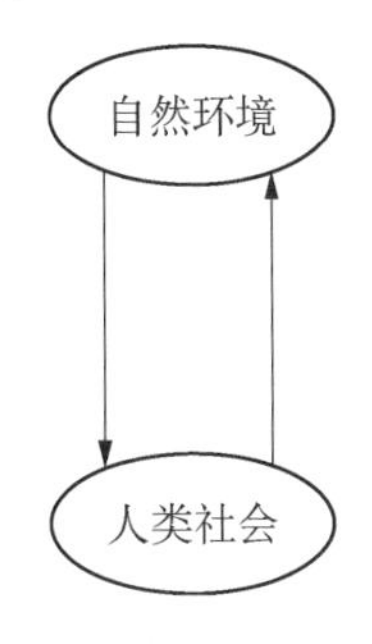

图6.1.1　人的生物进化

显然,如果每个人不将心智运作的结果外化,仅仅以行动与自然环境或他人进行相互作用,则这种进化就是生物意义上的进化,而与其他动物也没有实质的差别。严格地说,在这种情况下,我们甚至不能用“人”的概念,因为它仅仅是一种高等动物。

接着,我们来考虑人外化心智运作的结果的情形。当个体处于自然环境或由其他人所形成的社会环境中,接受来自环境的信息,并在心智中加以表征、处理或再表征,然后将这些结果(知识)输给其他个体,或者以某种方式记录到自身以外的物理载体上,则一种突变就发生了:外化的信息或知识形成一个新的亚世界,即文化世界。从图6.1.2中,我们可以看到,一旦文化世界得以形成,人与自然环境、人与人之间的关系就发生了根本性的变化:一方面,个体可以将其与自然环境或他人相互作用的过程中所获得的知识持续外化,从而导致文化世界的不断膨胀;另一方面,因为构成文化世界的内容是关于自然和社会环境的信息,或者是外化者心智体验的结果,于是,其他缺乏这些信息或体验的人或新的后代就不必直接去与自然和社会环境发生作用来获得所需的信息,而只需凭借自身心智所具备的学习能力迅速有效地加以获取。因此,在个体与文化世界之间建立起了相互作用的关系。而对于人类来说,这种相互作用的过程就是人的文化进化。

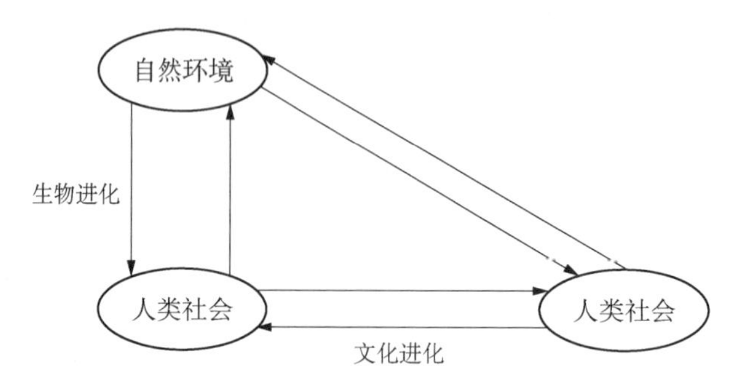

图 6.1.2　文化进化:外化经验或知识的结果

在外化心智结果的过程中,人开创了一种新的进化方式,同时成为有别于动物的真正意义上的“人”。那么,这种外化过程是如何开始的?我们并不知道起始的确切时间,但是几乎可以肯定的是,外化的关键一步是由口语的出现来实现的。至于人类的语言是什么时候和如何产生的,目前人类学家和语言学家并没有一致的看法。一种获得比较广泛支持的观点认为,被现代人认作语言的东西是在晚近时期迅速出现的,距今大约 3 万—4 万年左右。这里,我们不准备述评人类学家和语言学家所提供的各种观点和证据,因为对于我们的论证而言,重要的是语言产生导致心智运作的结果得以外化的事实。

在此,关于语言概念的含义和外延须事先作些说明。因为通常认为,除了人类,动物(尤其是高等动物)也有属于它们的语言,因此,将动物的语言和现代人的语言作出区分是必要的。我们可以从功能上把握两者之间的差异。一般认为,人类语言和动物语言共同具有两种较低级的功能:自我表达和发出信号。这两个功能皆在于表达情感,而不是描述对象,所以,只有这两种功能的语言叫做情感语言。动物的语言就是情感语言。人类的语言除了也有表达情感的功能外,还有两个特有的高级功能,即描述功能和论证功能。显然,每当高级功能存在时,两种低级功能总是也可以存在;反之则不一定成立,就是说,我们说话时可以只表达某种感受而不作出事实性的描述和论证。在理性认识中,语言的描述和论证功能使得认识的成果加以压缩,这样就有利于将认识对象分门别类，把对象的复杂性减低到易于处理的程度，从而实现人的理性思维和人与人之间的思想交流，所以具备这些高级功能的语言可以称为命题语言。20 世纪伟大的哲学家卡西尔(E. Cassirer)认为："命题语言与情感语言之间的区别，就是人类世界与动物世界的真正分界线。"①

尽管迄今我们难以确认人类语言起源的确切日期，但可以肯定的是人类语言首先以口头语言的形式出现并且持续了相当长的历史时期。随着口头语言的兴起，人便能够内省自己的思维过程，并以此为媒介将心智运作的结果输出，创造出文化世界，从而让人们能够分享各自的知识和体验，正如美国语言学家比克领(D. Bickerton)所说："只有语言能够冲破锁住一切其他生物的直接经验的牢笼，把我们解放出来，获得了无限的空间和时间的自由。"②

借助口语进行信息编码和传输的能力，一种更为有效地收集、处理和扩散实用知识的方式出现了，尤其是使得个人能够把从经验中获得的知识有效地传递给他人和下一代。与此相应，口语使人们可以结合成更大的群体，有组织地处理复杂的问题，并且掌握语言规则的能力导致人类推理、规划和概念化的能力的提高。

无疑，口语在人类认识进化中起着关键且不可取代的作用，但我们也应该注意到因其依赖自然媒介进行表达、传播和存贮而具有的内在局限。在人类晚近发明各种人工媒介对口语的表达、传播和存贮进行扩展之前，口语的物理载体都是自然形成的。人们说话依靠自身的发音器官，话音的传播要借助空气这样的自然媒介，而语词的存贮则依赖受话者的记忆系统。这样，与日后出现的书面语言相比，由自然方式所实现的口头语言便具有一些自身的特点，或者说是缺陷。由自然媒介的特性所决定，口语交流只能在十分有限的场景中发生，就是说，交流的双方必须同时在场，因而口语具有同步性和局域性。于是，以口语作为知识的载体，知识的传播和共享就受到很

---

① 恩斯特·卡西尔:《人论》，甘阳译，上海译文出版社，1985 年，第 38 页。

② 转引自理查德·利基《人类的起源》，吴汝康等译，上海科学技术出版社，1995 年，第 92 页。

大的限制。除了受到时间和空间的局限以外，运用口语进行交谈还得处在同样的语义背景下，即口语具有情景依赖性。例如，在日常交谈中，我们不时会听到有人说“打好了”这样的口语。显然，离开了特定的语言环境，我们就无法断定这句话的语义，是打球？打针？还是指打架或其他什么的？还有极其重要的一点是，在人类发明人工记忆装置之前，口语的存贮只能依赖人的自然记忆系统，这样不仅使得知识和信息的保存带有不稳定性和不可靠性，而且这些知识和信息还会随着自然个体的死亡而消失。

可见，口语的上述特性对其作为心智外化载体的功能的发挥施加了很大的限制，因而期求运用新的人工媒介以便更有效地表达、传播和存贮知识几乎成了人类实现加速进化的一个决定性因素。我们知道，文字的发明突破了口语对于知识传播和积累所施加的限制，让表达思想的实际情况发生了根本性的改变，因为从此人们就可以将知识或信息记录在一个人工的媒介上。这些知识或信息可以原封不动地被传递到很远的地方或被长时间保存，就是说，书写语言具有非同步性和非局域性。于是，信息的接受者可以远离信息的发出者，这样，知识或信息载体的转移就使得人们超越了时间和空间的局限，从而改变了人类认识发展的过程。由于书写语言具有非同步性和非局域性，导致其所载信息经常与信源在时间和空间上相分离的通信方式，结果信息的接收就超出了特定的情景。这样一来，对于文本的作者和读者都提出了新的要求。正如法国当代哲学家莱维（P. Levy）所指出，从读者的角度看，就有必要对文本进行解释的实践，这使得从人类进入书写文明的那一刻起，古文解释学就诞生并发展起来；而从作者的角度看，就要求把文章组织成语义上独立于情景的自洽系统，即自身包含了理解和解释所需的全部条件，这在一定程度上促成了对应于科学和宗教普遍性标准的知识的产生。[①] 借助书写把人类的知识在人工媒介上外化，加之近代印刷技术的产生和发展，不仅知识的传播和分享超越了时空的隔阂，而且语言的描述和论证等高级功能也相应地能得到发挥，因为这些功能只有把文本书写在静态基质上才可有效地实现。更进一步，文本的外化和对象化创造了与个体

---

① 见 R. 舍普等《技术帝国》，刘莉译，生活·读书·新知三联书店，1999 年，第 124—125 页。

的记忆系统相分离的人工记忆系统，从而突破了以往那种只依赖人的自然记忆系统保存知识的局限，使得人类的知识能以一种稳定和持续的方式得以积累和发展。

除了书写语言以外，人类还发明了其他外化心智运作的结果的方式，如几乎与语言一样古老（或许更早）的绘画和音乐。这些外化方式的特点是以符号作为表征心智运作的结果。这些具有信息内容的符号，构筑起了文化世界的主体。虽然所有符号都依赖一定的物理载体才能实现，但书本不是纸张的集合，壁画不是岩石，也就是说由符号所组成的文化世界具有相对自主的本体地位，这与我们在第五章中所阐述的虚拟机的情形相类似。熟悉哲学家波普尔三个世界理论的读者一定注意到了，我们在这里所说的符号世界与他所提出的世界 3 是非常相似的。①

事实上，除了以符号的形式外化心智内容，人类还采用了另外一种非常基本和重要的外化方式，即依据心智所产生的内容，将外在的自然物转变成具有特定功能的器物，并借助这些器物来获取可以满足自身生存的食物、物品、能量和信息。以这样的方式所外化的心智内容，我们通常叫做技术。当然，从本质上说，这些技术也是一种符号形式，但由于它在人类进化所起的特殊作用，我们下面将专门加以阐述。

第二节　人即符号

由上可知，原本不过是属于灵长类的人科动物，在基因变异和自然选择等因素的共同作用下，不仅进化出了能够有效地获取、表征、变换和创造信息的心智，而且实现了将心智运作的结果以符号的形式外化，于是，一种新的进化方式——文化进化——开始了。对于这类人科动物而言，发生这样的转变无疑是突破性的：既使得自身在与其他物种的竞争中取得了绝对优

---

① 在本章第四节的论述中，我们将简要地述评波普尔的三个世界理论。

势的地位,同时也从动物界中提升出来,成为真正意义上的“人”。

多少年来,人在适应和改变环境的同时,一直希望认识自己,于是,不断地发问:“人是什么”。对此,历代的哲人给出了各种各样的回答,比如,人是会思维的动物,人是有理性的存在物,人是社会关系的总和,等等。可以看出,这些回答试图通过抽象出能够刻画人的某种特性来对“人”下定义,而所抽取的性质通常是反映了人性的某一侧面,所以在一定意义上说都是合理的。然而,如果我们希望真正理解人之所以为“人”的本质,关键是要把握人之所以能从动物世界中提升出来的特质,并且这样的特质是可以描述的,而不是一种抽象或含糊的规定。由此看来,仅仅将人定义为“能思维”、“有理性”或“社会关系之和”是不够的,因为“思维”只是心智的一个方面,“理性”是一个既抽象又含糊的概念,而“社会关系”也不仅仅属于人,不少动物也有社会性。况且,像“思维”和“理性”这样的概念也不是最基本的,它们可以从心智的特性出发加以规定或说明。

那么,究竟怎样的特性既可描述又能刻画人的本质呢?我们认为,答案已经包含在上节的论述中。在与其他生物的比较中,我们发现只有人将心智运作所产生的知识以符号的形式加以外化,为自身构筑起了一个能够不断发生交互作用的文化世界,从而成为文化进化的主体。虽然我们知道,有些动物也能够为自身的生存建构起合适的小环境,比如鸟儿构筑鸟巢,蜜蜂建造蜂窝,但它们靠的是本能,或者更严格地说是依据由生物进化所形成的固有“算法”。它们缺乏能够实现高阶计算和再表征的虚拟机,也就无法进行符号计算和外化经验,因此,只能依据生物进化的法则,代复一代几乎重复地迭代,实现缓慢的生物进化。

而人的文化进化则不同,每个人既可以将自身在与环境相互作用中获得或创造的知识添加到文化世界中,反过来也可以从文化世界中获取自身所需要的知识来生成新的知识或完成有目的的行动。这样一来,在个体与文化世界之间就建立了正反馈的互动关系:一方面,一个人只要将心智结果外化,他就对文化世界有了贡献,结果导致文化世界不断地膨胀;另一方面,个体通过学习文化世界中已有的知识,就可以大大节省积累知识所需的时间和精力,也就有可能向文化世界添加更多的知识。于是,在与文化世界的相互作用中,人得以摆脱生物进化的局限,不断加速地实现新的进化。

由于人所处理和外化的心智内容采用了符号形式,故文化世界实际上是一个符号世界,而人与人之间也是通过符号(语言)发生联系的。所以,如果说人之所以为人的显著特征在于人是文化进化的主体,那么,我们可以认为运用或操作符号是人的本质,也就是说人即符号。

显然,放在计算主义的框架下来考察,人的本质是创造和运用符号似乎是一个自然而又平凡的推论。在前一章中,我们已经阐述过,心智作为虚拟机所运行的过程就是计算的过程,其中,计算是对心智表征的操作,而心智所表征的是关于外部对象或内部状态的信息,它们具有语义内容。从虚拟机的层面上说,这些具有内容的信息是以符号表征的形式出现的,故心智的计算也可以说是对符号的操作。因此,当我们认为人有别于动物是在于心智的计算及结果的外化时,实际上也就认定了人的本质是创造和运用符号。在这里,重要的是,我们必须认识到,心智的符号表征是具有内容的,它既包括对外部信息的直接表征,也包含对这些信息的再表征和内部表征,因而所执行的计算具有高阶性。这样,在"人即符号"这个简单命题中的"符号"有着丰富的内容,而并非是一个形式意义上的用语。

一个有趣的事实是,在我们从计算的视野下获得"人即符号"的洞察之前,其实哲学家早已经提出并详细论证了类似的观点,其中特别有代表性的就是卡西尔所做的工作。大约从 20 世纪 20 年代开始,卡西尔就意识到,对人的研究必须从对人类文化的研究着手,并开始创立他的文化哲学体系。在他看来,人并没有什么与生俱来的抽象本质,也没有一成不变的人性;人的本质只存在于不断创造文化的劳作之中,也就是说人只有在创造文化的活动中才成为真正意义上的人。这里,重要的既不是抽象的文化也不是抽象的人,而是这种创造文化的活动。正是这种能动的创造性活动,才既产生出了各种各样的文化产品,同时又生成了人之所以为人的特质。那么,这种将人的本质和文化的本质有机地统一起来的活动究竟是什么样的一种原始性的活动呢?卡西尔的回答是,这种活动就是创造和运用符号的活动,因为"符号思维和符号活动是人类生活中最富有代表性的特征,并且人类文化的全部发展都依赖这种条件”[1]。于是,他认为,应该将人定义为符号的动物。需要说明的是,卡西尔所说的符号是一个功能性的概念,它与信号属于两个不同的论域,后者是物理世界的一部分,而“符号则是人类的意义世界之一部分”“仅有功能性的价值”。[2] 这表明,他所使用的符号概念与我们在前面所使用的在论域上是相同的。

在卡西尔看来,人类知识本性上都是符号化的知识,于是,一旦创造并外化这些知识,人就“不再生活在一个单纯的物理宇宙之中,而是生活在一个符号宇宙之中。语言、神话、艺术和宗教则是这个符号宇宙的各部分,它们是织成符号之网的不同丝线,是人类经验的交织之网。人类在思想和经验之中取得的一切进步都使这符号之网更为精巧和牢固。人不再能直接地面对实在,他不可能仿佛是面对面地直观实在了。人的符号活动能力(Symbolic Activity)进展多少,物理实在似乎也就相应地退却多少。在某种意义上说,人是在不断地与自身打交道而不是在应付事物本身。他是如此地使自己被包围在语言的形式、艺术的想象、神话的符号以及宗教的仪式之中,以致除非凭借这些人为媒介物的中介,他就不可能看见或认识任何东西”[3]。从这段论述中,我们可以发现,在计算主义的思潮兴起之前,像卡西尔这样的伟大哲学家就已经通过对人与文化之间关系的深邃洞察,意识到了符号活动在人的本质中所扮演的决定作用。

由此可见,不论是从计算主义的框架还是从整个人类文化的视野下来分析,将创造和运用符号作为人的本质是一个很有说服力的主张。而且,如果我们注意到人运用符号创造文化世界是一个由简单到复杂的演进过程,则就能够更深刻地认识我们自己,明了人的本质实际上是一个动态展现的过程。

起初,人所外化的心智内容主要是从自然和社会环境获取的直接经验以及通过心智的运作所生成的想象和体验,因此,在人类文明的开始阶段,

---

① 恩斯特·卡西尔:《人论》,第35页。
② 同上书,第41页。
③ 同上书,第33页。

所构成的文化世界不仅“疆域”很小,而且内容也基本属于感性经验。这些感性经验既包括由语言所承载的常识和技能知识,也包含在艺术、神话和宗教等早期的符号形式中。

还有一个重要原因对于当时人类的文化进化产生了很大的影响,那就是地理环境。在人类文明的早期,人所外化的知识主要由自然媒介来实现,而这些媒介(如声音)的传播距离十分有限,加之地理条件的限制,所以,由不同的人或人群创造和外化的知识就往往难以被整个人类所共享。现在看来,这种原因固然使得人类的文化呈现出了多样性和丰富多彩的特征,但同时也造成人类内部文化进化的不平衡和整体上进化的缓慢。正因为如此,我们看到,虽然人类自从运用符号外化知识的过程在几万年前就开始,但在其中的极大部分时间内,人类文化进化的速度其实是缓慢的。相应地,人作为创造和运用符号的本质的展现也是缓慢的。

我们知道,促使人类加速进化的加速器是相当晚近才出现,它就是近代科学和建立在其上的技术。若以哥白尼提出日心说作为标志,近代科学的诞生距今也不过400余年的时间。但是,它对文化世界版图的改变和人类加速进化的作用却远远超过了之前人类所有符号活动所产生的。为了理解近代科学何以会产生如此巨大的作用,这里有必要对它的特征作简要的阐述和说明。

在卡西尔看来,“科学是人的智力发展的最后一步,并且可以被看作人类文化最高最独特的成就”[①]。然而,存在着一个不容忽视的事实,即尽管人类社会中不同文明在各自的发展中产生了一些科学知识,但以可检验性和抽象性为基本特征的近代科学体系却几乎都是在西方这块“子文化”的土壤里孕育和生长出来的。

对于一个知识体系而言,可检验性要求它与经验事实相协调,而抽象性则要求体系满足逻辑一致性和具有相互强化作用的理性约束。在科学之外的其他文化体系中,可检验性和抽象性可以单独存在(也可能两者都缺乏)。在近代科学之前的科学文化中,包含一些可检验的知识内容,如关于日落日

---

① 恩斯特·卡西尔:《人论》,第263页。

出、月的盈亏和行星运动等天文现象的观察结果,但缺乏抽象性;而各种哲学和神学体系虽然有着很高的抽象性,却无法诉诸经验检验。事实上,抽象性与可检验性不太容易结合,因为抽象性意味着一个体系想成为可检验的,只能将演绎的结果置于受控的环境下加以实现。所以,一个文化体系要成为真正的科学,就要求其创造者在认识自然的方式上不拘泥于单纯的观察或纯粹的思辨,而需要采用全新的研究方法,那就是受控实验和数学方法的有机结合。

可以看出,西方文化的传统恰恰适于这种全新研究方法的产生。这是因为,西方文明从一开始就有理性主义和经验主义两种文化取向。与知识的习得和确证相联系,理性主义强调逻辑的重要性,经验主义则强调观察的重要性。在近代科学之前,理性的和经验的传统在不同的文化体系中得以显彰。例如,亚里士多德的逻辑学、欧几里德的几何学和基督教神学集中地体现了理性主义,而大量的天文观测和航海记录则体现了面向解决日常条件下的实际问题的经验主义。这两种传统一直处于对立和冲突的状态,并由社会内部不同的群体和阶层来维系:地位较高的学者推崇理性主义,而地位较低的工匠倾向于经验主义。从 14 世纪开始的文艺复兴和宗教改革运动,导致神学和哲学的多样化,这降低了理性传统的重要性。另一方面,早期资本主义的发展则导致知识的实际应用的多样化,这提高了经验传统的重要性。这种变化促成了理性传统与经验传统在 17 世纪的决定性整合。在培根和笛卡儿那里,这种整合已经开始出现但不充分,因为他们虽然承认双方的作用,却过分注重其中一方,如培根强调观察和归纳的重要性,而笛卡儿则强调数学和演绎的重要性。只有当伽利略把受控实验和数学方法有机地结合起来,并由牛顿运用这一方法建立严密的科学体系,才宣告经验和理性整合的完成。从此,科学知识体系兼备了可检验性和抽象性,它们分别体现经验和理性的传统,而这样的体系我们就叫做科学理论。于是,从西方传统文化中产生出来并以理论为标志的近代科学走上了相对自主发展的道路。

迄今,人类已经建构起了一个极其庞大的科学知识体系,而且这个体系已经成为整个文化世界中最为强势的一部分。取得这种地位的两个主要原因之一就在于它是人类认识世界或把握实在的内在结构和过程的最好方式。我们在第二章中曾经阐述过，从计算的观点看，构成科学理论的核心内容实际上是一个个算法。这些算法依据所描述的自然对象的不同，在抽象和精细程度上不一，但它们本质上都是对自然的计算过程的模拟。因此，当人运用心智将这些算法变成程序加以运行，并且所得到的结果与观察事实相一致时，就达到了对所认识事物的理解。当然，由于所运行的程序往往是对认识对象的计算结构和过程的简化和抽象，所以这样的理解往往不是完备的。不过，依据认知的计算原理，人的心智作为普适的虚拟机，其模拟对象的能力在原则上并没有什么限制，因此，这种理解的程度将随着科学的进步而不断提高。从当今科学发展的状况看，这其实是一个不争的事实。

另一个主要原因就是科学理论的实用价值。依据物理的丘奇-图灵原理和计算等价原理，我们知道不仅存在着能够模拟其他系统的普适计算系统，而且一个系统所能运行的程序几乎总是有可能在其他系统中加以实现。虽然科学理论只是抽象程度不一的算法，但当一个认识者利用所需认识对象的条件将其具体化为一个在心智中得以运行的程序，或者在此基础上生成可以达到具体目标的新程序时，这样的程序就能够产生实用的功能，也就是利用所产生的结果来为人的生存和进化服务。这种实用功能既可以由人依仗自己身体的某些部分（比如手）来实现，而这一实现过程我们就叫做行动；也可以采用一定的方式将程序外化，通过某种外在的物理系统来实现，而这就是基于科学的技术。

第三节　技术的本质

读者一定注意到，当我们以“基于科学的技术”作为上一节的结尾时，我们是想将思路引向对技术的考察了。的确，如果我们仅仅抽象地认定人的本质是创造和运用符号，而撇开了对技术与符号的关系的探究，那么，我们对人的本质和进化的理解将是不完整的。

在现实生活中,每个人几乎处处被由各种技术所构成的人工环境包围着,而且新的技术层出不穷。这让我们深深地感到:一种越来越强大的技术力量正在左右或支配着我们的生活,我们的"人性"似乎也正在被技术剥夺、吞噬。于是,一些当代思想者开始责怪甚至诅咒技术,将人类在道德、政治和自然环境方面出现的诸多问题归咎于技术,似乎技术成了一种泯灭"人性"的异己力量。然而,他们却常常忘记或压根儿就没有认识到这样一个关于技术本质的命题,即技术恰恰就是展现人的本质的主要方式之一。

其实,我们在前面已经提到了这一点,现在进一步来加以阐述和论证。从人类的进化史上看,技术的诞生也就意味着人的出现。我们通常认为劳动创造人,而劳动则以能够制造工具作为标志,就是从这种意义上说的。不过,由于这里"制造工具"的含义不甚明确,是否能够将其作为人之为人的标志存在着争议,因为一些灵长类的动物(如猩猩)似乎也有"制造工具"的能力。所以,如果要将其作为人区别于动物的标志,就须明确人制造工具与其他灵长类制造工具之间的不同。我们认为,如果将技术理解为心智运作结果的外化,就能够将真正意义上的人与原始的人科动物和灵长类的动物区别开来。这种区别表现在:在原始的人科动物和灵长类的动物中,所谓"制造工具"实际上只是利用一些实物在外力作用下自然生成的形状,这样,一块石头被砸成什么形状,砸者就利用什么形状;如果加进技术的因素,那情况就不同了——石器制造者会按照事先已有的意图来"拣"、"砸"或"磨"石块,以赋予其特定的功能。而这样做,实际上制造者是将心智运作所生成的"程序"或"知识"外化,并在石块上实现。当我们这样来理解人制造工具的含义时,就可以明白技术从本质上看也是一个创造和运用符号的过程。因此,认为技术的诞生就是人的出现的观点,与我们在前面所论述的"人即符号"的观点是完全相应的。

一旦把握了技术的本质,我们就可以更好地理解技术是文化世界的重要组成部分,以及技术的进步与人的进化之间的内在联系。纵观技术发展的历史,我们能够发现它实际上就是一部人类不断外化心智运作所生成的知识的历史。与其他所外化的符号化知识不同的是,构成技术的知识是心智所"写成"的一个个程序。这些程序通常能够实现特定的功能和目标,并且以内隐的方式物化在一定的物理客体中。这些客体我们一般冠以“工具”或“机器”这样的名称,它们能够按照隐性表征或所谓“固化”的程序来执行一定的功能,从而为人本身的生存和进化服务。

在近代科学产生之前,人类的心智编写技术程序主要依靠经验。这些经验一般是对自然对象的现象描述,所以许多技术是直接模仿自然系统的计算过程的结果,或者是在此基础上的创造和改进。随着近代科学的产生,情况就发生了很大的变化,对此我们在前一节末尾已经作了一些阐述。显然,建立在科学理论之上的技术不但给人类社会带来了前所未有的改变,而且给整个文化世界造成了极其深刻的影响。事实上,现代技术已经或正在为人类的文化构筑新的基础。为了说明这一点,我们不妨来具体分析一下新的技术是如何通过创造新的媒介而改变人们保存、传播和获取知识的方式的。

我们已经讨论过语言的功能,但从人类语言和人类认识发展的过程可以看出,人类语言的高级功能并不是一开始就在认识过程中扮演着重要的角色,而是随着语言媒介形态的变化才逐渐得到完善和强化的。因此,若要明了人类语言的认识功能,就得探究人类语言媒介的转移。我们知道,任何语言的表达和交流都离不开一定的物理载体,而物理载体在性质上的实质性改变我们称为本体论转移。回溯人类语言起源和发展的历史,我们可以发现,从最深刻的意义上说,人类语言的这种本体论转移已经发生了两次:第一次是与书面语言的产生相应,出现了载以文字的人工媒介,这样人类语言就超出了单纯基于自然媒介的口语阶段;第二次本体论转移则发生在新近,以文本的数字化电子形态的出现为标志。然而,之所以能发生这样的转变,归根到底是在于技术的进步。我们熟知,第一次转变依赖于像笔墨这样的书写技术和造纸、印刷等技术的出现和推广,而第二次转变以及所产生的影响则值得在这里作较详细的阐述和分析。

可以说,近代人类的文明在很大程度上体现在以纸质文本为标志的知识载体中。书籍不仅装载了人类在认识和改造世界中所获得的几乎一切知识成果,而且使得人人共享这些知识成果成为可能。不过,虽然纸质文本的广泛传播和普及克服了以自然媒介作载体的口语所具有的有些缺陷,但随着人类知识的迅速增长,人们之间交往的日益频繁,书写语言的传统出版和传播工具变得越来越难以适应时代的需要。人们要求信息的发送、获取和处理更加快速、便捷和有效,结果导致了以电报的发明为先导的一系列通讯方式的变革,其中影响最为广泛和深远的便是我们正在亲身经历的这场以电子计算机、现代通信技术和网络技术相结合的信息革命。从语言媒介方面看,这场信息革命促成了文本从纸质向数字化电子形态的本体论转移。

当代的数字化电子文本在一些基本方面与纸质文本存在着实质性的区别。当读纸质的书或文章时,我们面对的是一个由特定文本和版本相合并的物理客体。我们能够对文本进行修改,在文本的边缘写下注释,把文本加以复制,但是最初的文本总是存在,因为白纸黑字已经完全实现。而当我们在计算机屏幕上阅读电子文本时,先于阅读行为的文本客体实际上并不存在。这是因为数字媒介(如磁盘)并不包含我们所能阅读的文本,而只是一系列由物理态所表征的数码,只有通过计算机的硬件和软件把这些数码编译成在屏幕上能够显现的字母信号,我们才可认为文本已经存在。从这个意义上说,电子文本具有虚拟性和动态性。当在实际的工作和生活中,由于某种物理或软件的原因而使得数字媒介上的数码无法在计算机系统中实现转换时,我们便可深深地体会到电子文本的这种虚拟性。

数字电子媒介与纸质媒介相比,除了在信息的储存和转换方面具有很大的优势外,更重要的是数字电子媒介与计算机和网络紧密结合在一起,从而又一次深刻地改变了语言表达和交流的方式。由于在计算机和网络技术所建构起的虚拟世界中,基于电子媒介的信息能以光速传播并得到迅速处理,所以人们可以彻底摆脱地理因素对彼此之间语言交流所施加的束缚,实现远隔千山万水的同步交流,正如当今互联网上每时每刻在发生的那样。可以看出,这种情形在某种意义上是向口头语言的回归,因为网络上的文本在一定程度上是与特定的语义情景共同出现,而且随着虚拟实在技术的进一步发展和它与网络技术的结合,远程显现将把语言交流双方的语义情景真正地融为一体。不仅如此,当电子文本沉淹在虚拟世界中时,它的动态性和虚拟性便进一步显现。这些特性导致我们在写作和阅读文本,尤其是字处理方面发生了一些革命性的变化。

我们知道,记忆是最基本的认识功能,因为如果一个人没有记忆,那么他的其他认识能力也就无从谈起。书写的发明在人类认识进化史上之所以显得如此重要,就在于它把人的记忆功能部分外在化和客观化了。作为一种智能技术,书写在效果上造成知识和它的主体之间的分离。这种分离一方面使得记忆储存的问题可以不再在人们的智力生活中占据支配的地位,另一方面人的心智可以研究静态的文本而局限于动态的谈话,这使得人们能以一种更抽象和理性的方式来审视自己的创造并对它进行检验。

不过,借助在静态基质书写文字所外化的人类记忆功能不仅是部分的,而且这种存贮知识的方式与人类自然的记忆系统有着质的差别。事实上,人的记忆是一个极其复杂的认识过程,正如卡西尔所说:"记忆包含着一个认知和识别的过程,包含着一种非常复杂的观念化过程。以前的印象不仅必须被重复,而且还必须被整理和定位,被归在不同的时间瞬间上。"①显然,我们的记忆并不是一个只用堆放知识或信息的仓库,而是包含着对知识进行分类、整理、检索等认知活动的过程。所以,文字实质上只是人的记忆所存取信息的一种外在标记。这种标记性的符号如果不刺激人的感知系统并与记忆过程相关联,那么就没有其自在的意义。也就是说,书写虽然以符号的方式外化了记忆的对象,但知识和信息的意义只有当这些符号得以在人的思维过程中实现操作方能显现。这样看来,书写文明所外化的只是人类的认识成果,而不是人的认知能力。

电子计算机的问世和迅速发展不仅改变了书面语言的载体,更重要的是在一定程度上外化并延伸了人的认知能力。例如,当我们坐在计算机屏幕前启动字处理软件进行文本的写作时,我们实际上正在动用那些已经外化了的人的认知能力。

"字处理"这一术语最初(1964 年)是在美国的 IBM 公司出现,其目的是描述一种品牌打字机。而真正使人们的写作技术发生革命性变革的则是个人计算机的发明以及它日后的迅速普及,因为正是有了广泛的个人计算机用户基础,字处理软件才得以大行其道。有意思的是,当我此刻坐在屏幕前

---

① 恩斯特·卡西尔:《人论》,第 64 页。

正想对字处理软件的实质和功能作番思考并进行写作时，我所借助的恰好也是由美国微软公司生产的一种字处理软件。字处理软件，从功能上看，是对人的写作技术的外化和扩展：我们不仅可以通过键盘快速地进行文字的输入，而且可以借助它所提供的“菜单”方便地进行存取、剪切、复制、粘贴、删除、查找和替换等一系列操作。这样一来，我们写作和思维的方式就发生了根本性的变化。对此，海姆曾有一段精辟的描述：“一旦你入了字处理的门并掌握了一些基本技巧，你便会叹道：‘这是好东西！’剪刀加浆糊，再会吧；修改的麻烦，没有了。现在你的工作不再需要一遍又一遍打字了。单词舞着蹈着跃上了屏幕。句子顺顺当当移到了一旁，为另一句腾出了地方，而段落则涟漪般有节奏地向上滚去。可以把单词‘照亮’，然后剪切下来，只要再按一下键便可以粘贴到其他位置。数字化的写作几乎是无阻力的。你直接在屏幕上系统论述自己的思想。你不必考虑是在写开头还是中间或是结尾。只需一键之劳便可将任何一段文字挪到任何地方。思潮直接涌上屏幕。不再需要苦思冥想和搜爬梳理了——把飞着的思想抓过来就行了！”[①]

当考察了这场信息技术革命如何促成了承载人类知识的文本从纸质向数字化电子形态的本体论转移以后，我们再来看人类外化心智的过程中一个非常重要的现象。事实上，这个现象已经在上述的几个语篇中有所描述。

我们说技术也是人外化符号知识的活动，不过，在技术发展的不同时期，所外化的内容在性质上并非都是相同的。我们发现，在人类进化的绝大多数时间里，技术活动所外化的符号知识基本上是心智运作的结果，而不是关于心智运作本身的知识或心智能力。那些物化了心智运作所产生的程序的工具替人类承担了输送物品、变换实物的结构和形状以及能量的形式等任务，可以说是将人的体力和肢体技能在机械中对象化了。在这种对象化的过程中，人类不断地增强控制和利用自然环境的能力，反过来又使得这种对象化的过程进一步升级，而其中，人的心智运作是不可缺少且起关键作用的环节。

---

① 迈克尔·海姆：《从界面到网络空间——虚拟实在的形而上学》，金吾伦等译，上海科技教育出版社，2000年，第33页。

终于,人类的文化进化发展到这样一个阶段,即人不仅仅满足于将心智运作的结果外化和对象化,而且开始把能够创造和处理符号的认知能力外化和对象化。由帕斯卡和莱布尼茨等伟大的先辈所发明的加法器和乘法器是外化认知技能的早期代表,而最具革命性的事件就是普适电子计算机的问世,它标志着人类进入了一个外化自身的新阶段,从而极大地改变了人类进化的轨迹。

如今,我们正生活在这样一个发生转变的激动人心的时代,为了感悟这种转变对人类的生存和进化的意义,就让我们来探询一番由这种新的外化所带来的一个文化亚世界——虚拟世界。

第四节　虚拟世界的涌现

20 世纪 90 年代以来,随着计算机和网络技术的不断发展、完善,互联网极其迅速地延伸到了我们这个星球的几乎每个角落,成为当今人类社会中不可或缺的重要组成部分。实际上,依仗创造性地、不断地外化知识和认知能力,人类已经为自身的生存和发展构筑起了一个新型的文化亚世界,它就是以互联网为代表的虚拟世界。毫无疑问,这个亚世界对人类的影响是全方位和史无前例的。

当坐在计算机屏幕前点击浏览器进入互联网游弋时,我们几乎不会怀疑虚拟世界的真实存在和它的丰富多彩。一个每天都在发生的事情是,我们在现实世界中所遇见的林林总总,正以虚拟的方式不停地“搬进”虚拟世界;而在它的里面也正不断地涌现出我们在现实世界中所不曾遇到的新景象,所以说,这是一个正在涌现的新世界。

为了把握当代技术如何造就这样一个新世界,我们在这里简要地介绍一下构筑其的技术主体——互联网的产生和发展过程。

1969 年,美国国防部建立了俗称“阿帕网”的广域网络,其中每一个地方的计算机系统和设施本身就是一个子网络,而任意一台计算机只要与网络中的任意一个系统之间建立连接,即可加入该网络。阿帕网的这种机理使得分布在不同地点的人可以通过计算机进行远程通信,这被认为是最早的计算机广域网。到了 1977 年,通过海底电缆和通信卫星,美国的三大网络(阿帕网、无线电信包网和卫星信包网)实现了连接。1982 年,美国国防部把 1973 年制定的 TCP/IP 协议正式作为网络标准,以后全世界不断有新的网络依照这个标准加入互联网(Internet)。1991 年,在瑞士日内瓦的欧洲粒子研究中心工作的英国物理学家伯纳斯·李(T. Berners-Lee)发明了一种网上交换文本的方式,创建了万维网(World Wide Web)。万维网是一种分布式多媒体超文本工具,可以把全世界任何地方连结于互联网上的计算机信息有机地连接起来。很快,这个平台在整个互联网上风靡。1993 年出现的浏览器,是一种在客户机上使用的用以访问万维网服务器的工具软件。使用浏览器在万维网上漫游,可以检索和查询各种信息,可以下载、保存、打印各种文档,可以建立主页和收发电子邮件,等等。万维网和浏览器的出现使人们能够很容易地在网上发布和获取信息,极大地加速了互联网的发展。从此,人类社会里,人们之间传播和交流信息的方式进入了一个崭新的时代。

从技术的角度看,互联网是一个以计算机技术、网络技术和现代通信技术等构筑而成的虚拟世界,之所以称其为"虚拟世界",是相对于我们所处的现实世界而言的。不过,如果进一步询问构成这个世界的本体是什么,那么答案就是——文化。

熟悉波普尔三个世界理论的读者可能会问:既然虚拟世界实质上是一个相对自主的文化亚世界,是否意味着它便是波普尔所说的世界 3?从表面上看,我们这里所称的虚拟世界与波普尔所主张的世界 3 的确具有较大的相似性。然而,如果深入探究虚拟世界的特性,则可以发现两者之间存在着很大的不同。简言之,虚拟世界超越了世界 3。

波普尔在其学术生涯的后期从科学哲学转到了对实在世界的性质和结构的考察,提出了一种影响甚广又颇具争议的多元本体论,即三个世界的理论。在他看来,从本体论上说存在着三个构成成分和性质各不相同的真实世界的类别:第一是物理世界或物理状态的世界,简称世界 1;第二是意识状态或精神状态的世界,简称世界 2;第三是思想的客观内容或客观知识的世界,简称世界3。[1] 显然,单单划分出三个世界并确定事物所属的类别是不够的,进一步还要弄清各类之间和同类中各个事物之间的关系,这样才能形成一个具有统一性和连贯性的本体论。波普尔认为,世界1与世界2能相互作用,世界2与世界3也能相互作用,但世界3与世界1却不能没有世界2的某种中介而直接发生相互作用。他的形而上学体系的新颖之处是强调世界2与世界3的区别以及它们之间的相互作用,而着重点是放在对世界3的实在性和客观性、自主性进行论证和辩护,以便确立其本体论地位。波普尔认为,世界3是实在的或真实的,而关于实在性的判据在于相互作用。具体地说,由于世界1是实在的,而如果一个东西能够对世界1发生作用(即使是间接的)并能被世界1所影响,那么它就具有实在性。由于世界1中的物理客体和状态已经被科学理论大大地改变了,因而由科学理论等所组成的世界3具有实在性。同时,世界3也具有客观性。与世界2的意识状态不同,世界3的思想内容是抽象的客体,彼此处于一定的逻辑关系中而并不依附于心智状态。这些客观知识不仅可以通过批判而得到改进,而且可以引起人们去思考和行动。最后,波普尔论证世界3的核心观念是自主性。他认为,世界3虽然是人的创造物,但它在一定程度上是自主的领域。这种自主性意味着可以独立存在或不可归约,其判定标准为存在着其他类别所没有的特性或规律。这就是说,世界3的特性和规律既不是物理的也不是精神的,并且不能还原为这两者。世界3一旦存在,便开始有了自己的生命和历史,其中的客体包含着人们未曾预期的问题和推断,而我们的任务是去发现。

波普尔的三个世界(尤其是世界3)理论提出后,曾在哲学界和科学界引起热烈的争论,褒者有之,贬者则更不乏。我们认为,问题的关键在于世界3能否以自主的方式存在和演化。显然,波普尔的世界3不仅不能没有作为载体的世界1而独立存在,更重要的是其产生和演化都离不开人的心智过程。这样,世界3就不能自主地存在和演化,因此与世界1或世界2不相对等或平行,充其量不过是后两者之间相互作用所生成的一个"派生"的亚世界。

---

① 关于波普尔的三个世界理论,见卡尔·波普尔《客观知识》,舒炜光等译,上海译文出版社,1987年,第163页。

然而,正是由于这个亚世界的出现及其在人类创造活动的作用下不断扩大和复杂化,才从中涌现出了一个更具自主性并与物理世界在本体论上更对等的新世界——虚拟世界。我们之所以认定虚拟世界是对世界3的超越,并且与物理世界在本体论上更具对等性,是基于对虚拟世界与世界3的基本特性的分析比较,是在于我们发现虚拟世界和物理世界就本质而言是计算实在的两种不同实现方式。

让我们先来分析人类是如何通过自身的创造而实现从世界3到虚拟世界的超越的。在波普尔看来,他的世界3的最主要构成就是用文字或其他符号所表述的科学理论、文学艺术等人类的精神产品,故它实质上就是我们通常所说的由符号知识构成的文化世界。而当波普尔提出他的三个世界理论时,这些精神产品主要还是以静态的基质(如纸张)作为载体而存在。

我们在前面已经论述过,以电子计算机、现代通信技术和网络技术相结合的信息革命,从根本上改变了人类知识的贮存、传播和创造的方式。从语言媒介方面看,这场革命促成了文本由纸质向数字化电子形态的本体论转移,从而使得知识载体具备了虚拟性、动态性和交互性。不仅如此,随着互联网的问世和迅速普及,一种驻留在网络空间中的具有一定程度智能的自主的软件智能体已经出现。它能代表用户或其他程序,以主动、灵活的方式完成一定的认知操作和对环境的行为操作,实质上它是外化人的认知能力的结果,一定意义上可以看作是一种虚拟的认知主体。于是,从本体论上说,知识载体的虚拟化和虚拟认知主体的产生就使得世界3开始朝虚拟世界转变,而这种转变的结果是后者有了前者所不曾具备的一些重要性质。波普尔断定世界3的实在性是依据它与世界1之间存在着相互作用,这种作用需要通过世界2作为中介才能发生因而是间接的;而对基于计算机和网络所形成的虚拟世界来说,其中的虚拟客体不仅可以与人的精神状态相交互,并且能与世界1直接发生作用。这表现在:一方面,一个软件智能体或软件系统可以通过传感器直接获取物理世界的信息;另一方面,它也能通过效应器直接作用于物理世界。这在我们所生活的世界上其实已经十分普遍,因为各种各样的软件程序正在自主地控制和改变着物理世界的面貌。至于客观性和自主性,对虚拟世界而言,显然比波普尔所论述的具有更充足的理由。

世界3的客观性在于思想的内容不依附于人的心智状态,但实际上我们运用静态基质所外化的只是关于知识的一种记号,而要赋予这种记号以意义或理解则还是离不开人的心智。更成问题的是,由于缺乏自主的认知主体,波普尔的世界3本身并不能自主地演化和发展。一旦离开了人的活动,世界3就会凝固不变并失去作用而还原为物理世界的一部分,所以它并不具有真正意义上的自主性和独立性。与此相对照,虚拟世界的客观性和自主性就比较显然。我们知道,虚拟世界不仅是人类知识外化的结果,更重要的还在于它是人的认知能力的外化和扩展,于是,尽管目前它还很不完善,但已经是一个由虚拟客体和虚拟主体所构成并处于开放环境中的动态大系统。这样,虚拟世界中的信息即使没有人的参与,在一定程度上也能够存在并进化。在互联网中,我们已经感受到了信息的这种客观性和独立的变化。或许有一天人类在地球上突然消失,我们仍然可以想象这个虚拟世界能继续存在和演化,尽管一开始它由我们人类创造。

因此,我们可以说,人类在与物理世界和自身内部的相互作用中创造了世界3,进而又在波普尔意义上的三个属于不同层次的亚世界之间的直接和间接的相互作用中涌现出了一个虚拟的世界,而这个新世界在本体论上却与现实世界具有一定的对等性或平行性。这种对等性的确切含义是计算对等性。

如果透过由屏幕所生成的界面,并且站在抽象的层面上来进行思考,那么就会发现,支撑这个虚拟世界的基质是由数字符号组成的一个个程序,即一个个计算过程,而其表象上的丰富多彩和千变万化恰恰就是计算复杂性的具体显现。人在虚拟世界中的活动,即通过人机界面对虚拟对象进行交互操作活动,实际上是一种对信息的操作。也就是说,虚拟世界实质上是一个数字化的世界,它的运作方式具有数字化的属性,其中,不同个体和群体的自然关系和社会关系都是建立在以“比特”为单位的数字化信息的生产、存储、传递、交换和控制的基础之上的,并通过这一系列的数字化过程而被反映和确立下来。

由于在计算主义的框架下,现实世界本质上是计算的,所以,断定虚拟世界与现实世界之间存在对等性的最主要理由是两者皆为计算实在的显现。也就是说虚拟世界和现实世界都是实在的,而实在从本质上讲是计算,区别只在于构成内容和实现方式的不同。

这样,就回到了我们在第二章中所主张的计算实在论上。根据这种实在论,可以认为在我们所生活的现象世界中,存在着计算上对等的两种基本的实在。在认识和实践的历史长河中,人们主要面对的是现实实在,它是相对通过我们的感官所感知到的现象而言的。存在着独立于我们的知觉的现实实在是实在论者的基本信念,而现象主义者和主观主义者则对此加以否认。然而,如果现象主义者和主观主义者只承认现象的实在性或断言存在即是被感知,那么就会面临许多无法克服的困难,例如该如何来理解在人类出现之前自然界的存在性。个人在生存体验中容易确立这样一种信念:有离开我的知觉而存在的现实实在,它不会因我的降生才出现,也不会因我的离去而消失。纵然这只是一种朴素的常识实在论,却是决定我们为之生存的基本信念。进而,在人类自身的文化进化中孕育出了实在的新形式,其标志就是电子计算机的问世。从此,实在的计算本质不仅通过广袤的物理世界的客体以类似于专用计算机的方式实现,而且可以借助普适计算机以虚拟的方式来显现。这样的虚拟客体即使没有人在进行感知依然可以存在,依然能够演化和复杂化;而依据虚拟实在技术,当人们对它们进行感知时,原则上能获得一种与面对现实实在时一样的真实感。

我们知道,普适计算机具有实现不同计算程序而展现虚拟实在的功能。基于这样的认识,我们不仅找到了现实实在与虚拟实在的统一基础,并且能够更好地理解两者之间存在的区别。由于人类及人的感官都是从属于一组特定的物理(或生物)规则和初态所形成的生物生态系统,故习惯上我们把这个系统看成是现实的或真实的实在;而虚拟的主客体则驻留在由计算机和网络所构成的环境中,它们从属于由另一组特定的物理规则和初态所形成的电子生态系统。因此,尽管两者之间可以在信息(也就是计算)层面上相互交流和作用,却无法摆脱由各自所处的生态圈所施加的限制。一个人是否为活的生物体只有相对于生物生态系统而言才有意义。同样,要问处于虚拟世界中的人工生命是自主地活着还是仅仅属于模拟物,也只有相对于电子生态系统而言才有意义,因为在不同层次或类型的基质之间具有一定的不可穿透性。有些人认为,随着虚拟实在技术和网络技术的进一步发展,人类所处的现实实在与虚拟实在之间的差别将消失,于是能完全地生活在虚拟世界之中。基于上述分析,我们认为这种可能性并不存在,因为我们的自然行为和生命的意义从属于生物生态系统。例如,离开了氧气和其他的必需品,我们随之就会失去作为生命的基本特征。

当然,我们认为虚拟世界与现实世界在本体论上具有一定的对等性,并不意味着它们之间没有实质性的差异。事实上,即使是从本体论上看,虚拟世界与现实的物理世界之间也存在着一个明显的区别,这种区别表现着虚拟世界的存在是以现实的物理世界作为基质的。尽管我们在互联网上游弋时,所直接体验到的只是一个个由符号构成的信息对象,但所有这些信息的传输、变换和保存等都依赖一定的物理载体才得以实现。所以说,虚拟世界与现实的物理世界之间也是一种附生的关系。在本书中,我们已经好几次碰到了这种关系:软件与硬件之间、心智与身体之间。这里,我们再重复强调一下,由于附生关系是一种本体论上的依赖关系,所以,虽然虚拟世界附生于物理世界,但这并不表明它是非真实的。

如果进一步探究虚拟世界与物理世界的差别,我们可以发现两者之间还存在着一个很大的不同,即虚拟世界是一个意义世界,而物理世界则不是。这是因为,从根本上说,构成虚拟世界的内容是我们人所外化的符号,或者是由外化了的认知技能运作所生成的符号,而所有这些符号只有相对符号的创造者和使用者而言具有意义才得以存在,否则,就退化为它们的物理实现。这类似于一座塑像只有相对其创作者和欣赏者而言具有表征意义(如表征某人)才得以存在,不然的话就退化为一堆泥土。

所以,我们说,构成虚拟世界的本体是文化。事实上,在当今的互联网中,极大部分内容是直接来自由人类借助其他媒介所存贮的符号化知识,故互联网也可以看作是一种文化的新媒介。当然,如上所述,这种新媒介具有以往所有媒介没有的新特征,所以我们才特别地称它为虚拟世界。

为了领略虚拟世界与其他媒介究竟有什么不同,我们在此不妨来看一个属于艺术的例子,即赛博艺术。

赛博艺术是随着虚拟世界的涌现而产生的一种新的艺术形式。这种以虚拟性为特征的艺术新形式不仅拓展了艺术家从事创作的空间，而且把艺术美与科学美有机地统一起来，从而向人们展现了一个欣赏艺术和体验美的新天地。在当前，究竟什么是赛博艺术并没有一个公认而又明确的定义。从发生学的角度看，赛博艺术是指运用计算机技术在虚拟世界中进行的创作，其作品以虚拟的方式存在。

如今，我们坐在计算机屏幕前，不但可以欣赏和体验传统的艺术品，而且能够直接参与作品的创作过程。事实上，在虚拟世界中，不仅艺术所承担的传统功能（如直觉、表达和象征等）能够得到很好的实现，更重要的是艺术已经不再属于单纯的消费体系，而变成了一个包括存贮、处理和传输具有美育价值的信息的交流过程。在这种艺术的新形式中，所呈现的作品与传统艺术品在许多方面有着很大的差别，并且艺术与技术的关系也发生了实质性的改变。

从根本上说，赛博艺术的主要目标是寻求艺术家、观众与软件之间的对话和动态交流，而由计算机和网络构成的虚拟世界则提供了实现这一目标的理想舞台。在实现目标的过程中，观众的地位和角色发生了变化，从普通的参与转变成进行交互作用的主体，而艺术家的地位和角色亦相应地变成既是创作者又是观众；同时，计算机软件也能以受动或自主的方式参与作品的生成，这就导致创作过程的集体化和虚拟化。因此，赛博艺术不仅改变了艺术过程的实践主体和最终作品，而且改变了人类智能与人工智能的关系，改变了虚拟和现实之间的关系。传统的艺术活动通常会涉及对实在的表现或反映，而赛博艺术品本身就是实在（虚拟实在）的组成部分。在这种情况下，观众不再只是已完成作品的消费者，他在虚拟世界中游历并发现，参与作品的重构和再创作。具体地说，与传统艺术相比，赛博艺术品的创作过程具有以下一些特点：(1)它的创作与工具密切相关，因为要创作一定的虚拟作品，就得先制造出相应的工具（特别是工具软件）；(2)创作过程是创作者逻辑功能的实施，而不是美学功能的运用；(3)新的工作方式（如数据流分析）已经出现，尤其是在网络领域；(4)交互性的发展导致集体创作，因而会使得文化的同一性和世界意识的增加；(5)远程显现的多样性与赛博空间的匿名性并不矛盾,因为参与未必一定要署名。[1] 这样一来,虽然赛博艺术品与传统作品在内容和对它们的解释方面没有实质性的改变,但关于作者和作品的定义却发生了变化。由于在创作作品的过程中,作者处在与虚拟主客体或其他作者、观众交互作用的网络中,甚至作品能在没有人直接干预的情形下自动地生成,所以不再是原来意义上的作者。而完成的作品不但是虚拟的,并且是集体的、暂存的,也就无法像对待一幅画在宣纸上的国画那样来收藏或占有它们。

由此可见,赛博艺术的一个本质特点是交互作用,因此有必要把它与在一般意义上的"参与"作出区别。通常,参与是指观众在欣赏艺术作品时智力或行为上的主动介入,故它是指观众与已完成作品之间的关系;而交互作用强调的是在创作过程中观众的积极介入,以造成艺术作品与观众之间的实时(或在线)互动,特别是让作品能对观众或使用者的要求和行为作出恰当的反应,这样的互动已经可以通过互联网或其他网络来很好地实现。于是,艺术创作就不再局限于某一方面的专家:画家、作曲家、建筑家,等等,计算机工程师和大量普通的观众也能包括进来。

根据作品产生途径上的差异,赛博艺术可以分成两大类。第一类由某一方面的艺术家与观众或其他艺术家之间通过在由计算机和网络所构成的虚拟世界中的对话、交流来创作作品,并探索性地研究社会艺术、集体创作、空间转换、真实与虚拟的合并连接等新形式。第二类是研究如何通过与计算机进行对话或由计算机自主产生作品,包括探索计算机的创造潜能和人工生命的建构。显然,后一类的研究与人工智能、人工生命的研究者所做的工作有着密切的联系和相同之处,如双方都运用逻辑功能进行创造。所不同的是,人工智能和人工生命的工作者侧重从科学或工程的角度来研究机器的潜能、建构人工的智能或生命系统,而赛博艺术家则试图从美学的角度干预人类的精神。后者试图用逻辑程序来增加人类的知觉知识,提高人们的认知水平,他们的艺术行动是要努力拓展人类智能的想象方面,以超越精

---

① 见 O. Kisseleva, "Art in Virtual Worlds: Cyberart", in J. C. Heudin (ed), *Virtual Worlds: Synthetic Universe, Digital Life, and Complexity*, Newsletter: Perseus Books, 1999, p237。

神与机器的对立。因此,这些艺术家注重数字化信息的处理,并让观众用自己的感觉和心智去直接把握虚拟作品的创作过程。正因为如此,他们非常热衷于运用虚拟实在技术,以便能调动观众的所有感官,使观众在与虚拟作品的交互作用过程中产生忘我的沉浸感。通过这样一种让真实世界与虚拟世界相融合的技术,创造体验美感的新的生态环境,以此来达到提高观众审美水平和认知功能的目的。

我们知道,美是人类经验的基本组成部分。从本质上说,美并不是事物外在表现或内在属性,而是人类在感知事物的现象表面或认识事物的内在秩序的过程中所产生的心灵体验。由于人类既能凭着自身的感官直觉地去体验和把握自然现象的丰富性、和谐性,也能依仗理性去洞察自然的内在秩序,所以存在着两种基本的美的类型,它们分别体现在艺术和科学之中。在艺术中,我们通常专注于形象的直接外观,欣赏这种外观的丰富性、多样性和各部分之间有机关联所呈现出的和谐;而在科学中,我们则力图追溯各种现象产生的内在原因,发现支配它们的一般规律。尽管艺术与科学在对自然关注的侧重点和表现方法上并不相同,但从认识的角度看两者皆在于揭示自然之和谐和秩序,去洞见实在的形式和动态结构,所以艺术美与科学美在许多方面既相通又有着共同之处。这在赛博艺术中表现得尤为明显。

虽然赛博艺术品在外观效果上可以起到与真实艺术品相似甚至相同的作用,但是本质上它们却是以数字化的方式驻留于虚拟世界中并成为其组成部分,因而在生成作品的程序未运行时,这样的艺术品实际上并不存在。这就是说,只有当相应的程序运行且以恰当的方式显现时,观众方能在感受其存在的同时来体验由它产生的美感。正是从这个意义上,我们不妨把由赛博艺术品所带来的美称作虚拟美。当然,对虚拟美的体验与我们在现实生活中欣赏真实艺术品所引起的美感并没有多少实质性的不同。但如果从艺术美与科学美的关系出发来考虑,则可以发现赛博艺术事实上已经把两者很好地统一起来了。

在科学认识过程中,美学因素起着极其重要的作用,许多科学家既求真又求美,甚至由美求真。这种求美的动机主要体现在对科学理论的创造和选择中,要求成功的或好的理论应该能赋予人们以美感。而一种理论要给人以美感就应该是简单的、和谐的和统一的，也就是说要能反映自然的内在秩序，因为基本自然规律的简单性和齐一性是科学家所持的本体论信念，而科学在认识世界中的成功反过来强有力地支持了这一信念。当代科学告诉我们，尽管自然现象是复杂多样的，但支配它们的自然规律却可以是简单的。赛博艺术创作的基本过程之一是用尽可能简单的规则来生成丰富多彩的艺术形象。这种对规则的简单性和合逻辑性的要求正是科学家在追求理论美时所运用的美学标准，而艺术形象的生动、丰富则是打动创造者和观众心灵、产生美感的基础。因此，当赛博艺术家在运用计算机技术进行作品的创作时，既能从生成规则的简单性和逻辑性中领略到科学家所孜孜追求的美，也能从由规则产生的五彩缤纷的现象中体验到艺术作品之美，而观众同样可以从这两方面来欣赏赛博艺术，于是科学美与艺术美就在虚拟世界中得到了融合。例如，在欣赏遨游在虚拟海洋中的人工鱼或生长于其中的人工植物时，我们确实可以感到它们带来的欢愉。这时，尽管体验的对象是虚拟的，但它们引起的美感却是实在的。另一方面，我们也可以调出生成人工鱼或植物的计算机程序，来窥视一下生成规则的逻辑简单性或和谐的内在结构，从而体验科学家在欣赏优美理论时所获得的那种美感。

赛博艺术与自然科学相通的另一方面是赛博艺术家常常有意无意地把科学思想或发现融入自己的作品中，并通过这种方式来提高观众直观地认识和把握自然的能力，如可以通过设计一个以分子为主体的虚拟微世界，使得观众能在虚拟实在技术的帮助下去虚拟地观察甚至体验分子之间的互相作用，以增进人们对微观世界的理解。值得一提的是，在大多数赛博艺术品中，空间和时间起着关键性的作用。由于虚拟空间与现实的物理空间不同，它不是我们经历的条件，因为它可以在人们的探索或体验过程中产生，故本身就是经历。[①] 这样，赛博艺术家就能利用虚拟空间的特性来创造对空间的新感觉。例如，有些作品通过运动或给人以一种漂浮在空间的感觉来唤起对空间无限性的遐想，而另外一些作品通过远程显现或连接的方式来产生对空间的新感觉。

---

① 见 R. 舍普等《技术帝国》，第 98 页。

总之,赛博艺术不仅改变了艺术创作和人们欣赏艺术的方式,而且通过与科学技术的紧密结合成为人们认识和体验世界的新手段。结果,赛博艺术对于人类的生存和发展已经并将进一步产生深远而又巨大的影响。在虚拟世界的赛博艺术天地中,人们既能享受到类似于真实世界所能获得的美感,更重要的是能让人们充分展开想象的翅膀,去创造、游历和体验无限多样的可能世界中的美景,从而大大地扩展了人类审美的范围。不仅如此,赛博艺术无疑也将有助于提高人类的认知能力,并更好地确立人类在自然界中所处的地位,从而达到与自然的和谐相处。

赛博艺术这个例子,还可以将我们引向一个应该在这里展开的话题,即虚拟世界的复杂性。从上面的描述中,读者可以窥见,虚拟世界是开放的、动态的和演化的。事实上,与现实的物理世界有一个从简单到复杂、从单一到多样的演化历史相类似,虚拟世界的演化也是一个复杂性不断增加的过程。从起源上说,这个世界是人与波普尔意义上的世界 1 和世界 3 相互作用的产物,但它一旦形成就获得了一定的自主性。就目前而言,虽然虚拟世界的演化主要还是出于人与其之间的相互作用,但这种自主性将随着虚拟认知主体的涌现和虚拟客体的增多而不断提高;反过来,自主性的提高又会导致虚拟世界复杂性的增加。

我们可以通过对互联网的考察来获得这方面的认识。作为虚拟世界的主要组成部分,互联网每时每刻都在变化发展。网络中的活性结点一般表现为人、团体、组织等,这些结点既是信息的接受者,也是信息的创造者。每个结点虽然只承担了互联网中信息变化的微小部分,但其中的虚拟客体(或数字化对象)却不断地被创生、修改、变换、传输和删除。对个体来说,昨天看到某种资源在某个结点上,今天完全有可能由于无法预见的原因而不复存在,另一些新的资源却可能瞬间冒出。由于信息是分散形成和独立传播的,网络结构呈现出无中心、延伸型的模式,没有任何一个人或组织能控制整个网络,因而互联网的演化具有自组织的特性。

这种自组织性和开放性,加之信息以电磁波的速度传播,导致互联网中所出现的信息具有很强的放大功能。一个在现实生活中也许并不起眼的事件,一旦化为信息出现在网络上,就有可能迅速扩散、逐级放大,从而形成巨大影响。如今,这样的情况几乎每天都在互联网中发生,继而又对现实社会中人们的工作和生活产生被放大了的正面或负面影响。

毫无疑问,随着计算机和网络技术的不断发展,随着人们不停地把信息资源“灌入”网络空间,随着越来越多的个体将越来越多的时间花在“在线”上,以互联网为代表的虚拟世界正在迅速膨胀和复杂化。于是乎,我们不禁要问,人类创造这样一个虚拟世界究竟是为了什么?

第五节　人的复杂进化

接着上述问题,我们的思路便又转到关于人的进化的审视,因为创造这样一个虚拟世界本身就是人的进化的一部分。至于问“为什么”,也许是一种错误的提问方式。很有可能的是,从人的进化的角度看,创造这样的虚拟世界并没有什么事先设定的目的,而是人的进化达到一定程度的自然结果。

不过,我们在前面几节中已经作出了阐述和论证:造成人之为人和人的加速进化的原因并不在于人作为生物有多少变化,而是由于人不断外化符号知识和认知能力的结果。当然,这种创造和外化的潜能由个体的生物特性所决定,但从生物学上看,这种潜能在个体代际之间的变化是非常缓慢的。所以,从根本上说,人的进化就是人的文化进化。

由于人不断创造文化,致使人的进化的复杂性不断地上升。时至今日,我们所看到的是一个越来越复杂的人类社会,我们所感受到的是个体正在承受越来越大的不确定的环境压力,因此,我们可以把当代人的进化认作是一个复杂进化的过程。

显然,客观、清晰地把握人的这种复杂进化的特性和可能的方向,是人的心智特征——理性——的内在要求。与在本书中所阐述的基本精神相一致,我们认为,将这些问题置于计算主义的思想框架下来分析,就可以获得合理或较满意的回答。不过,出于认识论和方法论上的考虑,我们还需要作出两个选择。一是“参照点”问题。由于我们本身就是人类社会中的成员,所以当我们考察人的本质和进化时，实际上也指向自己，也就是说有自指性。显然，严格地说，每个以人作为一般研究对象(而不是他人)的人，都无法摆脱这种自指性。这样，就有可能将个人的感受和体验投射和融入对人的认识中，而难以达到“客观性”。为了尽量减少个体的主观因素对人的研究的干扰，我们有必要将人作为一个整体而把“参照点”取在这个整体的外部。这类似于将自己设想成一个处在太空中看地球的宇航员，这样就能更为客观地认识人。另一个是概念问题。当我们运用“人”这个概念时，有时指的是个体，有时是指作为类的人。如果要探究人的复杂进化，显然既应该分析类的进化，也应该考虑到个体的进化。在以下的论述中，我们就准备这样做。

这里，我们得简要地重述一下前几节中所描绘的人的进化图景。人是两种进化的主体，一是生物进化，二是文化进化。就生物进化而言，人与其他动物没有实质性的区别，而文化进化则是人之为人所特有的，它是心智创造和外化符号的结果。所以，人的进化实际上就是一个人的心智与文化世界相互作用的计算过程。人所外化的符号化知识，一类是以观念的形式存在，另一类则内隐地对象化在一定的物理系统上。随着人的文化进化的加速，人又开始外化能实现符号操作的认知能力或智能，而物理实现就是计算机。于是，人的进化被进一步加速，虚拟世界的出现就是这种外化和加速进化的结果。

从这幅简化的图景中，读者就可以发现，对于人而言，我们在阐述中遗漏了两个非常基本而又重要的方面：一个是人是作为社会的人而进化的，因此，分析人的进化必须考虑人类社会的进化；另一个就是人创造和外化符号知识的过程，并不仅仅是依靠本身的心智和行为能力，而是在各种工具的协同作用下完成的。显而易见，当今人的复杂进化就体现在这两个方面。

首先，我们来分析个体进化与社会进化的关系。我们知道，在文化进化的早期，口语是个体创造和外化符号的主要方式，同时也是形成社会的基础。通过运用口语，个体之间建立了交流信息和经验的纽带，一张以符号为基础的社会关系网络得以形成。从此，每个人就不再是一个个孤立的生物体，而是这张社会之网中的活动结点。从这个意义上说，人的本质是社会关系的总和。

一旦人成为社会的人，个体的进化就与社会的进化紧紧地关联在一起。一方面，每个个体一来到这个世界上，就必然处于一定的社会环境之中，就可以凭借自身的学习能力，从这个环境中获取前人或当下的他人所外化的知识，从而成为一个文化意义上的人；另一方面，每个人只要运用自己的心智和行为能力，并在已经获取的知识的基础上，将与自然环境及其与他人相互作用中所产生或创造的知识外化，他就改变了社会环境，就对人类社会的进化施加了作用力。于是，在个体进化与社会进化之间建立起了一种正反馈的关系。

随着文化世界的不断膨胀，社会的结构和进化变得愈来愈复杂，而对个体来说，所造成的压力也愈来愈大。这是因为构成文化世界的知识（尤其是科学知识）具有很强的继承性，因此，如果个体要能够对文化世界有所贡献和对社会的进化施加更大的影响，就必须掌握文化世界中更多的内容，而这需要通过学习来达到。然而，个体的学习能力很大程度上受生物进化的支配，所以不可能发生迅速的突变，因此，可以剩下的选择就是延长学习的时间。在当今社会中，这方面主要是由个体接受系统的学校教育来实现的。于是，我们看到，受教育者的学习期限在不断延长。但个人的生命是有限的，而且学习的能力也会随着年龄的增长而衰退，所以，延长系统学习的时间并不是解决问题的唯一进路。

事实上，我们知道，存在着其他两条重要且有效的进路：一是专业化，另一就是发明各种能增强学习能力的工具。

我们先来看看专业化。由于人是社会的存在物，而个体的能力和资源总是很有限的，所以，在社会内部实行专业分工，从而实现个体之间的协同进化和社会的整体发展似乎是非常自然的。显然，这种分工和协作的出现是以个体之间信息的交流为基础的，也是社会结构复杂化的主要原因。在人类社会的不同发展阶段，这种专业分工的程度存在着很大的差异，比如，在我国的封建社会中，由于实行的是自给自足的小农经济，专业分工的程度就很低。事实上，只是出现了工业社会以后，这种专业分工的程度才得以大大提高。

在社会结构中专业分工程度的提高,意味着如果个体希望通过从事某种职业而生存,除了必需的基本知识和专业知识以外,就不一定要掌握其他知识。而面对已经变得如此庞大的文化世界,实际上也不可能统统掌握。所以,在个体学习中实行专业化是人所作出的明智而又带有被迫的选择。

在人类社会的进化中,个体具有的知识及相应的技能的专业化产生了一个直接的后果,即个体之间的协作和依赖进一步增强,否则,人的许多认知任务和满足人之需要的许多劳作将无法实施。显然,专业化与个体之间的协作是相辅相成的。我们知道,在文化进化的过程中,人发明了许多用于个体或人群之间信息传播和交流的工具,而这些工具所起到的一个重要作用就是加强人们之间的协作或协商。在这些工具中,新近出现的互联网和手机无疑是最具革命性的。关于互联网,前面已经作了阐述,这里,我们想再看看手机对人们之间信息交流的影响。

起初,手机仅仅是作为可移动的电话被使用,可如今它的功能正变得越来越多,可以上网、拍照和收发短信等。就"短信"功能来说,它结合了无线和有线技术,使客户手机无论处于关机、通话或呼叫转移状态均能接收其他客户发出的文字、音频或图像信息。由于手机以口语或短信的方式进行交流和携带上的便捷,正在成为越来越多的人身上的一个组成部分,似乎成了人们的一个新的感觉器官。具有重要意义的是,利用手机,人们之间是以电磁波的速度进行即时和跨空间的交流,这样就突破了以往口语依赖声波传输的局限。结果,一个人无论身处何地,仿佛总是有许多其熟识或不熟识的人围绕在身旁。这样,社会成员之间就实现了"长程关联",也就是依赖性被大大地增强。

而且,从一定的角度看,手机也可以认作是能增强学习能力的一种工具,因为我们可以用它来获取新的信息和保存有用的资料。这就让我们过渡到对第二条进路的分析。在文化进化过程中,人们为了解决文化世界的膨胀与个体固有的学习能力的局限,发明了多种多样旨在提高或增强学习能力的工具。事实上,纸张在一定意义上就是提高学习能力的一种工具,因为它就像是计算机中的外存磁盘,可以帮助学习者保存学习过程中产生的中间和最终结果,起到人的记忆的部分功能,而记忆是学习的基础能力之一。像收音机、电视机这样的媒介工具,如果使用得当,也有增强学习能力的功效。此外,目前市场上销售的各种用于学习外语的工具,如复读机,在一定程度上也能帮助使用者提高学习语言的能力。这些工具的共同特点为,他们几乎都是外化人的感官和心智功能的产物,因而可以认为是人的感官或心智的延伸。

当然,由模仿人的感官或心智功能所产生的工具,其作用并不局限于增强个体的学习能力,通常也是人们获取关于自然和社会环境信息的有效手段。不仅如此,那些模拟人的心智能力所产生的工具往往在特定功能上比人原有的自然功能更强。于是,它们不但能够替代人执行许多认知任务,而且可以与人的心智整合起来,从而创造出更多的知识。而这就是我们上述提到的第二个遗漏,即人与工具在创造和外化符号中的协同。

毫无疑问,在与人协同作用创造符号知识的工具中,计算机是最重要的发明。我们已经不只一次强调过,计算机是模拟、外化人的认知能力的结果,并且可以凭借其运算的精准和高速极大地增强这些能力。所以,自从计算机问世以来,人类认识世界的能力大大地提高了,相应地,自然科学和社会科学都取得了长足的发展,这是有目共睹的事实。比如,计算机模拟就是一种人机整合的方法,目前已经在气象学、大地构造学、信息生物学、医学、经济学、核物理、天文学等众多科学研究领域得到了广泛的应用。再如,当一些人工智能的产品与科学研究工作者结合在一起时,实际上创造了一种全新的智能系统。它比科学家个体或单纯与这些个体所组成的群体在许多智能行为上表现得更强更广,从而将大大改变传统意义上的科学研究过程。

总括地说,通过不断与他人进行信息互动并通过与认知工具发生整合,处于社会中的个体创造和运用符号的能力得以增强,而由于个体又是构成社会之网的结点,结果社会的结构和功能的复杂性就必然随之提高。现在,像前面所说的那样,我们将自己设想成类似于太空中的宇航员的角色,来审视人类社会。那么,我们就立即能够感受到,它是一个正在进化着的复杂的计算系统。

从整体上粗略地观看,构成这个系统的元素是数十亿个人或者是包括个人和认知工具的“分子团”。这些个体和分子团是一个个不停地操作着信息或符号的“微处理器”,他们(或它们)之间通过多种通道进行着信息的传输,形成了相互关联的系统。这个系统就叫“人类社会”。

再细一点看,这些元素所操作的符号的内容和操作的方式不尽相同,元素之间连接的通道和形式也存在着不少区别,于是这个系统形成了许多相互关联的子系统,而这些子系统又由更小的系统所构成。人们为这些子系统和更小的系统取了各种名称,如国家、民族、社区、社团、党派和家庭等。这样,我们看到了一个极其复杂的巨系统。

更仔细地看,在这个巨系统中,隐含着一个特殊的子系统:它的元素是由个人和叫做计算机的认知工具所组成的分子团,而这些分子团或有线或无线地通过电磁波连接起来,通路上传播的极大部分信息源自其他子系统,不过也包括着其本身特有的一些符号。人们已经把这个系统叫做互联网,并且认为它是一个虚拟的世界。

倘若我们继续看下去,还可以发现更为精细的结构。但就我们的目的而言,似乎已经足够了,因为我们这样做,无非是想表明:人类社会是一个极其复杂的计算系统。

如果我们的观察已经能够得出这样一个结论,那么,就有一个非常自然的推论:由于人类社会是一个复杂的计算系统,那么,根据计算的不可归约原理,对于它的进化过程中所出现的复杂现象,我们原则上不能作出准确的预言。纵观人类社会的发展历史,理性地审视当今社会所发生的种种变化,我们深信,这个推论是符合实际的。

对于人类社会进化的复杂行为,我们无法作出准确的预言,那么,对于它的构成元素——个体——的人生呢?回答同样是否定的。我们已经在前一章中论证过,每个人的心智是一个复杂的计算系统,我们并不能对其行为作出准确的预言,而个体总是面对一个不确定的复杂环境,这更进一步使得人生的轨迹无法事先知晓。

人类社会的进化和个体人生的轨迹具有不可预言性究竟意味着什么?我们的回答是,这恰恰就是人的存在之意义所在。

有意义的是,在这个计算的宇宙中,随着计算过程的不断展开,终于出现了一类具有自反性的高阶计算系统。凭借它,宇宙自身变得可以理解,这个系统便是人的心智。而物理的丘奇-图灵原理和计算等价原理告诉我们,这是宇宙演化的自然结果。

更有意义的是,凭着这种心智的理解力,我们懂得了:人作为类的进化和个体进化的未来原则上都是无法准确预言的。因此,我们需要不断地求索,我们需要不停地创造。

参考文献

中文书籍

1. E. T. 贝尔:《数学大师》,徐源译,上海科技教育出版社,2004 年。
2. H. R. Lewis and C. H. Papadimitriou:《计算理论基础》,张立昂等译,清华大学出版社,2000 年。
3. M. 盖尔曼:《夸克与美洲豹》,杨建邺等译,湖南科学技术出版社,1998 年。
4. R. P. 费恩曼:《物理定律的本性》,关洪译,湖南科学技术出版社,2005 年。
5. R. 舍普等:《技术帝国》,刘莉译,生活・读书・新知三联书店,1999 年。
6. 保罗・戴维斯:《上帝与新物理学》,徐培译,湖南科学技术出版社,1995 年。
7. 戴维・多伊奇:《真实世界的脉络》,梁焰和黄雄译,广西师范大学出版社,2002 年。
8. 戴维斯、布朗合编:《原子中的幽灵》,易心洁译,湖南科学技术出版社,1992 年。
9. 丹尼尔・丹尼特:《心灵种种》,罗军译,上海科学技术出版社,1998 年。
10. 道格拉斯・R. 霍夫施塔特和丹尼尔・C. 丹尼特合编:《心我论:对自我和灵魂的奇思冥想》,陈鲁明译,上海译文出版社,1988 年。
11. 恩斯特・卡西尔:《人论》,甘阳译,上海译文出版社,1985 年。
12. 恩斯特・迈尔:《进化是什么》,田洺译,上海科学技术出版社,2003 年。
13. 冯端、冯少彤:《熵的世界》,科学出版社,2005 年。
14. 弗朗西斯・克里克:《惊人的假说》,汪云九等译,湖南科学技术出版社,1998 年。
15. 郝柏林、张淑誉:《数字文明:物理学和计算机》,科学出版社,2005 年。

16. 杰拉德·密尔本:《费曼处理器》,郭光灿等译,江西教育出版社,1999 年。
17. 杰拉尔德·埃德尔曼、朱利欧·托诺尼:《意识的宇宙》,顾凡及译,上海科学技术出版社,2004 年。
18. 卡尔·波普尔:《客观知识》,舒炜光等译,上海译文出版社,1987 年。
19. 李建会:《走向计算主义:数字时代人工创造生命的哲学》,中国书籍出版社,2004 年。
20. 李·斯莫林:《通向量子引力的三条途径》,李新洲等译,上海科学技术出版社,2003 年。
21. 理查德·道金斯:《伊甸园之河》,王直华等译,上海科学技术出版社,1997 年。
22. 理查德·道金斯:《自私的基因》,卢允中等译,科学出版社,1986 年。
23. 理查德·利基:《人类的起源》,吴汝康等译,上海科学技术出版社,1995 年。
24. 刘钢:《信息哲学探源》,金城出版社,2007 年。
25. 《马克思恩格斯选集》第四卷,人民出版社,1995 年。
26. 迈克尔·海姆:《从界面到网络空间——虚拟实在的形而上学》,金吾伦等译,上海科技教育出版社,2000 年。
27. 斯图亚特·考夫曼:《科学新领域的探索》,池丽平等译,湖南科学技术出版社,2004 年。
28. 斯图亚特·考夫曼:《宇宙为家》,李绍明等译,湖南科学技术出版社,2003 年。
29. 索尔·克里普克:《命名与必然性》,梅文译,上海译文出版社,2001 年。
30. 约翰·L. 卡斯蒂:《虚实世界》,王千祥等译,上海科技教育出版社,1998 年。
31. 约翰·R. 塞尔:《心灵的再发现》,王巍译,中国人民大学出版社,2005 年。
32. 泽农·W. 派利夏恩:《计算与认知》,任晓明等译,中国人民大学出版社,2007 年。
33. 曾谨言、裴寿镛主编:《量子力学新进展》(第一辑),北京大学出版社,2000 年。
34. 张怡、郦全民、陈敬全:《虚拟认识论》,学林出版社,2003 年。
35. 张永德:《量子信息物理原理》,科学出版社,2006 年。

中文论文

1. 郭垒:《自主论、还原论和计算主义》,《自然辩证法研究》2004 年第 12 期。
2. 郝宁湘:《计算:一个新的哲学范畴》,《哲学动态》2000 年第 11 期。
3. 李建会:《从计算的观点看》,《哲学研究》2004 年第 3 期。
4. 李建会:《走向计算主义》,《自然辩证法通讯》2003 年第 3 期。
5. 郦全民:《从世界 3 到虚拟世界的涌现》,《自然辩证法通讯》2003 年第 5 期。

6. 郦全民:《关于计算的若干哲学思考》,《自然辩证法研究》2006 年第 8 期。
7. 郦全民:《计算与实在》,《哲学研究》2006 年第 3 期。
8. 郦全民:《认知计算主义的威力和软肋》,《自然辩证法研究》2004 年第 8 期。
9. 郦全民:《认知可计算主义的"困境"质疑》,《中国社会科学》2003 年第 5 期。
10. 刘晓力:《计算主义质疑》,《哲学研究》2003 年第 4 期。
11. 刘晓力:《认知科学研究纲领的困境与走向》,《中国社会科学》2003 年第 1 期。

英文书籍

1. B. Dainton, ***Time and Space***, Chesham: Acumen Publishing Limited, 2001.
2. C. Kiefer, ***Quantum Gravity***, Oxford: Clarendon Press, 2004.
3. D. C. Dennett, ***Consciousness Explained***, Boston: Little, Brown & Co., 1991.
4. E. C. Steinhart, ***The Logic of Metaphor***, Dordrecht: Kluwer Academic Publishers, 2001.
5. E. Dietrich, ***Thinking Computers and Virtual Persons***, New York: Academic Press, 1994.
6. J. C. Heudin (ed.), ***Virtual Worlds: Synthetic Universe, Digital Life, and Complexity***, New York: Perseus Books, 1999.
7. J. D. Barrow et al (eds.), ***Science and Ultimate Reality***, Cambridge: Cambridge University Press, 2004.
8. J. Friedenberg and G. Silverman, ***Cognitive Sciences***, Lodon: Sage publication, 2005.
9. K. T. Maslin, ***An Introduction to the Philosophy of Mind***, Oxford: Blackwell Publishers, 2001.
10. L. Floridi (ed.), ***Blackwell Guide to the Philosophy of Computing and Information***, Oxford: Blackwell Publishing Ltd, 2004.
11. M. Scheutz (ed.), ***Computationalism: New Directions***, Cambridge: MIT Press, 2002.
12. N. Block (ed.), ***Readings in the Philosophy of Psychology*** (vol. 1), London: Methuen, 1980.
13. N. Rescher, ***Complexity***, New Brunswick: Transaction Publishers, 1998.
14. P. Bak, ***How Nature Works***, New York: Springer, 1996.
15. R. A. Wilson and F. C. Keil (eds.), ***The MIT Encyclopedia of the Cognitive Sciences***, Boston: The MIT Press, 1999.
16. R. Rucker, ***The Lifebox, the Seashell and the Soul***, New York: Thunder's Mouth Press,

2005.

17. S. Helmreich, ***Silicon Second Nature: culturing Artificial Life in the a Digitial World***, California: University of California Press, 1998.

18. S. Lloyd, ***Programming the Universe***, New York: Alfed A. Knof Publisher, 2006.

19. S. Pepper, ***World Hypotheses: a Study in Evidence***, Berkeley: University of California Press. 1942.

20. S. P. Stich and T. A. Warfield (eds.), ***Philosophy of Mind***, Oxford: Blackwell Publishing, 2003.

21. S. Wolfram, ***A New Kind of Science***, Champaign: Wolfram Media, Inc. 2002.

22. T. Hobbes, ***Leviathan, in The Collected Works of Thomas Hobbes***, London: Routledge, 1994.

23. T. L. Brown, ***Making Truth: Metapuor in Science***, Champaign: University of Illinois Press, 2003.

24. T. Siegfried, ***The Bit and the Pendlum***, New York: John Wiley & Sons, Inc. 2000.

25. W. Bynum and J. H. Moor (eds), ***The Digital Phoenix: how Computers are Changing Philosophy***, Blackwell Publishing Ltd, 1998.

26. W. H. Capitan and D. D. Merrill (eds.), ***Art, Mind and Religion***, Pittsburgh: Pittsburgh University Press, 1967.

27. Z. W. Pylyshyn (ed.), ***Constraining Cognitive Theories***, London: Ablex Publishing Corporation, 1998.

英文论文

1. A. Cleeremans, "**Computational Correlates of Consciousness**", ***Progress in Brain Research***, 150 81 - 98, 2005.

2. A. Newell and H. Simon, "**Computer Science as Empirical Inquiry**", ***Communication of the Association for Computing Machinery*** 19(3), 1976.

3. A. Sloman and R. Chrisley, "**Virtual Machinces and Consciousness**", ***Journal of Consciousness Studies*** 10(4 - 5), 2003.

4. A. Zeilinger, "**A Foundation Principle for Quantum Mechanics**", ***Foundation of Physics*** 29(4), 1999.

5. B. J. Copeland, "**What is Computation?**", ***Synthese*** 108, 1996.

6. B. M. R. Stadler and P. F. Stadler, "**The Topology of Evolutionary Biology**", *http://www. bioinf. uni-leipzig. de/Publications/PREPRINTS/*03 – 003. *pdf.*
7. C. G. Langton, **Preface**, in C. G. Langton, C. Taylor, J. D. Farmer and S. Rasmussen (eds.). ***Artificial Life II***. Addison-Wesley, 1992.
8. D. Castelvecchi and V. Jamieson, "**You are made of space-time**", ***New Scientist***, 12 August 2006.
9. D. Deutsch. Quantum Theory, "**the Church-Turing Principle and Universal Quantum Computer**", ***Proc. Roy. Soc.***, *London* 400. 1985.
10. E. Fredkin, R. Landauer and T. Toffoli (eds.), "**Proceedings of the physics of computation conference**", ***International Journal of Theoretical Physics*** 21 (3/4), 1982.
11. G. 't Hooft, "**Determinism beneath Quantum Mechanics**", *arXiv: quant-ph/*0212095/*v*1, 16 Dec 2002.
12. J. Bub, "**Quantum Mechanics is about Quantum Information**", *arXiv: quant-ph/*0408020 /*v*2, 12 Aug 2004.
13. J. E. Mayfield, "**Evolution as Computation**", *http://www. public. iastate. edu/ ~ jemayf/homepage. html.*
14. M. A. Boden, "**Autopoiesis and Life**", ***Cognitive Science Quarterly 1***, 2000.
15. P. Goyal, "**An information-theoretic Approach to Quantum Theory**", *arXiv: quant-ph/*0702124/*v*1 13 Feb 2007.
16. P. Wegner, "**Towards Empirical Computer Science**", ***The Monist*** 82, 1999.
17. R. Blume-Kohout and W. H. Zurek, "**Quantum Darwinism: Entanglement, Branches, and the Emergent Classicality of Redundantly stored Quantum Information**", *arXiv: quant-ph/*050531/*v*2, 13 Oct 2005.
18. R. D. Brooks, "**Intelligence without Reason**", in ***IJCAI* – 91**, PP 569 – 59. *Morgan Kaufman Publishers, Inc.*, 1991.
19. *S. Lloyd*, "**A Theory of Quantum Gravity based on Quantum Computation**", *arXiv: quant-ph/*0501135 /*v*8 26 Apr 2006.
20. S. Lloyd, "**Ultimate Physical Limits to Computation**", ***Nature*** 406, 2000.
21. S. Weinberg, "**Is the Universe a Computer**?", ***The New York Review of Books***, 49 (16), October 24, 2002.

22. S. Wolfram, "**Preface**", ***Physica D*** (10),1984, vii - xii.

互联网资源

http://mcs. open. ac. uk/sma78/thesis/pdf.

http://plato. stanford. edu/entries/consciousness/.

http://www. asa3. org/ASA/PSCF/2001/PSCF3 - 01Mills. html.

http://www. idsia. ch/ ~ juergen/digitalphysics. html.

http://www. nature. com/news/2004/0412. . . 041220 - 12. html.

http://www. sciencemag. org/cgi/content/full/295/5563/2215.

http://www. wjxy. edu. cn/ ~ jpkc/wl/jianggao/lz/Lesson61. doc.

索　引

（以汉语拼音为序）

初版后记

2005年,我承担了国家哲学社会科学基金项目——“当代计算主义研究”(批准号:05BZX028),本书便是该项目的主要研究成果。

在当代科学的前沿领域,计算主义正在成为一个“超范式”,它把世界看作本质上是计算的。无疑,这会极大地改变我们关于世界的看法和认识世界的方式,因此,对计算主义的主张、实质和影响及时地作出批判性的反思,应该是当下哲学从业者的责任。鉴于计算主义作为一种科学思潮刚刚兴起,这样,倘若能抱着开放的态度,直接研读有关的科学文献,并进行批判性的分析,我们便可与西方学者站在同一起跑线上。

怀着这样一种使命感,在近三年的时间里,我几乎将自己的全部学术兴趣集中到了这一课题上。在整个研究过程中,现象描述对我来说是一个巨大的挑战。这是因为计算主义思潮主要体现在科学最前沿领域的科学家的成果和思想中,其中包括物理学中的量子引力论和量子信息论,生命科学中的计算生物学、生物信息学和进化生物学,神经科学中的意识理论,还有认知科学、人工智能、元胞自动机理论和复杂性理论等,所以,研究的前提是要熟悉或至少了解这些领域中有关科学家的工作。略感欣慰的是,经过艰苦的努力,我自认为基本做到了这一点。不过,同时亦留下了一个很大的缺憾,那就是我无法也无能力对书中所描述的科学家们的思想均作出系统和深入的评析。在此,我真诚地希望能借着读者们的智慧来弥补这一缺憾。

要是有读者问本书最大的特点是什么,那么我的回答会是,这是一本充满问题的书。当然,我这样说并非指书中的阐述缺乏根据或论证没有逻辑一致性(是否有这方面的问题,敬请读者们提出和批评),而是指几乎每个章节中都存在着需要进一步探索的哲学或科学问题。由于课题既大又难,加之个人的能力和时间颇为有限,故本书实际上只能算是一个描述和分析计算主义的框架,这样一来,便留下了许多有待继续研究的具体问题。另一方面,书中我也常常明确提出可以进一步探究的新问题,之所以这样做,是希望有更多的学者(特别是青年学者)能关注这一新的科学思潮或加入到研究的行列中来。

写作期间,我平生第一次调换了工作单位:离开呆了 19 年的东华大学,到毗邻的华东师范大学继续任教。目前社会上将这叫做“跳槽”,但这个词对我来说似乎不太合适,因为我的调动是一个“缓慢而又平滑的移动过程”。由于我与两所学校的同行和同事均有着长期的友谊,加之教学上的实际需要,完成调动差不多经历了两年的过渡期。这期间,为了授课,我常常在两校的四个校区之间穿梭,时间的耗损和奔波的劳累也就可想而知了。一个与本书直接相关的后果是,承担的课题不得不申请延期了半年,于是书稿的完成和出版也就相应推迟了。

这里,我要感谢东华大学人文学院的张怡教授和王平副教授的愉快合作,感谢华东师范大学哲学系的王顺义教授和冯棉教授对我的工作的关心和帮助,也要感谢东华大学人文学院和华东师范大学哲学系科技哲学专业的研究生们,因为他们是书稿的第一批读者,并且提出了不少有益的修改意见。

还有,特别要感谢我的大姐郦岳燕。多年来,为了我们夫妻俩能潜心于教学和学术,大姐主动承担起了几乎全部的家务。当然,也要感谢妻子王燕萍和儿子郦存道对我所做研究的理解和支持。

最后,需要申明的是,本书的出版得到了华东师范大学“引进人才启动经费”项目的资助。

郦全民

2008 年 12 月 6 日

重版后记

《用计算的观点看世界》面世快 7 年了。感到欣慰的是,初版以来,这本书受到了不少读者的喜爱;在此也感谢给予宝贵意见和建议的每一位。

不过,更让我感到欣慰的是,与 7 年前相比,书中所描绘的“计算主义之花”开得更为灿烂了。这主要表现在以下几个方面:(1)基于量子计算和量子信息理论的技术应用正在快速发展,今天,“量子计算机”和“量子通讯”似乎变成了流行语;(2)得益于移动互联网和智能手机的普及,得益于大数据、虚拟现实和增强现实的迅速发展,人类社会的计算和信息特征更加突显;(3)随着深度学习特别是 ALPHAGO 的问世,人工智能又成为非常热门的研究领域,也引发了许多哲学争论。看得出,这些均与计算主义的思想密切相关。本书重版前,我也曾考虑增加相关的内容,但马上意识到,对这些新发展进行系统的哲学反思不仅要付出大量心血,还需改变原书的一些结构,故只能作罢。好在计算主义的基本主张及其科学意蕴并没有改变。鉴于此,这次重版,除纠正了一些文字错误或遗留,未作其他方面的修改。

郦全民

2016 年国庆

智慧的探索丛书

阿尔都塞哲学研究　郑忆石著
第一页与胚胎——明清之际的中西文化比较　陈卫平著
古代基督教史　徐怀启著
"回到康德"：科学哲学"后现代转向之后"　安维复著
回归真实的存在——王船山哲学的阐释　陈　赟著
结构推理　冯　棉著
历史意义的生存论澄明——马克思历史观哲学境域研究　陈立新著
伦理与存在——道德哲学研究　杨国荣著
逻辑何为——当代中国逻辑的现代性反思　晋荣东著
批判与实践——论哈贝马斯的批判理论　童世骏著
诠释学导论　潘德荣著
认识世界和认识自己　冯　契著
儒释道与中国民俗(修订本)　刘仲宇著
生命边缘的德性　颜青山著
事实论　彭漪涟著
实用主义的误读——杜威哲学对中国现代哲学的影响　顾红亮著
宋儒境界论　付长珍著
《天主实义》与中国学统——文化互动与诠释　张晓林著
味与味道　贡华南著
形上智慧如何可能——中国现代哲学的沉思　郁振华著
用计算的观点看世界　郦全民著
中国的现代性观念谱系　高瑞泉著
尊德性与道问学——吴澄哲学思想研究　方旭东著

图书在版编目(CIP)数据

用计算的观点看世界／郦全民著. —桂林：广西师范大学出版社，2016.10
(智慧的探索丛书)
ISBN 978－7－5495－8739－1

Ⅰ.①用… Ⅱ.①郦… Ⅲ.①科学哲学－研究
Ⅳ.①N02

中国版本图书馆CIP数据核字(2016)第213655号

出 品 人：刘广汉
责任编辑：刘孝霞　肖　莉
特约编辑：李春勇
装帧设计：徐　妙

广西师范大学出版社出版发行
(广西桂林市中华路22号　　邮政编码:541001
网址:http://www.bbtpress.com)
出版人:张艺兵
全国新华书店经销
销售热线：021－31260822－882/883
山东鸿君杰文化发展有限公司印刷
(山东省淄博市桓台县寿济路13188号　邮政编码：256401)
开本：690mm×960mm　1/16
印张：17　字数：252千字
2016年10月第1版　2016年10月第1次印刷
定价：68.00元